电机设计及实例

赵朝会　秦海鸿　宁银行　编　著

机械工业出版社

电机设计是电气工程及其自动化领域的一门专业课程，也是电机与电器专业方向的重要基础。本书既能满足电机设计理论分析需要，又具很强的实践性和操作性。通过电机设计基本理论、电磁和温升计算、冷却系统设计等关键知识，以及有限元和磁路法两种计算机设计的具体过程，深入透彻地讲解了具体的电机设计过程。

近些年计算机技术发展日新月异，有效利用其辅助手段找到一种高效又透彻的电机设计方法是很多人的迫切需求，这也正是本书的特色。

本书既可作为教材，也可作为从事电机开发、设计、生产、控制和应用等工作的科技人员的工具书。

图书在版编目（CIP）数据

电机设计及实例/赵朝会，秦海鸿，宁银行编著 . —北京：机械工业出版社，2020.2（2023.6重印）

ISBN 978-7-111-65844-3

Ⅰ.①电… Ⅱ.①赵…②秦…③宁… Ⅲ.①电机—设计 Ⅳ.①TM302

中国版本图书馆 CIP 数据核字（2020）第 100884 号

机械工业出版社（北京市百万庄大街 22 号　邮政编码 100037）
策划编辑：李小平　责任编辑：李小平
责任校对：肖　琳　封面设计：马精明
责任印制：李　昂
北京捷迅佳彩印刷有限公司印刷
2023 年 6 月第 1 版第 4 次印刷
184mm×260mm · 15.5 印张 · 381 千字
标准书号：ISBN 978-7-111-65844-3
定价：79.00 元

电话服务　　　　　　　　　　网络服务
客服电话：010-88361066　　机 工 官 网：www.cmpbook.com
　　　　　010-88379833　　机 工 官 博：weibo.com/cmp1952
　　　　　010-68326294　　金 书 网：www.golden-book.com
封底无防伪标均为盗版　机工教育服务网：www.cmpedu.com

前　言

电机设计是电气工程及其自动化专业、电机电器智能化专业领域内的一门重要的专业课。但已往的电机设计教材，更多的是侧重于对设计理论的论述。

本书立足于教学改革的方向和适应工程实践，借鉴美国东北大学COOP教学模式，尝试编写一本既能满足电机设计理论分析上的需要，又具很强实践性和操作性的教材或工具书。全书的编写方针是削枝强干、推陈出新，目的是确保科学性强、概念清晰和便于阅读。

电机设计是实践性、操作性很强的一个过程，除了电机的设计理论分析知识外，还要借助于大量经验的、近似的、简化的、类比的、旁推的方法。近些年，计算机辅助分析的手段也得到了越来越多的应用，电机设计软件的合理、熟练使用也越来越重要。把电机设计的理论与电机设计软件结合起来，形成一套有效的、快捷的电机设计的方法，正是本书编写出版的初衷。

本书的特点是：

（1）注重基本概念、基本理论和基本方法的阐述，使学生掌握分析电机的方法，建立牢固的物理概念，为学习后继课程和今后解决日常遇到的工程问题做好准备。

（2）对过去设计教材中一些繁琐、次要、过时的内容，以及属于工艺和结构方面的内容，进行较多的删减。例如在传统的教材中电机设计基本理论几乎是全部的讲述内容，本书将其浓缩成为一章。

（3）设置"电机的冷却方式与温升计算"一章（第5章），使读者了解电机的冷却方式和温升计算方法，同时有助于理解电磁负荷大小的选择对电机损耗以及温升的影响，加深电磁参数在电机设计中重要地位的认识。

（4）给出借助计算机辅助计算永磁同步电机设计的内容（第6章）。电机设计理论的学习是重要的，然而，由于电机电磁场理论及其结构上的复杂性，使得理论分析时，不得不作大量的近似和假设，这样一来，得到的分析计算结果，往往是近似的、很不准确的。基于计算机计算能力的电机计算设计软件的出现，使得电机设计的精确性和效率进一步提升。

（5）各章具有相对独立性，讲授内容和次序可以根据具体情况进行调整。

本书面向已具有电机学基础知识的读者，既可作为大专院校师生的教材，也可作为从事电机开发、设计、生产、控制和应用等工作的科技人员和管理人员的工具书。

本书由上海电机学院赵朝会教授负责全书的总体构思和后期的统稿工作，并撰写了第1、5、6章，第2.1节及4.2节；南京航空航天大学秦海鸿副教授撰写了第2.2节及第3章；上海电机学院宁银行老师撰写了第4.1节、4.3节及5.6.4节，并且承担了全书的资料收集、书稿整理、图文校核等工作。上海电机学院电机系李萍、王寅、郭环球等教师对本书的编著工作提出了许多宝贵意见；此外，上海电机学院李进才、袁龙生、张迪、段利聪、陆海玲、申合彪等同学在文字录入、图表和曲线的绘制及扫描等方面做了大量工作，在此一并致谢。

本书参考了原南京航空学院《航空交流发电机设计》、上海电机学院《电机设计》两本校内教材，在此表示感谢。

本书所有作者虽都长期工作在电机设计、电机学等领域的教学与科研第一线，且对该类课程及教材的教学改革有一定体会，但毕竟水平有限，加之在结构体系编排和内容取舍上本书均做了较大的调整，故书中谬误之处在所难免，敬请读者不吝指正。

作　者

2019 年 9 月

目　录

前言

第1章　概论 ……………………… 1

1.1　电机的工作条件 ……………… 1

　1.1.1　空气环境 …………………… 1

　1.1.2　机械负载问题 ……………… 2

　1.1.3　安装位置问题 ……………… 2

　1.1.4　寿命问题 …………………… 2

1.2　电机的设计任务 ……………… 3

**第2章　电机主要参数之间的关系及
励磁问题** …………………… 4

2.1　电机主要参数之间的关系 …… 4

　2.1.1　电机的主要尺寸 …………… 4

　2.1.2　电机中的几何相似定律 …… 7

　2.1.3　电磁负荷的选择 …………… 9

　2.1.4　电机主要尺寸比及主要尺寸的
　　　　确定 ……………………… 12

　2.1.5　系列电机及其设计特点 …… 14

2.2　同步电机励磁问题 …………… 17

　2.2.1　磁极安装方式 ……………… 17

　2.2.2　励磁方式 …………………… 19

　2.2.3　他励式 ……………………… 19

　2.2.4　自励式 ……………………… 20

　2.2.5　复励式 ……………………… 23

　2.2.6　无刷交流发电机 …………… 24

第3章　同步发电机设计 ………… 25

3.1　技术要求 ……………………… 25

　3.1.1　同步发电机的工作条件 …… 25

　3.1.2　同步发电机的额定数据 …… 25

3.2　电磁计算 ……………………… 26

　3.2.1　选择结构与确定电机的主要
　　　　尺寸 ……………………… 26

　3.2.2　交流绕组及电枢槽形设计 … 28

　3.2.3　磁路计算 …………………… 42

　3.2.4　利用矢量图确定发电机额定负载

　　　　时的励磁磁动势 …………… 54

　3.2.5　励磁绕组的设计 …………… 59

　3.2.6　阻尼绕组的设计 …………… 61

　3.2.7　同步发电机的参数和特性计算 … 68

　3.2.8　发电机的重量计算 ………… 71

　3.2.9　发电机的损耗计算 ………… 73

3.3　电磁计算例题 ………………… 76

第4章　异步电机设计 …………… 100

4.1　技术要求 ……………………… 100

　4.1.1　异步电动机的标准 ………… 100

　4.1.2　异步电机设计时的已知数据 … 104

　4.1.3　标幺值 ……………………… 105

　4.1.4　异步电动机的系列 ………… 106

4.2　电磁计算 ……………………… 106

　4.2.1　主要尺寸的确定 …………… 106

　4.2.2　定、转子绕组和冲片的计算 … 111

　4.2.3　磁路计算 …………………… 123

　4.2.4　参数计算 …………………… 133

　4.2.5　运行性能的计算 …………… 149

　4.2.6　起动性能的计算 …………… 158

4.3　电磁计算例题 ………………… 165

附录 ………………………………… 178

**第5章　电机的冷却方式与温升
计算** ………………………… 184

5.1　概述 …………………………… 184

5.2　空气冷却系统 ………………… 184

　5.2.1　开路冷却（自由循环）或闭
　　　　路冷却（封闭循环） ……… 184

　5.2.2　径向、轴向和混合式通风
　　　　系统 ……………………… 185

　5.2.3　抽出式和鼓入式 …………… 187

　5.2.4　外冷与内冷 ………………… 187

5.3　迎面气流强迫吹风冷却 ……… 188

5.4　循油冷却 ……………………… 188

5.5　喷油冷却 ················· 189

5.6　温升计算 ················· 190

　　5.6.1　电机的发热情况 ········· 190

　　5.6.2　电机的散热方式 ········· 191

　　5.6.3　封闭式异步电动机的温升计算

　　　　　 方法 ················· 193

　　5.6.4　温升计算算例 ········· 198

第6章　永磁同步电机的仿真计算 ······· 201

6.1　基于 RMxprt 的磁路仿真计算 ··· 201

　　6.1.1　基本参数设置 ········· 201

　　6.1.2　定子铁心设计 ········· 203

6.1.3　转子铁心设计 ············· 206

6.1.4　添加解析步骤 ············· 206

6.2　Maxwell 2D 计算分析 ········· 216

　　6.2.1　创建 2D 模型 ········· 216

　　6.2.2　设置电机材料属性 ········· 220

　　6.2.3　主/从边界属性设置 ········· 222

　　6.2.4　零向量边界条件设置 ········· 222

　　6.2.5　静磁场分析 ············· 223

　　6.2.6　瞬态场分析 ············· 229

参考文献 ················· 240

第1章 概　　论

1.1　电机的工作条件

了解电机工作条件的特殊性，有助于认识电机在结构上或在参数选择上的不同，对设计、制造及更深刻地认识和分析电机都有极大益处。

电机的工作条件主要有如下几个方面。

1.1.1　空气环境

空气的温度、密度（比重）、压力、湿度、介电强度等参数对电机性能影响很大。表1-1列出了标准大气中的一些参数情况，从中可以看出其温度变化规律。

表1-1　标准大气参数

高度 H/km	大气压力 $P_H/$		空气温度		比重 $\gamma_H/$	密度 $\rho_H/$	$\dfrac{\gamma_H}{\gamma_0}=\dfrac{\rho_H}{\rho_0}$	空气的运动黏性系数
	（mmHg）	（kg/m²）	绝对温度 T_H/K	摄氏温度 $t_H/℃$	（kg/m³）	（kgs²/m⁴）		$/(10^{-4}\mathrm{m}^2/\mathrm{s})$
-0.5	806.2	10960	291.41	18.25	1.285	0.131	1.049	0.141
0	760	10332	288.2	15.00	1.225	0.125	1.000	0.146
2	596.3	8106.2	275.2	2.0	1.007	0.1026	0.8216	0.172
4	462.2	6285.5	262.2	-11.0	0.819	0.0835	0.6687	0.203
6	353.9	4811.1	249.2	-24	0.6597	0.0673	0.5385	0.242
8	267	3630.2	236.2	-37	0.5252	0.0536	0.4287	0.290
10	198.29	2695.8	223.2	-50	0.4127	0.0421	0.3369	0.352
11	169.75	2307.8	216.7	-56.5	0.3639	0.0371	0.2971	0.390
12	144.99	1971.2	216.7	-56.5	0.3108	0.03169	0.2537	0.456
14	105.77	1438	216.7	-56.5	0.2268	0.02312	0.1851	0.625
15	90.34	1228.2	216.7	-56.5	0.1938	0.01975	0.1581	0.732
16	77.16	1049.8	216.7	-56.5	0.1654	0.01687	0.1350	0.857
18	56.29	765.27	216.7	-56.5	0.1207	0.01231	0.09851	1.175
20	41.07	558.28	216.7	-56.5	0.08804	0.008977	0.07186	1.61
22	29.9	406.57	216.7	-56.5	0.06415	0.006541	0.05234	2.125
24	21.18	296.54	216.7	-56.5	0.04679	0.004771	0.03818	2.913
25	18.63	253.25	216.7	-56.5	0.0399	0.004075	0.03260	3.411
26	15.91	216.29	216.7	-56.5	0.03412	0.00348	0.02785	3.994
28	11.60	157.76	216.7	-56.5	0.02489	0.002538	0.02031	5.476
30	8.464	115.07	216.7	-56.5	0.01815	0.001851	0.01481	7.507

从表 1-1 数据中，还可以看到空气密度 ρ_H（kgs^2/m^4）、比重 γ_H（kg/m^3）、大气压力 P_H、空气温度 t_H 等都随高度而变化，且这些参数之间又存在下面的关系

$$\rho_H = 0.0473 \frac{P_H}{273 + t_H} \tag{1-1}$$

$$\gamma_H = 0.465 \frac{P_H}{273 + t_H} \tag{1-2}$$

式中　P_H——高度为 H 处的大气压力（mmHg）；

　　　t_H——高度为 H 处的空气温度（℃）。

从式（1-1）、式（1-2）中可以看出，高度越高（大气压力越小）、温度越高，则空气的密度 ρ_H、比重 γ_H 就越小，且可确定任何非标准大气状态下的空气密度、空气比重。

上面简单地介绍了空气环境。那么，空气环境对电机究竟有什么影响呢？

空气环境对电机性能主要有下面三方面的影响：

（1）温度对电机性能的影响：

1）在低温情况下，轴承的润滑油容易凝固而产生阻力矩，普通的绝缘材料如橡胶等就会变脆而在表面出现裂纹，从而影响其绝缘性能。

2）在高温情况下，电机绕组的绝缘变差，影响其绝缘性能。

（2）湿度对电机性能的影响：

1）在湿度较大的环境中，如海上风力发电机接近海面时空气湿度可达 98%，很可能使绝缘材料吸潮气而降低电机的绝缘性能。

2）在湿度较小的环境中，如沙漠中安装的风力发电机，电刷磨损会大大加剧，使得换向困难。

（3）高度对电机性能的影响：

1）随高度增加，空气中臭氧的浓度也在增加。这样会大大增加对金属和有机材料的氧化腐蚀作用，因此，要考虑电机（如风力发电机）的表面保护问题。

2）随高度增加，空气的介电强度降低，直流电机换向器的火花就容易变成环火，使换向恶化。

3）随高度增加，温度降低，电机散热性能也会大大恶化。

1.1.2　机械负载问题

各种动力装置的运转、所引起的振动、冲击抖动、加速度等都会引起很大的机械负载。这些因素对电机的结构，尤其是连接组件在强度上有很大影响。此外如果电机与所在的系统发生谐振的话，那也可能导致整个电机正常工作的破坏。

1.1.3　安装位置问题

安装电机的空间位置不同，会对电机的结构有所影响。如在选择轴承时，就不仅要考虑其所承受的径向载荷还要考虑其可能承受的轴向载荷。

1.1.4　寿命问题

电机一般可以连续工作 10～20 年。根据电机的寿命，要考虑电机的电负荷、热负荷等

参数。通常电机的电枢绕组的电流密度 $j \leqslant 10A/mm^2$。

绝缘材料的寿命决定于该材料的种类及其工作温度。表 1-2 列出了电机绝缘等级标准，规定了其寿命为 10～20 年时，绝缘材料所允许的极限工作温度。

表 1-2　绝缘标准

绝缘等级	Y	A	E	B	F	H	C
极限温度/℃	90	105	120	130	155	180	180 以上

如在相同的工作温度下，绝缘等级越高，其寿命就越长。同样，如要求相同的寿命，则绝缘等级越高，其所允许的工作温度就越高，同样尺寸的电机其容量就越大。工作温度越高其寿命越短，研究表明：工作温度每提高 8℃，其寿命将缩短一半，此规律称为"八度律"，据此可以近似判断电机工作温度提高后的寿命。

1.2　电机的设计任务

通常所遇到的设计，按其性质来分，基本可分为两类：

（1）仿形设计。所谓仿形设计，基本上就是根据已有产品，不论是结构形状还是性能参数，基本上是全部进行模仿，制定技术要求、画出加工图样，制造出一模一样的产品。

（2）自行设计。所谓自行设计，那就是根据所提的技术要求为依据，设计、制造出符合要求的电机，属于这类设计的包括：

1）设计已知型式不同功率（或不同转速）的系列电机。

2）设计已知型式的单独电机。

3）利用已有的电机进行改变电压、转速、功率的设计计算。

4）设计新型的单独电机等。

电机设计的任务及步骤主要为：

1）选择电机的结构方案：包括结构型式、励磁方式、冷却系统等的确定。

2）进行电磁计算：根据对电机的功率、电压、转速等要求来确定其主要尺寸，并进行电磁计算，得出电磁参数、电机特性等。这一步计算主要是以保证电机的电气性能为目的，因此计算中可选择不同的方案进行计算、比较，最后选出最佳方案来。

与此同时，画出电机的结构草图。

3）进行冷却和发热计算：其目的是对电磁计算进行校核和进行必要的修正，以确保其满足电气性能要求及合理的冷却系统设计。

4）进行结构设计：其中包括机械计算、结构材料的选择和加工工艺的考虑等，其目的主要是为了保证电机在有足够机械强度的前提下，具有最小的体积和重量、最好的工艺性、最经济的成本等。因此可选择多种方案进行分析、比较，以得到最佳方案。

与此同时，画出电机加工图样。

第2章 电机主要参数之间的关系及励磁问题

2.1 电机主要参数之间的关系

设计一台电机时，必须确定许多尺寸，但其中起主要与决定作用的是电机的主要尺寸。电机的主要尺寸是指电枢铁心的直径和长度。对于直流电机，电枢直径是指转子外径；对一般结构的感应电机，则是指定子内径。

电机的重量、价格、工作特性和运行可靠性等都和主要尺寸以及它们的比值有密切关系。所以确定主要尺寸是电机设计的第一步；主要尺寸确定后，其他尺寸也就大体可以确定。

在电机的主要尺寸确定后，就要进行电磁计算，电磁设计计算之前就必须对电机的结构方案诸如励磁方式、冷却系统等明确确定下来，不然电磁设计计算就无法进行。

本部分阐述确定主要尺寸时所依据的基本关系式、电磁负荷的选择和确定主要尺寸的一般方法，简要介绍电机及其设计特点；并围绕结构方案选择中要碰到的一些问题进行讨论，作为选择方案的参考。

2.1.1 电机的主要尺寸

电机在进行能量转换时，无论是从机械能变成电能（发电机），或是从电能变成机械能（电动机），能量都是以电磁能的形式通过定、转子之间的气隙进行传递的，与之对应的功率称为电磁功率。因此电机的主要尺寸与电磁功率有密切关系，后者可以用电机的计算功率表示。

交流电机的计算功率为

$$P' = mEI \tag{2-1}$$

式中　m——电枢绕组的相数；

　　　E——电枢绕组的相电动势（V）；

　　　I——电枢绕组的相电流（A）。

电枢绕组的相电动势为

$$E = 4.44 K_{\mathrm{Nm}} K_{\mathrm{dp}} W \phi f \tag{2-2}$$

式中　K_{Nm}——气隙磁场的波形系数，当气隙磁场为正弦分布时等于1.11；

　　　f——电流频率；

　　　W——电枢绕组的每相串联匝数；

　　　K_{dp}——电枢绕组系数，由于其值与基波绕组系数 K_{dp1} 差别甚小，计算时，通常即以 K_{dp1} 代入；

　　　ϕ——每极磁通（Wb）。

电流频率 f（单位为 Hz）与转子转速 n（单位为 r/min）有以下数值关系

$$f = \frac{pn}{60} \tag{2-3}$$

式中　p——极对数。

每极磁通为

$$\phi = B_{\delta av}\tau l_{ef} = B_\delta \alpha'_p \tau l_{ef} \tag{2-4}$$

式中　B_δ——气隙磁通密度的最大值（T），通常简称为气隙磁通密度；

　　α'_p——计算极弧系数，$\alpha'_p = B_{\delta av}/B_\delta$，其中 $B_{\delta av}$ 为气隙平均磁通密度；

　　l_{ef}——电枢的计算长度（m）；

　　τ——极距，τ 与电枢直径 D 的关系为

$$\tau = \frac{\pi D}{2p} \tag{2-5}$$

通常将沿电枢圆周单位长度上的安培导体数称为线负荷 A_s（单位为 A/m），即

$$A_s = \frac{2mWI}{\pi D} \tag{2-6}$$

将式（2-2）代入式（2-1），考虑上述关系式后可得

$$\frac{D^2 l_{ef} n}{P'} = \frac{5.5}{\alpha'_p K_{Nm} K_{dp} A_s B_\delta} \tag{2-7}$$

对于直流电机，计算功率为

$$P' = E_a I_a \tag{2-8}$$

式中　E_a——电枢绕组的电动势；

　　I_a——电枢绕组的电流。

电枢绕组的电动势 E_a 可以按以下数值方程计算

$$E_a = \frac{pn}{60}\frac{N_a}{a}\phi \tag{2-9}$$

式中　N_a——电枢绕组的总导体数，

　　a——电枢绕组的并联支路对数。

因线负荷为

$$A_s = \frac{I_a N_a}{2a\pi D}$$

故

$$I_a = \frac{2a\pi D A_s}{N_a} \tag{2-10}$$

将式（2-9）和式（2-10）代入式（2-8），并考虑式（2-4）和式（2-5）后可得直流电机主要关系式为

$$\frac{D^2 l_{ef} n}{P'} = \frac{6.1}{\alpha'_p A_s B_\delta} \tag{2-11}$$

将式（2-11）和式（2-7）比较后可知，对于交流电机和直流电机，其主要尺寸和计算功率、转速、电磁负荷之间的关系是相似的，都可用式（2-7）表示，只是对于直流电机，$K_{Nm}K_{dp}=1$。

现将式（2-7）重写如下，并令其等于 C_A，即

$$\frac{D^2 l_{ef} n}{P'} = \frac{5.5}{\alpha_p' K_{Nm} K_{dp} A_S B_\delta} = C_A \quad (2-12)$$

由于一定功率和转速范围的电机，B_δ、A_S 的变化范围不大，而 α_p'、K_{Nm}、K_{dp} 的变化范围更小，所以把 C_A 称为电机常数。则式（2-12）可写成

$$C_A = \frac{D^2 l_{ef}}{P'/n} = \frac{60 D^2 l_{ef}}{2\pi T'} \quad (2-13)$$

式中 T'——计算转矩（N·m），且 $T' = P'/\Omega = 60 P'/2\pi n$，其中，$\Omega$ 为机械角速度（rad/s）。

$D^2 l_{ef}$ 近似地表示转子有效部分的体积，定子有效部分的体积也与它有关。因而由式（2-13）可见，电机常数大体上反映了产生单位计算转矩所耗用的有效材料［铜（铝）和电工钢］的体积，并在一定程度上反映了结构材料的耗用量。

电机常数 C_A 的倒数为

$$K_A = \frac{1}{C_A} = \frac{2\pi T'}{60 D^2 l_{ef}} = \frac{P'}{D^2 l_{ef} n} \quad (2-14)$$

由式（2-14）可见，K_A 表示单位体积有效材料所能产生的计算转矩，因此，它的大小反映了电机有效材料的利用程度，通常称为利用系数。在进行设计方案比较时，K_A 往往也是一项重要的比较指标。随着电机制造水平的提高、材料质量的改进，利用系数将不断增大。

由参考文献［1］可知，材料的利用还可按照作用于电枢圆周单位表面上的平均切向力（称为转切应力）τ_{rt} 来判断，同理可推导出以下数值关系（τ_{rt} 的单位为 N/m²）：

$$\tau_{rt} = \frac{F}{\pi D l_{ef}} = \frac{T'}{\frac{D}{2} \pi D l_{ef}} = \frac{60}{\pi^2} \frac{P'}{D^2 l_{ef} n} \quad (2-15)$$

比较式（2-14）与式（2-15）可知，$\tau_{rt} \propto K_A$。

已制成的电机表明，C_A 并非总是常数，在转速一定时，它随电机功率的增大而减小，系数 K_A 和转切应力 τ_{rt} 则随电机功率的增大而增大。通常做出 C_A 或 K_A 与 P' 或 P'/n 之间的经验曲线，通过这些经验曲线可初步确定电机的主要尺寸 $D^2 l_{ef}$。

在无径向通风道的电机中，电枢的计算长度 l_{ef} 和铁心实际总长度 l_{ta} 相差很小；在有径向通风道的电机中，l_{ef} 略小于 l_{ta}；感应电机约小 10%~15%；直流电机和同步电机约小 5%~10%。极弧系数 α_p' 设计时，依据电机的类型和是否为均匀气隙等做综合考虑，一般取值在 0.63~0.72 之间。

不同类型电机的计算功率可按给定的额定功率 P_N 来决定，方法如下：

（1）对于感应电机

$$P' = \frac{K_E P_N}{\eta_N \cos\varphi_N} \quad (2-16)$$

式中 K_E——额定负载时感应电动势与端电压的比值；

η_N, $\cos\varphi_N$——额定负载时的效率与功率因数，可由技术条件或技术任务书（技术建议书）查得，也可参考已生产的相近规格电机做初步估计。

（2）对于同步发电机

$$P' = \frac{K_E P_N}{\cos\varphi_N} \tag{2-17}$$

（3）对于同步电动机

$$P' = \frac{K_E P_N}{\eta_N \cos\varphi_N} \tag{2-18}$$

（4）对于同步调相机

$$P' = K_E P_N \tag{2-19}$$

以上各式中 K_E 与给定的 $\cos\varphi_N$ 有关；η_N 见式（2-16）说明。

（5）对于具有并励绕组的直流电机：

$$P' = K_0 P_N \tag{2-20}$$

式中　K_0——考虑发电机的电枢压降和并励绕组电流而引入的系数。

（6）对于具有并励绕组的直流电动机：

$$P' = \frac{K_m P_N}{\eta_N} \tag{2-21}$$

式中　K_m——考虑电动机的电枢压降和并励绕组电流而引入的系数。

　　　η_N——额定负载时电动机的效率，见式（2-16）说明。

从式（2-12）和式（2-13）可以得出下列重要结论：

（1）电机的主要尺寸由其计算功率 P' 和转速 n 之比 P'/n 或计算转矩 T' 所决定。因此在其他条件相同时，计算转矩相近的电机所耗用的有效材料也相近；功率较大、转速较高的电机有可能和功率较小、转速较低的电机体积较近，从而两者可能采用相同的电枢直径及某些其他尺寸，并通用机座、端盖等零部件。

（2）电磁负荷 A_s 和 B_δ 不变时，相同功率的电机，转速较高的，尺寸较小；尺寸相同的电机，转速较高的，则功率较大。这表明提高转速可减小电机的体积和重量，但需指出，这种关系仅在一定的转速范围内才正确。因转速增高时，机械损耗随之增加，铁耗也将增加，于是电磁负荷只好降低。转速增高还会引起转动零部件所受的机械应力增加，这也会导致这种反比关系的破坏。

（3）转速一定时，若直径不变而采用不同的长度，则可得到不同功率的电机。

（4）由于式（2-12）中，系数 α_p'、K_{Nm} 与 K_{dp} 的数值一般变化不大，因此电机的主要尺寸在很大程度上和选用的电磁负荷 A_s、B_δ 有关。电磁负荷选得越高，电机的主要尺寸就越小。关于如何适当选择电磁负荷及其对电机性能和经济性的影响，将在2.1.3节详加讨论。

最后指出，工厂中常常参考已生产过的电机，用所谓"类比法"来确定主要尺寸，实际上"类比法"依据的仍是主要尺寸关系式。

2.1.2　电机中的几何相似定律

为了进一步认识电机的主要尺寸和功率、转速、电磁负荷间的某些规律性，现在来分析一系列功率递增而几何形状彼此相似的电机，它们具有相同的电流密度、磁通密度、转速和极数。所谓几何形状相似是指电机对应的尺寸间具有相同的比值，例如：若电机 A、B 几何形状相似，则 $\dfrac{D_A}{D_B} = \dfrac{l_A}{l_B} = \dfrac{h_{sA}}{h_{sB}} = \dfrac{b_{sA}}{b_{sB}} = \cdots$，其中 h_s 和 b_s 分别为槽高和槽宽。

再例如对于感应电机，通过"类比"，一般常直接选取定子外径（和相应的机座号或轴中心高）、内径、长度及气隙尺寸、转子内径、定转子槽数等。若所设计的电机 I 和已生产过的同类型电机 II，极数相同而额定功率不同，则由式（2-12）知，可近似认为 $\dfrac{D_{i1\,I}^2\,l_{ef\,I}}{D_{i1\,II}^2\,l_{ef\,II}} = \dfrac{P_{N\,I}}{P_{N\,II}}$，一般选取 $D_{i1\,I} = D_{i1\,II}$，于是 $\dfrac{l_{ef\,I}}{l_{ef\,II}} = \dfrac{P_{N\,I}}{P_{N\,II}}$，由此即可确定 $l_{ef\,I}$。顺便指出，将电机 II 的导体截面积乘以 $\dfrac{P_{N\,I}}{P_{N\,II}}$，绕组匝数除以 $\dfrac{P_{N\,I}}{P_{N\,II}}$，还可初步推算出所设计电机的导体截面积和匝数。

已知电机的计算功率和电枢电势 E 与电流 I 的乘积成正比，即

$$P' \propto EI \qquad (2\text{-}22)$$

在频率（或转速和极数）一定时，E 和电枢绕组的串联匝数 W 及磁通 ϕ 成正比，即

$$E \propto W\phi \qquad (2\text{-}23)$$

以 $\phi = BA_{Fe}$ 代入式（2-23），可得

$$E \propto WBA_{Fe} \qquad (2\text{-}24)$$

式中　B——磁路中铁内的磁通密度；

　　　A_{Fe}——磁路中铁的截面积。

又因

$$I = jA_0$$

式中　j——电流密度；

　　　A_0——导体的截面积。

故式（2-22）可改写为

$$P' \propto NBA_{Fe}jA_0 = BjA_{Fe}A_{Cu} \qquad (2\text{-}25)$$

式中

$$A_{Cu} = NA_0 \qquad (2\text{-}26)$$

是 N 根导体的总截面积。

面积 A_{Fe} 与 A_{Cu} 各与长度 l 的二次方成正比，因此

$$A_{Fe}A_{Cu} \propto l^2 l^2 = l^4 \qquad (2\text{-}27)$$

按条件，B 和 j 一定，于是可得

$$P' \propto l^4 \qquad (2\text{-}28)$$

或

$$l \propto P'^{1/4} \qquad (2\text{-}29)$$

实际上，例如低速水轮发电机的极距与变压器的铁心直径（标称）确实是与 P' 呈 1/4 次方的关系。

又因为有效材料的重量 G 与它们的体积成正比，也即和长度 l 的三次方成正比，而有效材料的成本 C_{ef} 和损耗 $\sum p$ 均与重量 G 成正比，故有

$$G \propto P'^{3/4} \qquad (2\text{-}30)$$

$$C_{ef} \propto G \propto P'^{3/4} \qquad (2\text{-}31)$$

$$\sum p \propto G \propto P'^{3/4} \tag{2-32}$$

若换算到单位功率下的电机的重量、成本和损耗，则为

$$\frac{G}{P'} \propto \frac{C_{ef}}{P'} \propto \frac{\sum p}{P'} \propto \frac{P'^{3/4}}{P'} = \frac{1}{P'^{1/4}} \tag{2-33}$$

式（2-33）即通常所说的几何相似定律，它表明，在 B 和 j 的数值保持不变时，对一系列功率递增、几何形状相似的电机，每单位功率所需有效材料的重量、成本及产生的损耗，均与功率的 1/4 次方成反比，也即随着单机容量的增大，其有效材料的利用率和电机的效率均将提高。这也说明了为什么在可能情况下，近代电气设备上有采用大功率电机来替代总功率相等的数台小功率电机的趋势。其次，这一定律可用来大体上估计与已制成电机几何形状相似，但功率不同的电机的重量、成本或损耗；也可用来分析通常是几何形状相似的系列中各规格电机之间的相应关系。

必须指出，上述几何相似定律和其他一些关系式都是十分近似的，在实际情况下，它们所反映出来的关系常会因其他条件限制而不得不放弃或被破坏。例如，电机的损耗是与长度的三次方成正比，但冷却表面却正比于长度的二次方。为保证电机温升不超过允许值，随着电机功率的增加，必须设法改变冷却系统或冷却方式等，从而放弃它们几何形状的相似。

2.1.3　电磁负荷的选择

现在进一步研究式（2-12）。由于正常电机中系数 α'_p、K_{Nm} 与 K_{dp} 实际上变化不大，因此在计算功率 P' 与转速 n 一定时，电机的主要尺寸决定于电磁负荷 A_S 和 B_δ。电磁负荷越高，电机尺寸将越小，重量就越轻，成本也越低，这就是在可能情况下，一般总希望选取较高的 A_S 和 B_δ 值的原因。但电磁负荷值的选取与许多因素有关，不但影响电机有效材料的耗用量，而且对电机的参数、起动和运行性能、可靠性都有重要影响。下面先讨论电磁负荷对电机性能和经济性的影响，然后简单介绍具体的选择方法。

1. 电磁负荷对电机性能和经济性的影响

（1）线负荷 A_S 较高，气隙磁通密度 B_δ 不变：

1）电机的尺寸和体积较小，可节省钢铁材料。

2）B_δ 一定时，由于铁心重量较小，铁耗随之减小。

3）绕组用铜（铝）量将增加，这是由于电机的尺寸小了，在 B_δ 不变的条件下，每极磁通将变小，为了产生一定的感应电动势，绕组匝数必须增多。

4）增大了电枢单位表面上的铜（铝）耗，使绕组温升增高。这是因为绕组的有效部分（即槽内部分）的铜（铝）耗为

$$P_{Cut} = 2mNR_{cef}I^2 = 2mN\rho \frac{l}{A_0}I^2 = 2mNIl\rho j \tag{2-34}$$

式中　R_{cef}——每根导体有效部分的电阻；

　　　ρ——导体材料的电阻率；

　　　l——导体有效部分的长度；

　　　A_0——导体截面积；

　　　j——导体电流密度。

电枢单位表面的铜（铝）耗为

$$q_a = \frac{P_{\text{Cut}}}{\pi Dl} = \frac{2mNIl\rho j}{\pi Dl} = \rho A_S j \qquad (2\text{-}35)$$

从式（2-35）可见，电枢单位表面的铜（铝）耗在 ρ 与 j 一定时，随着线负荷 A_S 的增大而增加；且此式还表明，当绕组的选用材料一定（即 ρ 一定）时，q_a 与 $A_S j$ 成正比。由于 q_a 直接影响到电机的发热和温升，因此，电机的温升就与 $A_S j$ 的大小密切有关。在其他条件不变时，为了避免电机温升过高，A_S 与 j 的乘积就不能超过一定限度。A_S 若选择得较大，j 就要相应选小一些，但这会使绕组用料增加。

5）交流绕组电抗（互感电抗或漏电抗）的标幺值可表示为

$$X^* = K \frac{A_S}{B_\delta} \qquad (2\text{-}36)$$

式中　K——比例值，近似为一常数；

　　　B_δ——对应于感应电动势等于额定电压时的气隙基波磁通密度幅值；

　　　A_S——线负荷。

可见，随着 A_S 的增大，绕组电抗的标幺值将增大，这会引起电机工作特性的改变。例如：将使电机的最大转矩、起动转矩和起动电流降低；同步电机的电压变化率增大，短路电流、短路比、静态和动态稳定率下降。在直流电机中，则会使换向恶化，这是因为换向元件中的电抗电动势值为

$$e_x = 2N_e v_a A_S l_{\text{ef}} \xi \qquad (2\text{-}37)$$

式中　N_e——换向元件的匝数；

　　　v_a——电枢的圆周速度；

　　　ξ——换向元件的平均磁导系数。

即 $e_x \propto A_S D l_{\text{ef}}$。但由式（2-12）知，其他条件不变时，随着线负荷 A_S 的增加，电枢体积 $D^2 l_{\text{ef}}$ 以一次方的关系减小，故 $D l_{\text{ef}}$ 将以低于一次方的关系减小，也就是 A_S 值增加的速度大于由此而引起的 $D l_{\text{ef}}$ 值减小的速度。这样，e_x 将随着 A_S 的增加而增大。而 A_S 的增加还会导致电枢反应增大，在无补偿绕组的直流电机中，这将引起电压变化率和片间电压最大值增加，后者可能使换向进一步恶化。

（2）气隙磁通密度 B_δ 较高，线负荷 A_S 不变：

1）电机的尺寸和体积将变小，可节省钢铁材料。

2）使电枢基本铁耗增大，这是因为 B_δ 提高后，在其他条件不变时，虽会使 $D^2 l_{\text{ef}}$ 与电枢铁心重量减小，但因电枢铁心中磁通密度与 B_δ 间有一定的比例关系，铁内磁通密度将相应增加，铁的比损耗（即单位重量铁心中的损耗）是与铁内磁通密度的二次方成正比的。因此随着 B_δ 的提高，比损耗增加的速度比电枢铁心重量减小的速度为快。而电枢的基本损耗等于其铁心重量和比损耗的乘积，因此 B_δ 提高后，将导致电枢铁耗增加，效率降低，在冷却条件不变时，温升也将增高。

3）气隙磁位降和磁路的饱和程度将增加。B_δ 提高后一方面直接增大了气隙磁位降的数值；另一方面，由于铁内磁通密度增大而使磁路饱和程度增加。这样，对于直流电机和同步电机，会因励磁电流增大而引起励磁绕组用铜量与励磁损耗增加，效率降低；在冷却条件不变时，使励磁绕组温升增高。有时还会因励磁绕组体积过大而使布置发生困难（内极式电

机），或致使磁极与电机的外形尺寸加大（外极式电机）。对于感应电机，会因励磁电流增加而使功率因数变坏。

4）影响电机参数与电机特性。因为由式（2-36）可知，随着 B_δ 的增大，绕组电抗的标幺值减小，从而影响电机的起动特性和运行特性。

2. 线负荷 A_S 和气隙磁通密度 B_δ 的选择

可见设计过程中，应从电机技术经济应用指标出发来选取最合适的 A_S 和 B_δ 值，以便使制造和运行的总费用最小，而且性能良好。

除了不应选择过高的 A_S、B_δ 数值外，还应考虑它们的比值要适当。因为这一比值不仅影响电机的参数和特性，而且与铜（铝）耗、铁耗的分配密度有关，也会影响电机效率曲线上出现最高效率的位置。正因为这样，对经常处于轻载运行的电机，宜选用较大的 A_S 值和较低的 B_δ 值，以便在轻载时得到较高的效率。

电机的冷却条件对电磁负荷的选用也有重要影响。例如防护式电机，由于冷却条件较好，选用 A_S、B_δ 可比同规格封闭式电机的高，对一般小型感应电机，通常可高出 15%～20%。

电机所用的材料与绝缘结构的等级也直接影响电磁负荷的选择。所用绝缘结构和耐热等级越高，电机允许的温升也就越高，电机负荷可选高些，导磁材料（包括兼起磁路作用的某些结构部件的材料）性能越好，允许选用的磁通密度也可越高。电机绕组采用铝线时，由于其电阻率较大，为保证足够的安装空间以免损耗过大，往往采用比铜线时较低的电磁负荷。

A_S、B_δ 的选择还和电机的功率及转速有关，确切地说是与电枢直径（或极距）及转子的圆周速度有关。圆周速度较高的电机，其转子与气隙中冷却介质的相对速度较大，因而冷却条件有所改善，A_S、B_δ 可选得大些。电枢直径（或极距）越小，所选取的 A_S 和 B_δ 也应越小，这主要是空间是否充裕的问题，原因如下：

在内电枢的电机（如直流电机）中，电枢直径越小，则在平行槽壁时，为保证一定的槽空间，齿根将越窄；在平行齿壁时，为保证一定的齿截面积，槽尺寸将受限制。因此，当电机功率较小时（通常直径也较小），若为平行槽壁，则 B_δ 的数值将因受齿根磁通密度限制而不能取得过高，因为通常齿部磁通密度最大值有一定限制，超过此值之后，励磁电流和铁耗将迅速增加；同时，还因齿根磁通密度的限制而使槽不能太深，从而限制了槽空间的大小和线负荷 A_S 的数值。若为平行齿壁，则在齿距、齿宽和槽深一定的情况下，直径小的电机中，槽的空间比直径大的电机要小，励磁绕组能够占用的空间也将变小，这就限制了励磁磁动势的数值，使电枢反应磁动势和与之密切相关的 A_S 及 B_δ 都不能取得太高。不但如此，电枢直径较小的电机，通常导线较细（因为电流小），绝缘所占比重就较大，使槽的空间利用变差，这时为了尽可能增加槽的空间，必须将齿宽取得狭窄些，这就要求 B_δ 不能取得太高。

电磁负荷选择时要考虑的因素很多，很难单纯从理论上来确定。通常主要参考电机工业长期积累的经验数据，并分析对比所设计电机与已有电机之间在使用材料、结构、技术要求等方面的异同后进行选取。电机工业的发展历史表明，随着材料，特别是电工材料性能、冷却条件和电机结构的不断改进，电机的利用系数和 A_S、B_δ 的数值一直在逐步提高，从而使电机的体积和重量不断减小，而性能指标仍能得到保证。

2.1.4 电机主要尺寸比及主要尺寸的确定

1. 主要尺寸比的选择

在选择 A_S 和 B_δ 后，由式（2-12）即可初步确定电机的 $D^2 l_{ef}$。但 $D^2 l_{ef}$ 相同的电机可以设计得细长，也可以设计得粗短。为了反映电机这种几何形状关系，通常采用主要尺寸比 $\lambda = l_{ef}/\tau$ 这一概念。λ 的大小与电机运行性能、经济性、工艺性等均有密切联系，或对它们产生一定影响。现在分别说明不同类型电机的 λ 值的选择。

若 $D^2 l_{ef}$ 不变而 λ 较大，有如下特点：

（1）电机细长，即 l_{ef} 较大而 D 较小。这样，绕组端部变得较短，端部用的铜（铝）量相应减少，当 λ 仍在正常范围内时，可提高绕组铜（铝）的利用率。端盖、轴承、刷架、换向器和绕组支架等结构部件的尺寸较小，重量较轻。因此，单位功率的材料消耗较少、成本较低。

（2）今电机的体积未变，因而铁的重量不变，在同一气隙磁通密度下基本铁耗也不变。但附加铁耗有所降低，机械损耗则因直径变小而减小。再考虑到电流密度一定时，端部铜（铝）耗将减小，因此，电机中总损耗将下降，效率提高。

（3）由于绕组端部较短，因此，端部漏抗减小。一般情况下，这将使总漏抗减小。

（4）由于电机细长，在采用气体作为冷却介质时，风路加长，冷却条件变差，从而导致轴向温度分布不均匀度增大。为此必须采取措施来加强冷却，例如采用较复杂的通风系统。但在主要依靠机座表面散热的封闭式电机中，热量主要通过定子铁心与机座向外发散，这时电机适当做得细长些可使铁心与机座的接触面积增大，对散热有利（对于无径向通风道的开启式或防护式电机，为了充分发挥绕组端部的散热效果，往往将 λ 取得较小）。

（5）由于电机细长，线圈数目较粗短的电机少，因而使线圈制造工时和绝缘材料的消耗减少。但电机冲片数目增多，冲片冲剪和铁心叠压的工时增加，冲模磨损加剧；同时机座加工工时增加，并因铁心直径较小，嵌线难度稍大，而可能使嵌线工时增多。此外，为了保证转子有足够的刚度，必须采用较粗的转轴。

（6）由于电机细长，转子的转动惯量与圆周速度较小，这对于转速较高或要求机电时间常数较小的电机是有利的。

选择 λ 值时，通常主要考虑：参数与温升；节约用铜（铝）；转子的机械强度；转动惯量等方面的限制或要求。具体到几种常用电机的选择方法如下：

（1）感应电机：

在中小型感应电机中，通常 $\lambda = 0.4 \sim 1.5$，少数 $\lambda = 1.5 \sim 4.5$；大型感应电机则一般为 $\lambda = 1 \sim 3.5$；极数多时取较大值。感应电机的过载能力与功率因数等性能都和漏抗有关，因而也就与 λ 有一定关系，计算经验表明，这方面较为合适的是 $\lambda = 1 \sim 1.3$，而铜（铝）量和铜（铝）耗方面较适宜的电机，则是 $\lambda = 1.5 \sim 3$。

（2）同步电机：

1）对于凸极同步电机，一般 λ 随极数的增加而增大。通常，中小型同步电机的 $\lambda = 0.6 \sim 2.5$，其上限属于多极电机。对于高速或大型同步电机，由于转子材料机械强度的限制，极距不能太大，因而 λ 值较大，可达 3~4。

2）内燃机驱动的同步发电机或负载具有脉动转矩的同步电动机，为了避免因电机的电磁固有振荡频率与来自内燃机（或压缩机）转矩的强迫振荡频率相近而引起共振，以及为限制负载时功率振荡的幅值，要求电机具有较大的转动惯量。通常这类电动机的 $\lambda = 0.8 \sim 1.2$。

3）对于一般同步电动机，λ 的选择则应考虑异步起动和过载能力问题。由于其起动性能比感应电机的要差，而且需要牵入同步，故转动惯量不应太大，即 λ 一般宜取得大些。

4）水轮发电机的飞逸转速较高（$1.6 \sim 2.6 n_N$），为了保证飞逸时转子构件的机械应力不超过允许值，最好选用较大的 λ；但另一方面，由于在运行中发电机突然卸去全部负载时，水轮导水机构不能立即关闭，为了控制机组转速上升值在一定范围内，并保证所有运行情况下转速变化率不大，从而使电力系统运行时的稳定性较高，又需要一定的转动惯量，也就是要求 λ 较小。这两个要求是互相矛盾的，但如根据具体情况正确选择 λ，则矛盾是可以解决的。通常对于额定转速较高或容量特大的水轮发电机，λ 宜选得大一些，额定转速较低的发电机，转子机械应力一般不大，这时转动惯量对尺寸的要求将起决定作用，所以 λ 宜选小些。

5）汽轮发电机通常为 2 极或 4 极，转速较高，转子外径增大时，离心力迅速增大。转子本体及护环材料目前可能达到的机械性能限制了它们外径的加大。为了使转子机械应力不超过允许值，功率的增长主要只能在加强冷却的情况下，通过增加电枢长度来达到，因此汽轮发电机的 λ 一般随功率的增大而增大。根据分析[2]，从用铜量的观点来看，$\lambda = 1.91$（2 极电机）或 3.82（4 极电机）是其最佳数值；大于上述数值时，不会降低损耗和提高效率；小于上述数值，则会引起损耗显著增加、效率显著降低。实际上，由于容量、电压、使用材料和冷却方式的不同，λ 的数值范围仍旧相当大（例如 2 极电机约为 1~4）。

（3）直流电机：

λ 越大，则电枢越长，换向器片间电压和换向元件的电抗电动势均将增大，使换向条件变差。过大的 λ 还会导致磁极铁心的截面形状变得狭长，使励磁绕组的利用率下降。一般地说，小型直流电动机的换向问题不大，本来 λ 可以取大些，但为了在电枢上获得足够的槽数，仍常采用较低的 λ 值。频繁起动和可逆转的轧钢电动机，通常要求转动惯量较小，以减少起动和运行过程中的能量损耗，缩短过渡过程的时间，提高生产率，因此需选用较大的 λ 值。大型电机与高速电机，换向比较困难，而且为了避免因直径太大而使电枢圆周速度过高，机械应力超过允许值，λ 也应取得大些。通常中小型直流电机的 $\lambda = 0.6 \sim 1.2$（或 1.5），大型直流电机 $\lambda = 1.25 \sim 2.5$。

实际设计时，λ 值的选择往往需要通过若干计算方案的全面比较分析，才能作出正确的判断。

2. 确定主要尺寸的一般方法

这里只介绍确定电机主要尺寸的一般方法，某些电机可能根据其本身特点而采用不同的步骤，甚至将主要尺寸关系式写成其他形式。

首先根据电机的额定功率，利用式（2-16）~式（2-21）得出计算功率 P'。然后根据 P' 与 n（交流电机为同步转速，直流电机为额定转速），结合所设计电机的特点，利用推荐的数据或曲线选取电磁负荷 A_S、B_δ，代入式（2-12）即可算得 $D^2 l_{ef}$。计算时，交流电枢若采用单层整距绕组，可预取 $K_{dp} = 0.96$；若为双层短距绕组（线圈节距 $y_1 = 5\tau/6$ 时），则可预取 $K_{dp} = 0.92$。

然后参考推荐的数据选用适当的 λ，即可由已算得的 $D^2 l_{ef}$，分别求得主要尺寸 D 与 l_{ef}。对于感应电机和同步电机，同时还要确定它们的定子外径 D_1（初步可参照定子内外径的经验比值先做估计）。为了充分利用硅钢片，减少冲模工艺装备的规格与数量，加强通用性和考虑系列电机功率等级递增的需要，我国目前规定了交流电机定子铁心的标准外径 D_1（见表 2-1）与直流电机的标准电枢外径 D_a（见表 2-2）。算得 D_1 或 D_a 后，需将其调整到标准直径，然后对定子内径 D_{i1}（或转子内径 D_{i2}）与铁心计算长度 l_{ef} 进行必要调整。

表 2-1　Y2、Y3 系列异步电机定子外径 D_1

中心高/mm	80	90	100	112	132	160	180	200	225	250	280	315	355
定子外径/mm	120	130	155	175	210	260	290	327	368	400	445	520	590

注：Y 系列机座号是按轴中心高划分的，例如机座号 80 代表轴中心高为 80mm 的机座。

表 2-2　Z4 直流电机的电枢外径 D_a

中心高/mm	100	112	112	112	132	160	180	200	225	250	280	315	355
电枢外径/mm	105	120	130	132	160	185	210	240	260	300	340	340	390

需要指出的是，表 2-1 和表 2-2 的标准直径系根据我国当前生产水平规定的，并非一成不变。事实上，在一些新系列电机中也采用其他直径。

2.1.5　系列电机及其设计特点

电机制造厂的产品大多是系列电机。所谓系列电机，是指技术要求、应用范围、结构形式、冷却方式、生产工艺基本相同，功率及安装尺寸按一定规律递增，零部件通用性很高的一系列电机。因此电机制造厂进行的往往是系列电机设计，仅当用户提出的要求和系列产品在功率、技术要求和结构等方面差别较大时，才专门进行单个电机的设计。即使不同时，也仍需尽量利用已有的工艺装备，以降低成本和缩短生产周期。

系列电机的额定功率具有一定范围，按一定比例递增，且为"硬性"等级。例如 Y3（IP55）系列三相感应电动机的额定功率从 0.12kW～315kW 共分 29 个等级。

系列电机的额定电压系列按规定的标准电压等级选用其中一种或几种。例如 Y 系列中 IP44 与 IP23 的额定电压均为 380V。

系列电机有一定的转速范围或等级。例如 Y3 系列（IP55）的同步转速有：3000r/min、1500r/min、1000r/min、750r/min、600r/min 等五种、YE3 系列（IP55）的同步转速有：3000r/min、1500r/min、1000r/min 等三种。

根据功率递增情况和标准尺寸硅钢片的合理剪裁，规定了系列电机铁心的若干外径尺寸或轴中心高数值，通常外径与轴中心高之间有一定的对应关系，而且每一外径或轴中心高对应一个机座号。同一机座号可有几种铁心长度，例如 Y3 系列共分 15 个机座号，每个机座号包括 2～5 种极数，同一机座号中每种极数有 1～3 种铁心长度，分别对应于不同的功率等级。

系列电机具有的这些特点给设计、制造、使用、维修带来很多方便。例如零部件的通用性高，便于成批生产和实现生产过程的机械化、自动化，也有利于提高产品质量和产量，降低生产成本。

系列电机一般可分为下列数种：

（1）基本系列：通常这是使用面广、生产量大的一般用途系列，如 Y 系列和 Y3 系列三相感应电动机、T2 系列小型同步发电机与 Z2 系列小型直流电机等。

（2）派生系列：这是按不同的实际使用要求，进行部分改动而由基本系列派生出来的系列，它和基本系列间有较多的通用性。派生系列有电气派生（如 YX 系列、YE3 高效电机是在 Y3 基础上设计的）、结构派生（如绕线转子电动机 YR 系列）、特殊环境派生（隔爆型电动机，YB 系列）等。此外，YD 系列三相多速异步电动机与 YH 系列三相高转差率异步电动机，都是在 YE2 系列的基础上派生出来的。

（3）专用系列：这是适用于某种特殊条件但使用面很窄的系列。与一般用途不同，专用系列具有特殊使用要求和特殊防护条件系列，YG 系列辊道电动机，系专门用来驱动轧钢厂传送辊道和工作辊道的三相异步电动机，使用条件的特点是：环境温度高、金属粉尘多、频繁起动、经常正反转和反接制动，并需承受较大的振动和冲击等。此外，YZ、YZR 冶金及起重用异步电动机也属于专用系列电机。

系列电机的设计特点如下：

1. 功率按一定规律递增

同一系列中相邻两功率等级之比（大功率比小功率），称为功率递增系数或容量递增系数 K'_p，其数值直接影响到整个系列功率等级数目的确定，而且对系列的经济性有重要影响。K'_p 取得小，功率等级就多，易于满足不同用户的配套需要，选用方便，并可减少过安装容量、过安装费用与运行费用。但功率等级的增多，将使同一系列中电机的规格较多，制造时所需的工艺装备增加，生产管理复杂，从而使制造成本增高。因此选择系列电机的 K'_p 及功率等级时，必须进行细致的综合分析。我国系列电机的功率等级，系从国家标准 GB/T 321—2005《优先数和优先数系》规定有四个基本优先系数，它们的公比（相当于系列电机的 K'_p）分别为：$R_5 = \sqrt[5]{10} \approx 1.6$，$R_{10} = \sqrt[10]{10} \approx 1.25$，$R_{20} = \sqrt[20]{10} \approx 1.12$，$R_{40} = \sqrt[40]{10} \approx 1.06$，其中根号内数字表示功率比，根号外数字表示功率分段的数目。例如若把 1~10kW 这一功率范围（功率比为 10）优先分为 5、10、20 或 40 个功率段时，其公比就可分别用上列四式表示。采用优先系数可以做到合理分段，以最少的规格品种满足国民经济各部门的需要。这时各级的过安装容量与电机本身功率间的比值大致相等，因而较为合理。考虑到同一系列中不同规格的电机的实际需求量并不相同，功率小的电机一般需求量较多，功率大的电机则需求量相对较少，而且个别几种功率可能需要的特别多或特别少。因此整个系列若采用同一个功率递增系数，也即只用公比相同的一个基本优先数系就不一定合适。为此，标准规定，必要时允许采用复合优先数系，也就是不同功率范围内采用不同的优先系数，使小功率范围内间隔疏些，大功率范围内间隔密些，个别功率段还可根据具体情况，比相邻段疏些或密些。表 2-3 为国际电工委员会（IEC）规定的功率等级与我国生产的 Y 系列三相感应电动机的功率等级。

表 2-3 功率等级 （单位：kW）

IEC		Y 系列	IEC		Y 系列
第一数系	第二数系	$\left(\dfrac{IP44}{IP23}\right)$	第一数系	第二数系	$\left(\dfrac{IP44}{IP23}\right)$
0.06			22	25	22
0.09			30	33	30
0.12			37	40	37
0.18			45	50	45
0.25			55	63	55
0.37			75	80	75
0.55		0.55	90	100	90
		0.75	110	125	110
0.75		1.1	132		132
1.5	1.8	1.5	150		
2.2	3	2.2	160		160
		3	185		185
3.7	4	4	200		200
5.5	6.3	5.5	220		220
7.5	10	7.5	250		250
	13	11			
15	17	15			
18.5	20	18.5			

注：1. IP23 和 IP44 为电机外壳防护等级的代号。

　　2. Y 系列 IP44 的功率等级为 0.55~160kW，Y 系列 IP23 为 5.5~250kW。

2. 安装尺寸和功率等级相适应

电机的安装尺寸是指电机与配套机械进行安装时的有关尺寸。如何合理地确定系列电机的安装尺寸及功率等级与安装尺寸对应的关系十分重要。系列电机的安装尺寸一般按轴中心高分级，它的确定必须综合考虑配套机械和电机本身的具体情况，原则上也应按优先级系数递增。安装尺寸中主要是轴中心高，对端盖式轴承的电机，确定功率等级与安装尺寸的对应关系时主要是确定功率等级与轴中心高的对应关系。功率等级确定后，若选取的轴中心高等级太少，则电机制造时的工艺装备虽可减少，用户安装使用也较方便，但电磁设计将不够合理，材料得不到充分利用。因此确定这种对应关系时必须全面考虑，并进行多种方案计算和比较。通常一个轴中心高对应两个功率等级；在个别功率范围内，也可对应三个功率等级。我国中、小型交流电机采用的轴中心高尺寸见表 2-1 和表 2-4。

表 2-4 T2 系列三相交流同步发电机中心高与定子外径

中心高/mm	160	180	200	225	250	280	355
定子外径 D_1/mm	270	300	350	385	430	493	590

3. 电枢冲片外径的确定

（1）与规定的轴中心高数值的一致性。我国几个中小型交流电机基本系列的定子冲片外径和轴中心高的对应关系见表 2-1 和表 2-4。实践表明，轴中心高一定时，如果可能，宜适当放大交流电机定子冲片外径，这对电机的性能和工艺性均较有利。

（2）硅钢片利用的经济合理性。

（3）整个系列外形的匀称性。

在条件允许的情况下，还应尽可能充分利用已有的工艺装备。

4. 重视零部件的标准化、系列化和通用化

设计系列电机时，对于零部件的标准化、系列化和通用化应十分重视，也就是系列电机零部件应尽量采用标准件与标准尺寸、标准结构，并按整个系列的要求合理安排同类型零部件的尺寸，以提高通用性和互换性。只有这样，才能充分发挥系列电机的优越性，降低生产成本和方便使用维修。有时为了提高系列电机零部件的通用化程度，宁愿在电机性能方面适当做出一些牺牲。例如，对于交流电机，极数相同、功率等级邻近的 2~3 个规格，应采用相同的定子冲片（此时铁心长度不同），极数不同、功率等级邻近的电机，宜采用相同的定子冲片外径，但内径不同，铁心长度相同或略有不同。对于转速不同而功率邻近的直流电机，应选用相同的电枢外径和磁极冲片。这样，将大大减少冲模与铸造模的数量，并因可采用相同的轴径、轴承、换向器和绕组支架，而进一步减少夹具和量具等工艺装备的数量。为了使电机主要尺寸比都较合适，批量大的电机（例如 100kW 以下的小型感应电机），一个铁心外径在一种极数下一般配两种铁心长度，功率大的电机，当采用焊接机座时，长度的改变不会在工艺上引起较大的不便，因而铁心有时采用 3~4 种长度。

5. 考虑派生的可能性

考虑有可能仅做少量改动即派生出某些产品，以满足特殊性能、特殊环境与特殊使用条件方面的要求。

系列电机设计，特别是基本系列电机的设计，是一项对国民经济有重大影响的工作。因此设计前，必须对国内外已有的系列或相类似电机的情况进行充分调查研究和分析比较，按上述有关要求进行工作，并通过试制少数典型规格为全面设计提供实际依据。

2.2　同步电机励磁问题

2.2.1　磁极安装方式

其磁极的安装方式不同，有两种型式：

（1）旋转磁极式电机（也称内极式），见图 2-1。

（2）旋转电枢式电机（也称外极式），见图 2-2。

目前旋转磁极式和旋转电枢式交流电机都有应用。较大容量（15~30kVA 及更大容量）的电机多数采用旋转磁极式方案；无刷交流发电机的励磁机以及小容量交流发电机也有采用旋转电枢式方案的。

1. 旋转磁极式的主要优点

（1）在相同的外径条件下，它的电枢直径大，因此其所发出的功率就大，这种电机的

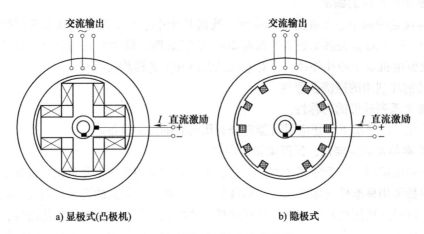

图 2-1 旋转磁极式电机示意图

利用率就高,这是一个突出的优点。

(2) 对有刷电机而言,其电枢电流易于引出,无需集电环和电刷,而转子励磁电流小,只需两个不大的集电环和电刷,(对永磁电机而言,这种集电环和电刷也不需要了)因此该发电机的轴向尺寸可缩短,体积、重量减小,损耗也减小。

2. 旋转磁极式的缺点

(1) 在圆周速度很大的情况下(>50m/s)或更小容量情况下,磁极和磁极上励磁绕组的固定都比较困难。

(2) 电机的电枢集中了电机损耗的大部分,但对风冷电机而言,电枢(定子)冷却条件却较差,尤

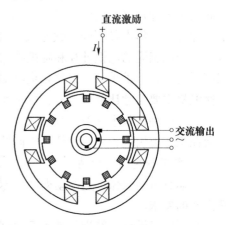

图 2-2 旋转电枢式电机示意图

其在高速运行条件下,定子气流性质又从紊流变成了层流,电枢冷却条件恶化就更为突出(对油冷电机就不存在此问题)。

(3) 因励磁绕组在转子上,调压需要通过电刷和集电环,不如旋转电枢式简单,但如采用无刷方案的话,此缺点也就不存在了。

3. 磁极型式及特点

交流发电机中磁极形状有两种:显极式(又称凸极式,见图 2-1a)和隐极式(见图 2-1b)。

对于旋转电枢式电机而言,它基本上只有显极式磁极一种;而对于旋转磁极式来说,这两种形式都有,显极式主要用于转速较低的场合,而隐极式主要用于转速较高的场合。

这两种磁极形式的电机各有其特点。显极式电机,其过载能力、并联运行时的稳定性等比隐极式的好,但其输出波形没有隐极式好,地面电机通常采用不均匀气隙的措施来改变磁场波形。显极式电机的励磁绕组是做成集中式绕组,而隐极式则制成分布式的同心绕组,都是均匀气隙,显极式的一个致命弱点就是其磁极和励磁绕组的固定比较困难,机械强度比较低,而隐极式电机的励磁绕组嵌放在槽内,可坚固地用槽楔和扎线环固紧,强度较高,显极式电机的圆周速度通常不超过 70~80m/s。而 12000r/min、24000r/min 这类由其专用的空气

涡轮式或燃气涡轮拖动的高速电机采用强度较高的隐极式，隐极式电机的圆周速度一般可允许达 200m/s。

在圆周速度低于 100m/s 的情况下，旋转磁极一般可用硅钢片叠制，在高转速情况下，以用整体转子为宜，只是其损耗相应会有所增多。

2.2.2 励磁方式

为了正确设计电机的励磁系统就有必要对电机励磁方式及其存在的问题做些了解，以便结合实际情况设计出合理的励磁系统。

根据发电机中产生磁场的方式不同，有两类励磁方式：永磁式（见图 2-3a）及电磁式（见图 2-3b）。

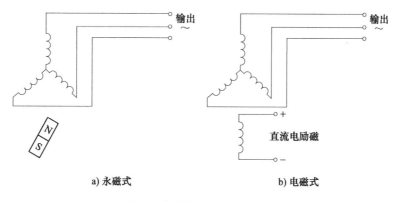

图 2-3 交流发电机的励磁方式

1. 永磁式的主要优点

（1）无需直流电励磁，从而也无滑动接触，使励磁系统简单、可靠、在某些情况下电机的重量较轻。

（2）性能良好，效率较高。

（3）机械强度高，特别适用于高转速情况。

2. 永磁式的主要缺点

（1）调磁困难。

（2）永磁材料价格贵、加工工艺性较差。

（3）永磁材料的磁性能还满足不了发展的需要，而且磁性能受热处理等影响较大，较难控制。

目前这类永磁电机一般均为小容量，用于变流机系统及无刷交流发电机系统中，随着高磁能永磁材料的解决及加工工艺水平的提高，可以预料这类电机有较大容量，特别是高速运行情况下将有着较大发展。

交流发电机中容量比较大的基本上都是电磁式的。电磁式交流发电机的磁场是由励磁绕组通以直流电流建立的，而依据直流电的来源不同又可分为他励式与自励式。

2.2.3 他励式

他励式电机的直流激励电流来源于机上的直流电网、蓄电池或与其共轴的专用直流励磁机，图 2-4 是他励式交流发电机的激励线路原理图。

对于采用直流电源来励磁的他励式交流发电机（见图 2-4a），如一旦直流电源损坏，那些交流发电系统也就发生故障，所以其可靠性不高。这种型式只在小功率交流发电机中得到应用。而带直流励磁机的励磁线路（见图 2-4b、c），因其是独立的励磁系统而消除了这一缺陷，但因其重量太大，而且直流电机具有整流子、电刷而降低了其可靠性。

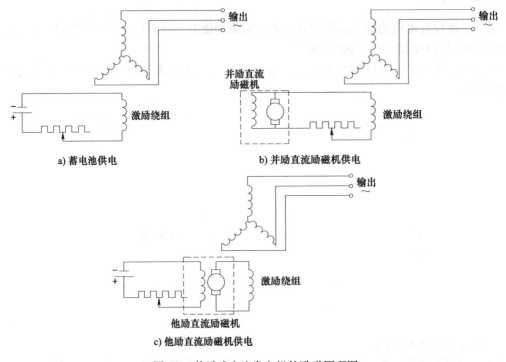

图 2-4　他励式交流发电机的励磁原理图

2.2.4　自励式

1. 自励式特点

其直流励磁电流来源于电机本身交流输出。图 2-5 列出了 4 种可能的自励线路原理图。

图 2-5 的自励线路共同特点是：都是用整流器把电机的交流输出经整流而获得直流励磁电流。这些线路没有多大的区别，只是后面三种线路适用于励磁电压与交流网络电压有显著差别的情况。

图 2-5b 的缺点是需要附加变压器，这不仅增加了成本，也同时增加了损耗，因为变压器本身存在损耗。

双绕组的自励线路（见图 2-5c）中专供励磁用的这套交流绕组有两种设计方法：一种是根据基波磁场来设计，绕组节距与基波磁场极距 τ 近似相等；另一种设计方法是根据励磁磁场中的三次谐波磁场来设计，使绕组节距近似等于 $\tau/3$，也就是已得到广泛应用的所谓"三次谐波励磁"。

三次谐波励磁的主要优点是：

（1）三次谐波绕组输出电压随负载的增加而增加，因而具有自动调整电压的特点。

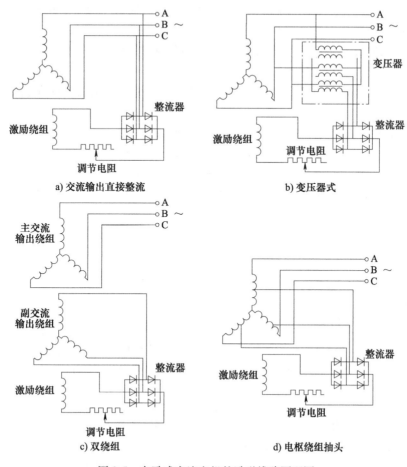

图 2-5　自励式交流电机的励磁线路原理图

（2）三次谐波励磁交流发电机的过载能力强，它甚至能起动同容量的异步电机。

（3）动态反应速度快。

（4）结构简单、可靠、体积小、重量轻。

但三次谐波励磁也具有缺点，主要是：

（1）自励比较困难，实际上也是上述所有自励线路的通病。

（2）输出波形较差。

由于三次谐波励磁具有一系列优点，而自励困难及波形较差的问题采取一些措施是可能给以解决的。

2. 存在的问题

自励式与他励式相比，其优越性在于：用整流器的自励系统取代了直流励磁机，从而使可靠性大为提高，同时使体积、重量减小。但自励式也存在问题，主要有：自励比较困难；当交流输出短路时易失磁（三次谐波励磁等不存在此问题）；存在着电刷和集电环的滑动接触，影响了其可靠性；整流器的参数受温度的影响较大，且整流器的容量要求比较大，要和励磁功率一样大。

（1）自励困难的原因及解决办法。交流发电机与直流发电机一样，只有在其具备了自励条件的前提下才有可能工作。其自励条件与直流电机一样需要满足下面 4 个条件：

1）电机必须有剩磁，这是最根本的条件。

2）流过励磁电路的直流电所建立的磁场应与剩磁场的方向一致。

3）电机转速应高于一个定值转速。

4）励磁电路的电阻应低于临界电阻，也就是使励磁电路的伏安特性在起始端也要在发电机空载特性下。

交流发电机与直流发电机在自励问题上的差别仅在于，励磁电路的电阻不仅包括励磁绕组的电阻、调节器电阻还增加了整流器电阻，正是因为这个"量"变而引起了"质"变，因整流器（通常用硅整流管）的电阻是非线性的，在其电流小时电阻大，因此使得励磁电路的伏安特性也呈非线性，在自励开始时励磁电路的电阻较大，这样往往使励磁电路的伏安特性（图 2-6，曲线 2）在起始段处于电机空载特性（图 2-6，曲线 1）之上，而自励不起来。这是自励交流发电机的一个严重的缺陷。

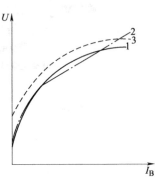

图 2-6　电机特性曲线
1—电机的空载特性
2—励磁电路的伏安特性
3—提高了剩磁后的空载特性

（2）为保证自励可以采取一些措施：

1）增加剩磁通，使发电机的空载特性从曲线 1 提高为曲线 3（见图 2-6），从而达到自励的目的，这是比较简单、可靠、有效的办法。

2）从改变励磁电路的伏安特性角度出发，如降低开始自励时的整流器电阻或开始自励时在励磁电路内加上一附加电压等，但此措施不仅复杂且可靠性差。

（3）从电机本身讨论如何增加剩磁通：

为了增加剩磁通，目前都是采用在电机磁路中嵌入永久磁铁的办法。而嵌入永久磁铁的方法是多种多样的，图 2-7 列出了一些永久磁铁的安装方法。这些方法都能达到提高剩磁磁通、保证自励的目的，但另一方面却使发电机的结构复杂化了。图 2-7a 所示的结构还使电机主磁路磁阻显著增加了，从而增加了所需的励磁磁动势，引起了电机和整流器尺寸增大、重量增加及效率降低，这种结构应用前途较小。

图 2-7b 所示的结构引起了电机轴向长度和重量的增加。

图 2-7c 所示的极间安装永久磁铁的结构，主要是引起了磁场波形的扭斜，增加了谐波成分，但另一方面它却有着增加该电机的过载能力、提高并联运行稳定性的特点。

用于自励交流发电机极中的永久磁铁有其特殊要求：

用于图 2-7a 中的永久磁铁要求具有较高的剩磁感应 B_r，较小的矫顽力 H_c，以及较高的磁导率的永磁材料，一般可用铬、钢、钨钢等永磁材料。

用于图 2-7b 中的永久磁铁应从加工工艺性来考虑，使其便于加工成冲片，因此宜采用可变形永磁材料（如 Co52V11、Co52V12 等）。

用于图 2-7c 中的永久磁铁却要求高矫顽力的永磁材料，一般可采用钡铁氧体、锶钙铁氧体等高矫顽力永磁材料。图 2-7b、c 这两类永久磁铁的嵌装法比较好，宜于在实际结构中采用。

综上可知，对于利用整流器把交流整流成直流来励磁的自励交流发电机，尽管其自励线

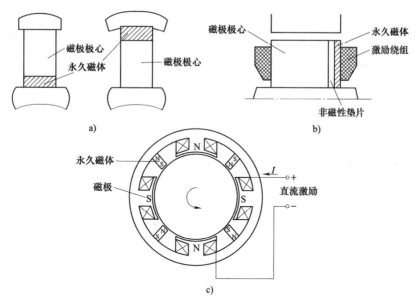

图 2-7　嵌永久磁铁来提高剩磁磁通的安装方法

路形式可以是多种多样的，但都要求高得多的剩磁磁通（相对于一般电机）。这一点在设计磁路时必须给以充分注意，应采取相应措施（嵌永久磁铁等方法）予以保证。

2.2.5　复励式

前面讨论的自励式交流发电机的另一问题是，当交流短路时易失磁，其原因是交流输出电压被短路后，励磁电压变为"0"，交流励磁电流就无来源了，另一方面，还存在由于短路电流的去磁作用，使剩磁大大地削弱到几乎没有的程度，即所谓"失磁"，虽然这时的短路电流也是很小的。但此情况下，即使短路故障已经排除，但已不能自励，发不出电来了。为了解决失磁问题，通常是采用复励的办法，图 2-8 就是这类复励的两种原理线路。

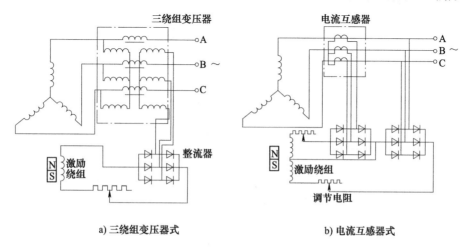

a) 三绕组变压器式　　　　　　　　　　b) 电流互感器式

图 2-8　复励的原理线路

复励线路的特点是，励磁电流的大小同时取决于交流输出电压和电流，所以在交流输出短路时，它还存在相应于短路电流那部分励磁电流，因此就不存在失磁问题，同时此情况下的短路电流也相应比较大。另外这类复励线路在正常工作时还有着一定的自动调压作用。

2.2.6　无刷交流发电机

所有的有刷电机由于其存在电刷与集电环的滑动接触，影响了其可靠性，为了消除这不可靠的病根——滑动接触，提出了无刷交流发电机的问题。它以旋转整流器来代替电刷和集电环的滑动接触，从而大大提高了电机的可靠性。图 2-9 是这类无刷交流发电机的原理线图。图 2-9a 中的交流励磁机，仍需在励磁磁路中嵌永久磁铁（上面讨论过）、用复励的办法来解决自励困难，以及提高交流输出短路时的短路电流。有些短路保护装置对发电机短路电流有一定要求的，短路电流太小的话保护装置就不起作用，一般要求短路电流不小于额定电流的 3 倍，维持 5 秒钟，以使短路保护装置起作用来切断故障线路，因此对图 2-9a 来说，虽不存在短路"失磁"的问题，但短路时短路电流很小也是不允许的，必须采用复励办法来解决此问题。而图 2-9b 就不存在自励困难及短路"失磁"和短路电流过小的问题。

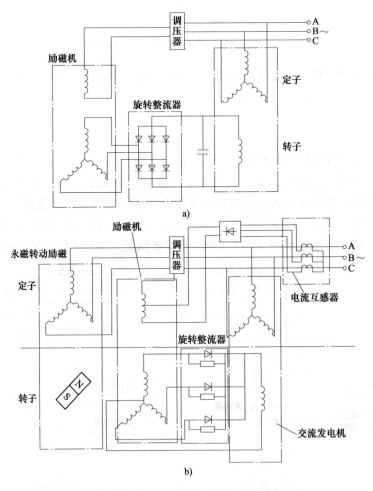

图 2-9　无刷交流发电机的原理线图

第3章 同步发电机设计

电机电磁计算的任务在于：根据给定电机的技术要求，确定电机的主要尺寸以及磁路、绕组等的材料和尺寸。并推算电机的工作特性，以便在理论上预先校核所设计的电机的性能指标是否符合要求。

在设计计算电机时，有许多参数和系数是根据前人所积累的经验数据来选择确定的。由于前人做了大量的理论研究和科学实验工作，得到了许多实用的经验公式和经验数据，因此，设计计算电机时可以利用这些公式和数据，比较方便地做出电机的设计方案。

本章以交流同步发电机设计为例介绍电机的电磁计算方法与步骤。

3.1 技术要求

技术要求包括发电机的工作条件和额定数据。这些技术要求是设计电机时预先给定的，是设计、制造电机的依据，也是检验电机的依据。

3.1.1 同步发电机的工作条件

（1）环境温度：$-55 \sim +60℃$。

（2）相对湿度：在 $40℃±2℃$ 下，达 $95\% \sim 98\%$。

（3）固定处的振动频率为 $10 \sim 200Hz$，加速度达 $5g$（$g = 9.8m/s^2$，下同）。

（4）冲击强度：加速度达 $4g$，冲击频率达 $40 \sim 100$ 次/min，冲击次数为 10000 次。

（5）线加速度达 $8g$。

3.1.2 同步发电机的额定数据

（1）容量 P_H（kVA）。

（2）电压 U_H（V）：交流发电机电压为 120/208V，这里 120V 指相电压；208V 指线电压。

（3）电流 I_H（A）。

（4）功率因数 $\cos\varphi$：一般规定 $\cos\varphi = 0.75$（滞后）。

（5）转速 n(r/min)。

（6）频率 f(Hz)：$400(1±2\%)$Hz。

（7）工作状态：长期。

（8）效率：效率 $\geqslant 85\%$。

（9）过载：功率过载 50% 达 5min。

（10）过速：在超过最高转速 20% 的转速下运行 2min。

（11）绝缘等级。

（12）热状态下绕组的绝缘性能。

1）绝缘强度试验：1500V、50Hz；

2）绝缘电阻：在正常条件下不小于20MΩ，在工作温度下达到额定热状态后不小于2MΩ，在耐潮试验后不小于1MΩ。

（13）允许的最大重量和外形尺寸。

（14）冷却条件：

1）冷却方式、冷却介质；

2）冷却介质的压力、流量、温度。

3.2 电磁计算

根据技术要求（工作条件和额定数据），可进行电磁计算。下面介绍交流同步发电机电磁计算的方法和步骤。

3.2.1 选择结构与确定电机的主要尺寸

交流同步发电机的结构方案在前面已介绍，这里以凸极同步发电机（磁极在转子上）为例，介绍这种结构的发电机的电磁计算。

根据实践经验，可以得到这样的感性认识：电机的容量（功率）越大，其尺寸（体积、重量）也越大。那么，电机的尺寸为什么与容量（功率）有这样的关系呢？因为电枢（电枢绕组和电枢铁心）是电机进行能量转换的所在，因此，在很大程度上，电机的尺寸取决于电枢的尺寸，而电枢的尺寸与所转换的能量及电机容量有密切的关系。

1. 主要尺寸关系式

同步发电机的电枢绕组切割气隙磁场而产生感应电动势，当发电机接通负载后，电枢绕组中便流过负载电流，从而向负载输出电功率，实现了把机械功率转换为电功率，因此，功率转换与电枢绕组中的感应电动势、电流有关。

电磁功率 P_i 可用发电机的额定容量来表示

$$P_i = mE_iI_N \times 10^{-3} = mK_EU_NI_N \times 10^{-3} = K_EP_N \tag{3-1}$$

根据前面的分析可知，同步发电机的主要尺寸关系式为

$$D^2l = \frac{5.5K_EP_N10^3}{\alpha_p'K_{dp}B_\delta A_s n} \tag{3-2}$$

这个关系式表达了电枢尺寸 $D \cdot l$ 与电机容量的关系，尺寸 D 与 l 也就称为电机的主要尺寸。

2. 主要尺寸关系式的分析与讨论

可见，A_s、B_δ 值既不可选得太高，也不可选得太低，对于常用材料，其 A_s、B_δ 值有个比较合适的范围，见表3-1和表3-2。

表 3-1　线负荷 A_S 的范围

强迫通风	容量/kVA	$A_S /$ $(10^2 \mathrm{A/m})$	自通风	容量/kVA	$A_S /$ $(10^2 \mathrm{A/m})$
				1.0~3.0	120~180
	12~80	250~450		3.0~12	150~250
				12~30	200~300

表 3-2　气隙磁通密度 B_δ 的范围

容量/kVA	B_δ /T
1.0~3.0	0.45~0.55
3.0~12	0.5~0.6
12~80	0.55~0.75

油冷电机的线负荷可取与强迫通风的电机一样或略高些。

从上面的分析可知，主要尺寸 D 和 l 不仅与电机容量有关，而且还与转速 n、负荷 A_S、B_δ 有关。

3. 主要尺寸 D 和 l 的确定

式（3-2）就是确定主要尺寸的基本公式。式中 P_N、n 往往是给定的，A_S、B_δ 可按表 3-1、表 3-2 选取，系数 K_E、K_{dp}、α'_p 可如下确定。

$K_E = 1.10 \sim 1.15$，其准确值，要待电枢绕组的电阻和漏抗计算出来以后再求 E_i，然后可校核 K_E 值，初步可取 $K_E = 1.12$。

K_{dp} 为交流绕组的绕组系数，在开始计算 D、l 时，K_{dp} 也是知道的，初步可取 $K_{dp} = 0.91 \sim$ 0.96，或采用相似电机的数据。K_{dp} 准确值也要等交流绕组设计完成后确定，然后再以 K_{dp} 的准确值代入式（3-2），修正后，来计算。

$\alpha'_p = \dfrac{2}{\pi} \times \dfrac{B_{\delta 1}}{B_\delta}$，与气隙磁场波形有关，而磁场波形又与磁极极弧形状和实际极弧宽度 b_p 有关，关系见图 3-1。

b_p 可在 $(0.55 \sim 0.75)\tau$ 范围内选取，对直径不大、极数不多的电机，一般选用较小的数值，若 $b_p > 0.75\tau$，则可以显著地增加极掌尖端间的漏磁。对于均匀气隙的电机，可取 $b_p \approx (0.60 \sim 0.67)\tau$；对于非均匀气隙的电机，可取 $b_p \approx (0.71 \sim 0.75)\tau$。$b_p$ 确定后，便可查图 3-1 曲线得 α'_p 值。

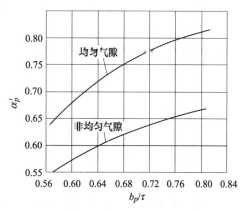

图 3-1　计算极弧系数 α'_p 与 b_p/τ

在确定和选取了 P_N、n、A_S、B_δ、K_E、K_{dp}、α'_p 后，便可从式（3-2）中求出 $D^2 l$。但是仅靠式（3-2）还不能分别确定 D 和 l。因此必须知道 l/D，通常同步发电机这一比值的选择范围为 $l/D = 0.5 \sim 0.7$。

3.2.2 交流绕组及电枢槽形设计

交流绕组的特征可用下列数据表明：槽数 Z，每极每相槽数 q，极数 $2p$，相数 m，并联支路数 a，每相串联匝数 W，线圈或绕组元件的节距 y，绕组的接法（三相绕组大多采用 丫形联结）。

交流绕组可分为单层绕组和双层绕组。由于双层绕组可选择有利的元件节距，以改善磁场和电动势的波形，同时，双层绕组可容易地选择其 q 为分数，即容易制成分数槽绕组，以削弱齿谐波的影响。因此，容量大于 3kVA 的同步发电机，大多采用双层绕组。下面介绍双层绕组的设计。

1. 交流双层绕组的设计

（1）计算每极磁通 ϕ：

在确定了主要尺寸 D、l 以后，就可计算每极磁通（为了方便起见，省去 ϕ_1 的下标 "1"，用 ϕ 表示基波磁通量）

$$\phi = \alpha'_p \tau l B_\delta \tag{3-3}$$

式中，$\tau = \dfrac{\pi D}{2p}$，单位为 cm；l 单位为 cm，B_δ 单位为 T，ϕ 单位为 Wb。

（2）计算每相串联匝数 W 为

$$W = \frac{E_i}{4.44 K_{dp} f \phi} \tag{3-4}$$

式中，$E_i = K_E U_N$，在这里只是初步确定的值，之后要等待交流绕组完全设计好，并求出绕组的电阻、漏抗，再来校核这里的 E_i；式中 ϕ 即由式（3-3）确定；K_{dp} 前面已预取过。

（3）确定每极每相槽数 q 和总槽数 Z：

q 对电机的影响，简单分析如下：

1）q 是表示绕组 "分布" 程度的数据，因此如果 q 选得大，绕组分布得充分，那么磁场和电动势的波形就好；同时 q 大，使齿谐波的频率高而数值小，于是齿谐波的影响就减弱，也使电动势波形得到改善。

2）q 大，则电机槽数 $Z = 2mpq$ 也大，这意味着在同一个每相匝数 W 时，每个槽内的导体数就少，这就使槽内导体的发热较少。或者说：Z 大，绕组的发热沿着电枢周围比较分散，使槽内的发热较少。

3）以上两点是 q 选得大的有利方面，但也有缺点：槽数多，会使槽内绝缘所占据的空间相对增多，这就降低了铜、铁有效材料的利用率，电机的体积重量、制造费用都将增大。另外，q 的增大，也受到电枢直径 D 和极对数 p 的限制。

因此，极对数较少、同时电枢直径较大的情况下，q 宜取较大；对于极对数较多或电枢直径较小的电机，一般取 $q<3$，但应使 Z 在 D 允许的情况下尽量大些。

在 q 较小时，为了改善电动势的波形，可以采用分数槽绕组，即取 q 为分数。可选择表3-3 中的 q 值。

表 3-3　常用的 q 值

极对数	q
$p = 2$	$1\dfrac{1}{2}$; $2\dfrac{1}{2}$; $3\dfrac{1}{2}$
$p = 3$	$\dfrac{1}{2}$; $1\dfrac{1}{2}$; $2\dfrac{1}{2}$
$p = 4$	$\dfrac{3}{4}$; $1\dfrac{1}{4}$; $1\dfrac{1}{2}$; $1\dfrac{3}{4}$; $2\dfrac{1}{4}$; $2\dfrac{1}{2}$; $2\dfrac{3}{4}$

事实上，即使 q 较大，也往往采用分数槽绕组，以削弱齿谐波的影响，改善电动势的波形。

q 选定后，总槽数也就可定

$$Z = 2pmq \tag{3-5}$$

（4）计算绕组每元件匝数 W_c：

对于双层绕组

$$W_c = \frac{m}{Z}W \tag{3-6}$$

显然，每元件匝数 W_c 必须是整数，如果按式（3-6）算出来的 W_c 不为整数，那么必须取接近于这个数的整数，然后根据 W_c 值修正 W 值。

$$W = \frac{Z}{m}W_c \tag{3-7}$$

（5）计算绕组系数 K_{dp}

$$K_{dp} = k_d k_p k_{ck} \tag{3-8}$$

式中　k_d——分布系数，且

对于整数槽绕组

$$k_d = \frac{\sin\dfrac{\pi}{2m}}{q\sin\dfrac{\pi}{2mq}} \tag{3-9}$$

对于分数槽绕组

$$k_d = \frac{\sin\dfrac{\pi}{2m}}{q'\sin\dfrac{\pi}{2mq'}} \tag{3-10}$$

其中　q'——分数 q 的分子，例如 $q = 1\dfrac{1}{2} = \dfrac{3}{2}$，则 $q' = 3$；$q = 2\dfrac{1}{4} = \dfrac{9}{4}$，则 $q' = 9$。

k_p——短距系数，且

$$k_p = \sin\left(\beta\frac{\pi}{2}\right) \tag{3-11}$$

式中　β——矩距比，且

$$\beta = \frac{y_1}{\tau}$$

其中 y_1——用槽数表示的元件节距（必须是整数）；

$\quad\quad \tau$——用槽数表示的极距，对于接成星形的三相双层绕组，在线电动势中 3 次谐波已被消除，这时采用短距应该消除 5 次谐波电动势或者同时削弱 5 次和 7 次谐波电动势；消除 5 次谐波的措施是尽可能使 $y_1 = 4\tau/5$（即 $\beta = 4/5$）；同时削弱 5 次和 7 次谐波的措施是尽可能使 $y_1 = 5\tau/6$（即 $\beta = 5/6$）。

$\quad\quad k_{ck}$——斜槽系数，且

$$k_{ck} = \frac{\sin\left(\dfrac{t_Z}{\tau} \times \dfrac{\pi}{2}\right)}{\dfrac{t_Z}{\tau} \times \dfrac{\pi}{2}} \tag{3-12}$$

式中 t_Z——斜槽元件在电枢两端沿圆周斜过的距离，一般为一个齿距，如图 3-2 所示。

（6）校核磁通 ϕ 和 B_δ：

在修正了 W 值（式 3-7）和求得了准确的 K_{dp} 值后，要将这两个数据代入式（3-4）中去修正 ϕ 值；将修正后的 ϕ 值代入式（3-3）中，去修正 B_δ 值。

后面计算中，ϕ、B_δ 都要用修正以后的值。

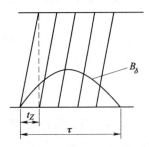

图 3-2　斜槽示意图

（7）选择交流绕组的导线：

首先要计算必须要的导线截面积（单位为 mm^2）

$$S'_x = \frac{I_H}{j_H} \tag{3-13}$$

式中 I_H——电机的额定电流，且

$$I_H = \frac{P_H \times 1000}{m U_H} \tag{3-14}$$

$\quad\quad j_H$——允许的绕组电流密度，电流密度 j_H 的选择与电机的冷却方法和导线的绝缘比有关，可按表 3-4 选取。

其中，P_H 以 kVA 为单位，U_H 以 V 为单位。

表 3-4　电枢绕组许用电流密度

冷却方法	发电机容量/kVA	许用电流密度/(A/mm²)
自通风	1~12	7~12
强迫通风	12~80	12~20
循油		16 及以上
喷油		22 以上

当导线截面积 $S'_x < (5 \sim 6) mm^2$ 时，宜采用圆形绝缘导线；当截面积较大时，应采用矩形截面绝缘导线。

如果采用圆形绝缘导线，则可计算必需的裸铜（即不计绝缘层）直径

$$d'_x = \sqrt{\frac{4}{\pi} S'_x} \tag{3-15}$$

　　然后根据绝缘导线（电磁线）的标准选取标准规格的导线。标准规格的导线裸铜直径$d_x \approx d'_x$。这样从标准中可同时查知这种规格导线包括绝缘层的直径d_{jx}和裸铜截面积S_x。

　　如果采用矩形导线，则从电磁扁线的标准中选取标准规格的导线，应使标准规格的扁线裸铜截面$S_x \approx S'_x$，然后选择合适的扁线尺寸$a \times b$。（注意这里a、b是扁线裸铜尺寸，包括绝缘层的扁线尺寸是$A \times B$）。但是同一截面S_x，可有几种尺寸的a与b，到底选择哪一种合适，应在设计槽形尺寸时确定。

2. 电枢槽形设计

（1）槽形的选择：

电枢槽形的选择与导线截面的形状、导线的尺寸及绕组元件的制造方法有关。

当绕组采用矩形导线时，槽形应选择矩形槽（槽壁平行），如图3-3a、b所示。

当绕组采用圆形导线时，可选择梯形槽（齿壁平行），如图3-3c所示，也可选择矩形槽。

矩形槽可以做成开口槽，或半开口槽（槽口大于槽宽的一半）（见图3-3a、b），开口槽绕组嵌线简单、容易，可以直接嵌放成型线圈（即绝缘已经包扎好的线圈），同时开口槽的漏磁较小，因此其绕组的漏抗较小。但是，当采用开口槽时，气隙的磁通因槽口较大而具有较大的脉振，因此，在电枢绕组中产生较大的高次谐波电动势，使电动势波形不好；同时，较大的磁通脉振，在磁极极靴表面上会引起较大的表面损耗。梯形槽一般做成半开口槽、嵌放圆导线。

| a) 槽壁平行1 | b) 槽壁平行2 | c) 齿壁平行 |

图3-3　定子槽形

（2）槽形尺寸的确定：

槽的尺寸可根据槽内导线的尺寸、数目、排列及槽内绝缘的厚度等来确定，同时要考虑到槽满率及齿中磁通密度值。

以矩形槽为例，如图3-4所示，若上、下层各有两根导线，则槽宽、槽深（单位均为mm）为

$$b_c = 2A + 2\Delta_1 + (0.3 \sim 0.5)\text{mm} \qquad (3\text{-}16)$$

$$h_c = 2B + 3\Delta_1 + \Delta_2 + h_5 + h_6 + (0.25 \sim 0.6)\text{mm}$$

$$(3\text{-}17)$$

式中　Δ_1——槽绝缘厚度，可取$\Delta_1 = 0.2 \sim 0.3\text{mm}$；

　　　Δ_2——层间绝缘厚度，可取$\Delta_2 = 0.1 \sim 0.2\text{mm}$；

　　　h_5——槽楔厚度，可取$h_5 = 1.0 \sim 1.5\text{mm}$；

　　　h_6——齿尖厚度，可取$h_6 = 0.3 \sim 0.5\text{mm}$；

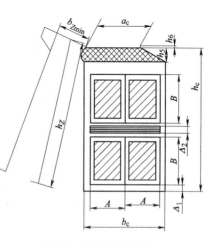

图3-4　槽与齿的尺寸

A，B——扁导线包括绝缘层的尺寸。

其中 $0.3 \sim 0.5\text{mm}$、$0.25 \sim 0.6\text{mm}$ 分别为槽宽和槽深尺寸的余量。因为要考虑到冲制和选片不精确所产生的误差，以及嵌线较容易，因此要留有余量。

对于开口槽，槽口宽度 $a_c = b_c$；对于半开口槽，a_c 应比半个元件边的宽大 $0.8 \sim 1.0\text{mm}$。槽形尺寸确定后，要检查一下槽满率及齿中磁通密度值是否适当。

1）槽满率：

槽满率是槽内导体总的铜截面积与槽面积之比

$$k_{cm} = \frac{n_c S_x}{S_c} \tag{3-18}$$

式中　S_c——槽面积，对于矩形槽，$S_c = h_c b_c$。

槽满率 k_{cm} 表示槽面积的利用程度。对于圆导线，正常的槽满率为 $k_{cm} = 0.35 \sim 0.4$；对于矩形导线，正常的槽满率为 $k_{cm} = 0.45 \sim 0.55$。槽满率大，表示槽的利用率高，这可以减小电机尺寸；但槽满率越大，嵌线就越困难，甚至无法嵌线。槽满率小，当然嵌线方便，但对减小电机尺寸不利。上述 k_{cm} 的范围，经验证明是适当的。

2）齿中磁通密度

由于槽的尺寸确定后齿的尺寸也相应地被确定，那么这样的齿尺寸是否适当呢？这主要是看齿中磁通密度的大小。

对于矩形槽，其齿是梯形的，齿中各截面上磁通密度值是不同的，这时应使齿最小截面上的磁通密度值即最大磁通密度在适当的范围内，齿中最大磁通密度为

$$B_{Z\max} = \frac{\phi_t}{S_{Z\min}} = \frac{l t_Z}{k_{c1} l b_{Z\min}} B_\delta = \frac{t_Z}{k_{c1}(t_Z - b_c)} B_\delta \tag{3-19}$$

对于梯形槽，齿是矩形的，可认为其中磁通密度是不变的，其值

$$B_Z = \frac{\phi_t}{S_Z} = \frac{l t_Z}{k_{c1} l b_Z} B_\delta = \frac{t_Z}{k_{c1}(t_Z - b_{c1})} B_\delta \tag{3-20}$$

式中　ϕ_t——一个齿距中的气隙磁通，$\phi_t = l t_Z B_\delta$；

$\quad\quad S_{Z\min}$——梯形齿的最小截面积，$S_{Z\min} = k_{c1} l b_{Z\min}$；

$\quad\quad k_{c1}$——定子刚片的填充系数，见表 3-8；

$\quad\quad b_{Z\min}$——梯形齿的最小宽度，$b_{Z\min} = \dfrac{\pi D}{Z} - b_c = t_Z - b_c$，对于半开口槽 $b_{Z\min}$ 也用 $t_Z - b_c$ 计

$\quad\quad\quad\quad$ 算，见图 3-4。

$\quad\quad S_Z$——矩形齿的截面积；

$\quad\quad b_Z$——矩形齿的宽度。

齿中磁通密度太大，则其中消耗的磁动势大，这样会增加励磁磁动势，亦即增加励磁绕组重量及损耗；但齿中磁通密度太小，则会增大定子冲片尺寸，即影响到电机的总尺寸。下列磁通密度值的范围，经验证明是适当的：

对于梯形齿：$B_{Z\max} = 1.3 \sim 1.8\text{T}$；

对于矩形齿：$B_Z = 1.2 \sim 1.5\text{T}$。

3. 电枢绕组的电阻和漏抗的计算

电枢绕组的电阻和漏抗对电机的性能有影响。电阻一方面决定了稳态时绕组的损耗大

小，另一方面又影响电机暂态电流的变化速度或时间常数。

漏抗影响到端电压随着负载的变化、励磁电流的大小、稳定短路电流和暂态过程的电流。

在电枢绕组设计好以后，便可进行电阻和漏抗的计算。

（1）绕组的平均匝长计算：

要计算电阻和漏抗，必须先计算绕组的每匝平均长度，即平均匝长

$$l_{cp} = 2(l + l_{\Lambda}) \tag{3-21}$$

式中　l——电枢铁心长度，即绕组在槽内部分的长度。

　　　l_{Λ}——绕组的端部长度（m），如图3-5所示，且

$$l_{\Lambda} = 2a' + 2b' + \frac{Y_{1/2}}{\sqrt{1 - \left(\frac{b_K + \Delta}{t_{Z/2}}\right)^2}} + \pi\left(R + \frac{h_K}{2}\right) \tag{3-22}$$

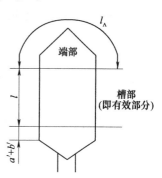

图 3-5　绕组元件

式中　a'——铁心绝缘端板的厚度；

　　　b'——槽绝缘的伸出长度（cm），$2b' = 0.4 \sim 0.6\mathrm{cm}$；

　　　b_K——线圈元件边的宽度；

　　　Δ——相邻两线圈元件边的间隙，$\Delta = (1 \sim 1.5) \times 10^{-3}\mathrm{m}$；

　　　R——线圈端部圆角的半径 $R \approx h_x$，h_x 是导线不带绝缘时的高度；

　　　h_K——线圈元件边的高度；

　　　$Y_{1/2}$——按槽深 1/2 处测量的线圈宽度，且

$$Y_{1/2} = \beta\frac{\pi(D + h_z)}{2p} \tag{3-23}$$

　　　$t_{Z/2}$——按槽深一半处测量的槽距（m），且

$$t_{Z/2} = \frac{\pi(D + h_z)}{Z} \tag{3-24}$$

（2）电枢绕组的有效电阻计算：

绕组的直流电阻和交流电阻是不同的：前者是电流没有趋肤效应时的电阻；后者是电流有趋肤效应时的电阻。

直流电阻可用大家熟知的公式计算

$$r = \rho\frac{l}{S}$$

式中　ρ——导线的电阻率；

　　　l——导线长度；

　　　S——导线铜截面积。

电枢绕组在20℃时的直流电阻为

$$r_a = \rho\frac{l_{cp}W}{S_x} = \frac{l_{cp}W}{57S_x} \tag{3-25}$$

式中　ρ——铜在20℃时的电阻系数，且 $\rho = \frac{1}{57}\Omega \cdot \mathrm{mm}^2/\mathrm{m}$。

由于电机工作时，绕组的工作温度远远大于标准温度（20℃），因此需要计算在工作温度时的电阻，即热态电阻

$$r_{\mathrm{R}} = r_a(1 + \alpha\Delta T)$$
$$= r_a(1 + 0.0038\Delta T) \qquad (3\text{-}26)$$

式中　α——铜的温度系数，$\alpha = 0.0038$；

　　　ΔT——电机的允许温升，根据电机所采用的绝缘等级确定。

采用 F 级绝缘时，电机的工作温度为 155℃，因而在 20℃ 时电机的允许温升为 $\Delta T = (155 - 20)℃ = 135℃$；采用 H 级绝缘时，工作温度为 180℃，则 $\Delta T = 160℃$。各绝缘等级的工作温度见表 1-2。

交流绕组由于电流趋肤效应，其交流电阻即有效电阻要比直流电阻大 k_{r} 倍

$$r_{\mathrm{y}} = k_{\mathrm{r}}r_{\mathrm{R}} \qquad (3\text{-}27)$$

对于圆形导线，趋肤效应系数为

$$k_{\mathrm{r}} = 1 + \frac{n_2^2 - 0.2}{15.25(1 + \lambda)}d_{\mathrm{x}}^4\left(\frac{f}{50}\right)^2 \qquad (3\text{-}28)$$

对于矩形导线

$$k_{\mathrm{r}} = 1 + \frac{n_2^2 - 0.2}{9(1 + \lambda)}b^4\left(\frac{f}{50}\right)^2 \qquad (3\text{-}29)$$

式中　n_2——沿槽高的导线数目；

　　　λ——绕组元件端部长度与有效部分长度之比，$\lambda = l_{\Lambda}/l$；

　　　d_{x}——圆形导线铜心直径（cm）；

　　　b——矩形导线不包括绝缘的高度（cm）；

　　　f——交流电流频率。

（3）电枢绕组漏抗的计算：

电枢绕组的每相磁动势除了产生通过定子、转子的电枢反应磁通（与另外两相的磁动势共同产生）ϕ_a 外，还产生只与定子绕组本身匝链的漏磁通 ϕ_{s}，如图 3-6 所示。

漏磁通 ϕ_{s} 在定子绕组中要感应出电动势，即漏电动势 E_{s}。相电流 $\dot{I}$ 越大，漏磁通 ϕ_{s} 也越大，则漏电动势 E_{s} 也越大。在同步发电机里，E_{s} 的作用也可用一个"抗"上的压降来表示，这个"抗"就是漏抗 X_{s}。

$$\dot{E}_{\mathrm{s}} = -\mathrm{j}\dot{I}X_{\mathrm{s}} \qquad (3\text{-}30)$$

每相绕组的漏磁通 ϕ_{s}，仔细分析起来，由 4 部分组成：槽漏磁 ϕ_{c}、齿顶漏磁 ϕ_{cd}（见图 3-7a），端部漏磁 ϕ_{Λ}（见图 3-7b）和差漏磁 ϕ_{∂}。

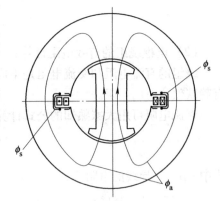

图 3-6　电枢绕组产生的磁通

槽漏磁是导线在槽内所产生的漏磁通（见图 3-7a）。齿顶漏磁是相邻两个齿顶之间的漏磁（见图 3-7a 中的 ϕ_{cd}），端部漏磁是绕组端接部分所产生的漏磁（见图 3-7b 中的 ϕ_{Λ}），以上三部分漏磁显然是不通过转子的，因此不参加能量的传递，差漏磁就是气隙中的谐波磁通。

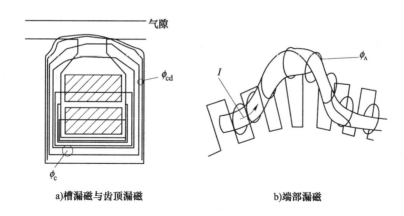

a)槽漏磁与齿顶漏磁   b)端部漏磁

图 3-7 电枢绕组的漏磁通

即使电枢表面无齿无槽即光滑，那么电枢磁动势产生的磁通也会有高次谐波。实际上电枢是有齿有槽的，齿槽影响气隙中的磁通密度波形，即引起齿谐波，这两部分谐波磁通虽然同基波磁通一样通过转子，但它对转子的作用却同基波不一样，因为谐波磁通的极对数为 vp，转速为 n_1/v，它与转子的转速 n_1 不相等。电枢的基波磁通与转子是同步旋转的，电枢基波磁场与转子磁场相对静止、相互作用，达到能量转换的目的。而谐波磁场与转子磁场有相对运动、不能相互作用，因此不参加能量转换，但谐波磁通在定子绕组中感应电动势的频率是与基波频率相等的

$$f_v = vp\frac{\dfrac{n_1}{v}}{60} = \frac{n_1}{60}p = f$$

从这里分析可知，谐波磁通与槽漏磁、端部漏磁一样不参加能量转换，在定子中感应出基波频率的电动势从而影响端电压，所以谐波磁通也属于漏磁通，称为差漏磁。

1）槽漏抗与槽漏磁导系数：

下面以槽漏磁为例，介绍漏抗的计算方法。

对于一般情况而言，一个线圈的电抗为

$$X = \omega L$$

式中　L——线圈的电感，包括自感和互感。

对于电枢绕组，每相绕组对应于槽漏磁的漏抗为

$$X_{sc} = \omega L_C \tag{3-31}$$

式中　L_C——每相绕组对应于槽漏磁的电感。

每相绕组所占的槽数为 Z/m，以 L_{C1} 表示每槽导体的槽漏磁的电感，则

$$X_{sc} = \omega \frac{Z}{m} L_{C1} \tag{3-32}$$

这里假定每相 Z/m 个槽内的导体都是串联的，由式（3-32）知，求 X_{sc} 可变为求 L_{C1} 的问题。

电感是什么意思呢？电感就是导体（或线圈）的单位电流时产生的磁链。

计算图 3-8 所示的双层整距绕组的槽漏电感 L_{C1}（计算时不计层间绝缘的厚度）。

首先可以看到，元件边 A 有自感 L_A，元件边 B 有自感 L_B，同时 A 对 B 有互感 M_{BA}，B 对 A 也有互感 M_{AB}，而 $M_{AB} = M_{BA}$。所以

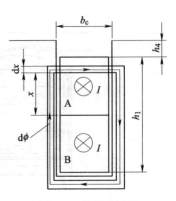

图 3-8　槽漏抗计算

$$L_{C1} = L_A + L_B + 2M_{AB} \tag{3-33}$$

① 求 L_A：

元件边 A 在 $\mathrm{d}x$ 磁力线带内的磁通 $\mathrm{d}\phi$ 是由 x 范围内电流的磁动势所产生的。

这一部分的线圈匝数是 $x/(0.5h_1)W_c$，W_c 是每元件匝数，所以磁动势为 $x/(0.5h_1)W_cI$。这样力线带内的磁通为

$$\mathrm{d}\phi = \frac{x}{0.5h_1}W_cI\frac{\mu_0 l\mathrm{d}x}{b_c}$$

式中　$\mu_0 l\mathrm{d}x/b_c$ ——$\mathrm{d}x$ 磁力线带的磁导，忽略了铁部分的磁导。

由 $\mathrm{d}\phi$ 产生的磁链为

$$\mathrm{d}\psi_{A1} = \mathrm{d}\phi\frac{x}{0.5h_1}W_c = \left(\frac{x}{0.5h_1}W_c\right)^2 I\frac{\mu_0 l}{b_c}\mathrm{d}x$$

在 $x = 0 \sim 0.5h_1$ 范围内 A 的自感磁链为

$$\psi_{A1} = \int_0^{0.5h_1}\mathrm{d}\psi_{A1} = \int_0^{0.5h_1}\left(\frac{W_c}{0.5h_1}\right)^2 I\frac{\mu_0}{b_c}lx^2\mathrm{d}x$$

$$= \mu_0 IW_c^2 l\frac{h_1}{6b_c}$$

元件边 A 还在 h_4 范围内产生磁通，对应的磁链为

$$\psi_{A2} = \mu_0 IW_c^2\frac{lh_4}{b_c}$$

所以元件边 A 本身产生的总磁链为

$$\psi_A = \psi_{A1} + \psi_{A2} = \mu_0 IW_c^2 l\left(\frac{h_1}{6b_c} + \frac{h_4}{b_c}\right)$$

单位电流产生的磁链，即为其电感，所以自感为

$$L_A = \frac{\psi_A}{I} = \mu_0 W_c^2 l\left(\frac{h_1}{6b_c} + \frac{h_4}{b_c}\right) \tag{3-34}$$

② 求 L_B：

L_B 的求法同 L_A。只要将式（3-34）中的 h_4 用 $h_4 + 0.5h_1$ 代替即可

$$L_B = \frac{\psi_B}{I} = \mu_0 W_c^2 l\left(\frac{h_1}{6b_c} + \frac{h_4 + 0.5h_1}{b_c}\right)$$

$$= \mu_0 W_c^2 l\left(\frac{h_1}{6b_c} + \frac{h_4}{b_c} + \frac{h_1}{2b_c}\right) \tag{3-35}$$

③ 求 M_{AB}：

M_{AB}是 B 对 A 的互感，这只需计算 B 中的电流产生匝链 A 的磁链。此时在 dx 磁力线带中 B 产生的磁通为

$$d\phi - IW_c \frac{\mu_0 l dx}{b_c}$$

$d\phi$ 匝链 A 的磁链为

$$d\psi_{AB1} = d\phi \frac{x}{0.5h_1} W_c = \frac{\mu_0}{b_c} \frac{W_c^2}{0.5h_1} l I x dx$$

在 $0 \sim 0.5h_1$ 范围内

$$\psi_{AB} = \int_0^{0.5h_1} d\psi_{AB1} = \int_0^{0.5h_1} \frac{\mu_0}{b_c} \frac{W_c^2}{0.5h_1} l I x dx = \mu_0 I W_c^2 l \frac{h_1}{4b_c}$$

在 h_4 范围内，B 产生磁链 A 的磁链为

$$\psi_{AB2} = \mu_0 I W_c^2 \frac{l h_4}{b_c}$$

所以互感磁链

$$\psi_{AB} = \psi_{AB1} + \psi_{AB2} = \mu_0 I W_c^2 l \left(\frac{h_1}{4b_c} + \frac{h_4}{b_c} \right)$$

互感 M_{AB} 为

$$M_{AB} = \frac{\psi_{AB}}{I} = \mu_0 W_c^2 l \left(\frac{h_1}{4b_c} + \frac{h_4}{b_c} \right) \tag{3-36}$$

④ 求 L_{C1}:

$$L_{C1} = L_A + L_B + 2M_{AB}$$
$$= \mu_0 W_c^2 l \left(\frac{4}{3} \frac{h_1}{b_c} + \frac{4h_4}{b_c} \right)$$
$$= \mu_0 (2W_c)^2 l \left(\frac{h_1}{3b_c} + \frac{h_4}{b_c} \right) = \mu_0 (2W_c)^2 l \lambda_c \tag{3-37}$$

式中　λ_c——槽漏磁导系数，且

$$\lambda_c = \frac{h_1}{3b_c} + \frac{h_4}{b_c} \tag{3-38}$$

⑤ 槽漏抗:

按式（3-37）求得的 L_{C1} 是一个槽内导体的电感，所以每相绕组的槽漏抗为

$$X_{sc} = \omega \frac{Z}{m} L_{C1} = \omega \mu_0 \frac{Z}{m} (2W_c)^2 l \lambda_c$$

考虑到 $W_c = \frac{m}{Z} W$，$\frac{Z}{m} = 2pq$，$\omega = 2\pi f$ 和 $\mu_0 = 0.4\pi \times 10^{-8} \frac{H}{cm}$，则

$$X_{sc} = 4\pi f \mu_0 \frac{W^2}{pq} l \lambda_c$$
$$= 1.58 \times 10^{-5} \times f \frac{W^2}{pq} l \lambda_c \tag{3-39}$$

由式（3-39）可知，求 X_{sc} 的问题最终归结为求 λ_c 的问题。

λ_c 是一个决定于槽形尺寸和槽内电流分布的系数，不同的槽形尺寸和槽内电流不同的分布情况，则有不同的 λ_c 值。图 3-8 所示的槽形，其 λ_c 值由式（3-38）计算。

各种槽形和不同绕组节距的槽漏磁导系数列于表 3-5 中。

表 3-5 各种槽形的槽漏磁导系数

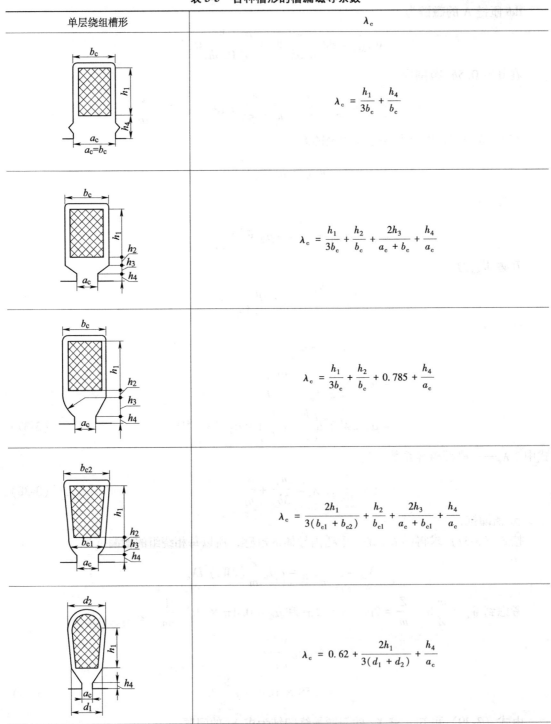

单层绕组槽形	λ_c
	$\lambda_c = \dfrac{h_1}{3b_c} + \dfrac{h_4}{b_c}$
	$\lambda_c = \dfrac{h_1}{3b_c} + \dfrac{h_2}{b_c} + \dfrac{2h_3}{a_c + b_c} + \dfrac{h_4}{a_c}$
	$\lambda_c = \dfrac{h_1}{3b_c} + \dfrac{h_2}{b_c} + 0.785 + \dfrac{h_4}{a_c}$
	$\lambda_c = \dfrac{2h_1}{3(b_{c1} + b_{c2})} + \dfrac{h_2}{b_{c1}} + \dfrac{2h_3}{a_c + b_{c1}} + \dfrac{h_4}{a_c}$
	$\lambda_c = 0.62 + \dfrac{2h_1}{3(d_1 + d_2)} + \dfrac{h_4}{a_c}$

（续）

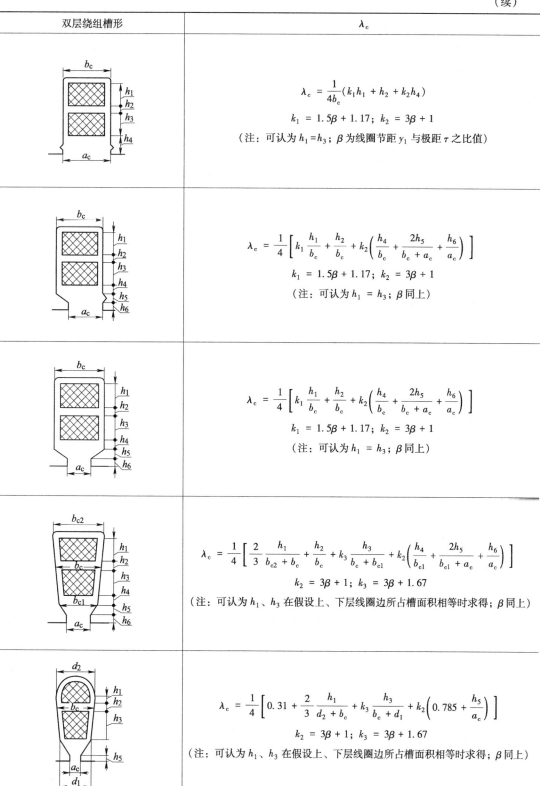

双层绕组槽形	λ_c
	$\lambda_c = \dfrac{1}{4b_c}(k_1 h_1 + h_2 + k_2 h_4)$ $k_1 = 1.5\beta + 1.17;\quad k_2 = 3\beta + 1$ （注：可认为 $h_1 = h_3$；β 为线圈节距 y_1 与极距 τ 之比值）
	$\lambda_c = \dfrac{1}{4}\left[k_1 \dfrac{h_1}{b_c} + \dfrac{h_2}{b_c} + k_2\left(\dfrac{h_4}{b_c} + \dfrac{2h_5}{b_c + a_c} + \dfrac{h_6}{a_c} \right) \right]$ $k_1 = 1.5\beta + 1.17;\quad k_2 = 3\beta + 1$ （注：可认为 $h_1 = h_3$；β 同上）
	$\lambda_c = \dfrac{1}{4}\left[k_1 \dfrac{h_1}{b_c} + \dfrac{h_2}{b_c} + k_2\left(\dfrac{h_4}{b_c} + \dfrac{2h_5}{b_c + a_c} + \dfrac{h_6}{a_c} \right) \right]$ $k_1 = 1.5\beta + 1.17;\quad k_2 = 3\beta + 1$ （注：可认为 $h_1 = h_3$；β 同上）
	$\lambda_c = \dfrac{1}{4}\left[\dfrac{2}{3}\dfrac{h_1}{b_{c2} + b_c} + \dfrac{h_2}{b_c} + k_3 \dfrac{h_3}{b_c + b_{c1}} + k_2\left(\dfrac{h_4}{b_{c1} + a_c} + \dfrac{2h_5}{b_{c1} + a_c} + \dfrac{h_6}{a_c} \right) \right]$ $k_2 = 3\beta + 1;\quad k_3 = 3\beta + 1.67$ （注：可认为 h_1、h_3 在假设上、下层线圈边所占槽面积相等时求得；β 同上）
	$\lambda_c = \dfrac{1}{4}\left[0.31 + \dfrac{2}{3}\dfrac{h_1}{d_2 + b_c} + k_3 \dfrac{h_3}{b_c + d_1} + k_2\left(0.785 + \dfrac{h_5}{a_c} \right) \right]$ $k_2 = 3\beta + 1;\quad k_3 = 3\beta + 1.67$ （注：可认为 h_1、h_3 在假设上、下层线圈边所占槽面积相等时求得；β 同上）

从槽漏抗的计算可以看到，要求槽漏抗，也就是要求漏电感，而漏电感是通过相应的漏磁链的计算来解决的。槽漏抗的计算与槽漏磁场的分布有关，也就是与槽形尺寸、槽内电流的分布、槽内导线的分布有关，这些因素对槽漏抗的影响，可用槽漏磁导系数 λ_c 来表示。这样就得到计算槽漏抗的式（3-39），但式中的 λ_c 因槽形不同，槽内电流和导线的分布（即绕组结构）也不同。

通过对漏磁链的计算求出漏磁导系数，再来确定漏电抗的方法也适用于其他漏抗（端部漏抗、齿顶漏抗）的计算。

2）齿顶漏抗及齿顶漏磁导系数：

齿顶漏抗（Ω）的计算公式，也与式（3-39）有同样的形式：

$$X_{scd} = 1.58 \times 10^{-5} \times f \frac{W^2}{pq} l \lambda_{cd} \tag{3-40}$$

其中齿顶漏磁导系数为

$$\lambda_{cd} = \frac{(3\beta + 1)\delta}{4(\alpha_c + 0.8\delta)} \cdot \frac{b_p}{\tau} \tag{3-41}$$

式中　b_p——极弧的实际宽度；

　　　δ——空气隙长度。

3）端部漏抗与端部漏磁导系数为

端部漏抗（Ω）

$$X_{s\Lambda} = 1.58 \times 10^{-5} \times f \frac{W^2}{pq} l \lambda_{\Lambda} \tag{3-42}$$

其中双层绕组端部漏磁导系数为

$$\lambda_{\Lambda} = \left(0.42 - 0.27 \frac{y_1}{l} \right) q \tag{3-43}$$

式中　y_1——线圈宽度（节距）（cm）。

对于单层绕组

$$\lambda_{\Lambda} = \left(0.6 - 0.3 \frac{\tau}{l_{\Lambda}} \right) q \tag{3-44}$$

4）差漏抗：

差漏抗可用下式计算（推导从略）

$$X_{s\partial} = \frac{5}{8} \left(\frac{1}{mq} \right)^2 X_{ad} \tag{3-45}$$

式中　X_{ad}——直轴电枢反应电抗，在这里可取 X_{ad} 近似等于直轴同步电抗

$$X_{ad} = X_d \tag{3-46}$$

X_d 的预计值的选取见 3.2.3 节。

5）电枢绕组每相的漏抗：

每相漏抗（Ω）为

$$X_s = X_{sc} + X_{scd} + X_{s\Lambda} + X_{s\partial}$$

$$= 1.58 \times 10^{-5} \times f \frac{l W^2}{pq} (\lambda_c + \lambda_{cd} + \lambda_{\Lambda}) + \frac{5}{8} \left(\frac{1}{mq} \right)^2 X_{ad} \tag{3-47}$$

其中的漏磁导系数 λ_c 查表 3-5；λ_{cd}、λ_Λ 分别按式（3-41）和式（3-43）或式（3-44）计算。

漏磁导系数的推导是比较复杂的，它决定于漏磁场的分布，也就是说与绕组的结构型式、绕组的嵌线工艺、气隙、齿槽形状等因素有关，因此，在推导这些漏磁导系数时往往要作各种假定和简化。所作的各种假定、简化不同，则得到的结果也不同。因此同一个系数往往有不同的公式，上面所列出的计算公式也不是十分精确的，有待于进一步的研究和验证。因此，在设计时，往往要根据经验或样机的试验数据，对式（3-47）得到的 X_s 值进行修正。

4. 校验电动势 E_i 和电压 U_H 的比值 K_E

计算出了电枢绕组的有效电阻 r_y 和漏抗 X_s 后，就可以进行校验预取的 K_E 值。

因为对于所设计的交流绕组，在额定工作时，必须产生的电动势为

$$E_i = \sqrt{(U_H\cos\varphi + I_H r_y)^2 + (U_H\sin\varphi + I_H X_s)^2} \tag{3-48}$$

从而，用这个 E_i 值，求得对应的 K_E 值

$$K_E = \frac{E_i}{U_H} \tag{3-49}$$

在计算电机主要尺寸 D、l 时，预先取了一个 K_E 值，如果按式（3-49）求得的 K_E 值与预取的 K_E 值不符，则要根据两个值相当的程度，重新取一 K_E 值，代入式（3-2），然后修正主要尺寸或修正 A_s、B_δ 值。当然这样要对前面的整个计算都要做相应的修正，直至所取的 K_E 值，前后相差不多为止。

5. 画出交流绕组的展开图

对于整数槽的双层绕组，其展开图是不难画出来的，这里不做介绍了（下面的分数槽绕组展开图的画法也可用来画整数槽绕组）。这里仅介绍分数槽绕组的展开图画法。

例如：$Z = 21$，$2p = 4$，$m = 3$，$q = 1\frac{3}{4}$，$y_1 = 5$

$q = 1\frac{3}{4} = \frac{7}{4}$ 表示每极每相有 $\frac{7}{4}$ 个槽，相当于每个相有 7 个槽，分布在 4 个极下，这样，可以用表格的形式来表明每个极下 A、B、C 三相所属的槽号。

表格分三个直行，表示 A、B、C 三个相，每一直行又分 7 个竖格。同时画上 4 个横列，分别表示 4 个磁极，见表 3-6。

表 3-6　分数槽绕组槽号的分配

极性	相 别						
	A		C		B		
N	1	2	3	4	5		6
S	7	8	9	10		11	
N	12	13	14	15		16	
S	17	18	19	20	21		

如果在第一横列中第一格表示第一号槽，属于第一个 N 极，那么由于每个相的 7 个槽分布在 4 个极下，所以 2 号槽应该在第一横列中的第 4+1=5 格中。3 号槽应该在第一横列的

第 4+5＝9 格中。依次类推。最后得到表 3-6 所示的每个极下各相所属的各槽号码。

从表 3-6 中可以看到：

（1）A 相有 7 个槽：1、2、7、12、13、17、18，分在四个极下，同样 C 相有 3、4、8、9、14、19、20 各槽；B 相有 5、6、10、11、15、16、21 各槽，因而 $q = 1\frac{3}{4} = \frac{7}{4}$。

（2）A 相中 1、2、12、13 号槽是属于 N 极，因此 1、2、12、13 号元件应该顺向串联；而 7、17、18 号槽是属于 S 极，因此 7、17、18 号元件应该是反向串联；B、C 相中也有同样的规律。

根据以上两点，便可方便地画出绕组展开图。如图 3-9 所示，图中仅画了一相线圈的连接，实际上三相绕组都应该画出来。

综上所述：画分数槽绕组展开图时，首先要根据其 q 值列出表格，确定每个极下 A、B、C 三相所属的槽号（即元件号）；然后从表中确定每一相的元件互相连接的次序；最后画出三相分数槽绕组的展开图。

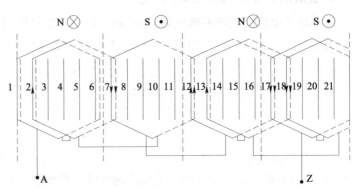

图 3-9　绕组展开图

列表格的方法是：根据 $q = d/c$，画出三个直行，分别表示 A、B、C 三个相；每一直行分为 d 格，根据极数画出 $2p$ 个横列，分别代表各个极，然后在表格中沿横列填上槽号，相邻两个槽号的距离是 c 格，例如第 1 格为 1 号槽，则 2 号槽在第 $c+1$ 格中。

3.2.3　磁路计算

1. 磁路计算的任务和方法

凸极同步电机的磁路如图 3-10 所示。显然，一台电机不止有一个这样的磁路，但所有磁路都是相同的，因而只要计算一个磁路就足够了。

磁路计算的任务：

（1）根据额定状态时的气隙磁通，确定磁路各部分的截面积和相应的尺寸。

（2）确定在定子绕组中产生不同的电动势 E_0（包括额定值 E_i）时所需要的励磁磁动势，得到电机的空载特性。

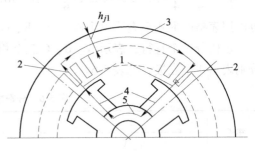

图 3-10　凸极同步电机磁路分段
1—气隙　2—电枢齿　3—定子轭
4—磁极　5—转子轭

对于任何磁回路，根据全电流定律，作用于该回路上的磁动势等于各段磁路上磁压降的总和：$F = \sum H_x L_x$，这里 $H_x L_x$ 是第 X 段磁路上的磁压降，任何一段磁路上的磁压降等于该段磁路上的磁场强度 H_x 乘上该段磁路的长度 L_x，在划分磁路段时，应注意两点：

1) 必须沿着磁力线的路径方向来划分，即 L_x 必须沿磁力线方向。

2) 对于所划分成的每一段磁路，在沿着磁力线方向上的各处的磁场强度 H_x 应近似相等。

对于图 3-10 的凸极同步电机的磁路可划分为五段：①气隙；②电枢齿；③定子轭；④磁极；⑤转子轭。

因此，磁路计算的方法是：根据产生在电枢绕组中的电动势求出对应的磁通；按各段磁路的截面积，计算其磁通密度，然后按磁通密度查对应的材料磁化曲线得到对应的磁场强度值；最后计算各段磁路的磁场强度与磁路长度的乘积即各段磁路的磁压降，所有磁路段的磁压降之和即等于作用于整个磁路的磁动势。

2. 确定各段磁路的尺寸

磁路尺寸的大小，影响到电机的重量指标和质量指标。在保证质量的前提下，应尽可能地降低电机的重量。

每一段磁路的截面积 $S_x = \phi/B_x$，亦即与该段磁路上的磁通和所选用的磁通密度 B_x 有关。在磁通 ϕ 一定的条件下，所选用的磁通密度 B_x 越大，则截面积 S_x 就越小，这使电机尺寸可减小，重量减轻。但任何事物都是一分为二的，B_x 不能无限选大，因为随着 B_x 的增加，由于材料磁化曲线的非线性，会使对应的 H_x 很快增加，这将导致励磁磁动势很快增加，这当然会引起不良的后果：电机励磁绕组要设计得大才行，这就增加了电机的重量和损耗，结果得不偿失，所以前人在无数实践中积累了很多经验，得到了磁通密度所选用的较好的范围，见表 3-7。

表 3-7　各段磁路所选用的磁通密度范围值（常用材料）

磁路段	电枢齿		电枢轭	磁极极身	转子轭
	平行壁齿	梯形齿			
许用磁通密度/T	B_z	B_{zmax}	B_{j1}	B_m	B_{j2}
	1.2~1.5	1.3~1.8	1.0~1.3	1.4~1.6	1.2~1.5

应该指出，定、转子导磁部分所用材料不同，所选用的磁通密度值是不同的：好的导磁材料，B_x 可选得高些，但相应的 H_x 却不一定很大。因此，新的导磁材料的研制，是发展电机制造的方向之一。

下面分别介绍各段磁路尺寸的确定。

(1) 气隙：气隙段磁路的长度决定于气隙长度 δ。

同步发电机的气隙可按式（3-50）选取

$$\delta = \frac{0.36 A_s \tau}{k'(X_d^* - 0.1)B_\delta} \qquad (3-50)$$

其中 k' 是考虑到磁路中有附加气隙的一个系数。对于磁极在转子上的电机，磁极与转子轭是一体的，这样，就无附加气隙，因而 $k' = 1$；对于磁极在定子上的电机，有时采用磁极与定子轭为两个部分装成，这样，便有附加气隙，磁动势可取 $k' = 1.1$。

X_d^* 为直轴同步电机 X_d 的相对值，即

$$X_d^* = \frac{X_d}{Z_H} = \frac{X_d}{U_H/I_H} = \frac{X_d I_H}{U_H}$$

同步发电机的 X_d^* 值约为 1.4~2。

需要指出：空气隙 δ 是同步电机最重要的尺寸之一，它是决定电机性能、经济指标的一个重要因素。

因为直轴同步电抗 X_d（指不饱和值）基本上由空气隙 δ 决定，而 X_d 的大小又影响到电机的性能。因为 X_d^*（或 X_d）代表了电枢反应的影响，因此 X_d^* 越小（即短路比越大），说明电枢反应影响越小，发电机的电压变化率也越小，同时 X_d^* 越小，则发电机的稳定短路电流 I_K 及最大转矩 M_m 越大。而 I_K 越大，表明发电机的过载能力越强，M_m 越大，表明发电机并联运行时稳定性就愈好。但是，X_d^* 要小，就必然要加大气隙 δ，这样会使励磁磁动势增大，从而使励磁绕组的重量、体积和励磁损耗增加，这当然是电机设计所不希望的。

可见，如果 δ 选择得大，虽然对发电机的电压变化率、过载能力和并联运行稳定性有利，但对电机的尺寸和成本不利，所以，在设计时，通常都以保证一定的过载能力和并联运行稳定性为度，气隙要尽可能选择得小。至于电压变化率仅具有次要意义，因为发电机都带有调压器。

对于单机运行（不并联运行）的同步发电机，那么 X_d^* 可选得大些，甚至可取 $X_d^*>2$。因为此时无所谓并联运行稳定性，所以应力求减少电机的重量和尺寸，这就要选较大 X_d^* 值。

为了改善磁场波形，在中、大容量的电机中有时采用非均匀气隙（见图 3-11），以使气隙中磁场分布接近于正弦形，为了使转子片冲模制造简单，极靴轮廓采用半径为 R_p 的圆弧。

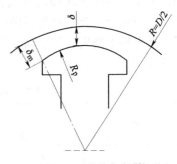

$$R_p = \frac{D}{2 + \frac{8D(\delta_m + \delta)}{b_p^2}} \times 10^{-2} \qquad (3\text{-}51)$$

式中　b_p——极弧长度（cm）；

δ_m——极尖处的最大气隙。

图 3-11　非均匀气隙

选取 $\delta_m = (1.25 \sim 1.75)\delta$，能使磁场很近于正弦，$\delta$ 为磁极中心线处气隙，可按式（3-50）确定。

由于电枢表面有齿、槽，使空气隙中磁导分布不均匀（见图 3-12a），这样气隙中的磁通集中于有齿的地方，在一个范围内的磁阻要比具有光滑电枢表面（见图 3-12b）时来得大。因此在同样的磁通下，有齿电枢空气隙中的磁动势要大于光滑电枢气隙中的磁动势。有齿电枢的空气隙中这种磁动势的增大通常以光滑电枢代替有齿电枢，用计算空气隙长度 δ' 代替实际空气隙 δ（见图 3-12c）来计算空气隙长度

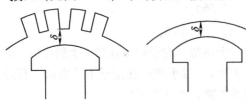

a) 实际气隙长度　　　b) 忽略定子齿时的气隙长度　　　c) 等效气隙长度

图 3-12　气隙系数

$$\delta' = k_\delta \delta \tag{3-52}$$

式中　k_δ——气隙系数，且

$$k_\delta = \cfrac{t_z}{t_z - \cfrac{a_c^2/\delta}{5 + \cfrac{a_c}{\delta}}} \tag{3-53}$$

式中　a_c——槽口宽度；

　　　t_z——齿距。

对于磁极上装有阻尼绕组的电机，还要考虑磁极上齿、槽气隙磁动势的影响，此时气隙系数可以认为

$$k_\delta = k_{\delta 1} k_{\delta 2} \tag{3-54}$$

式中　$k_{\delta 1}$——考虑电枢齿、槽影响的气隙系数，按式（3-53）计算；

　　　$k_{\delta 2}$——考虑磁极阻尼条槽口影响的气隙系数，也可按式（3-53）计算，不过其中的 a_c 则指磁极上的槽口宽度，t_z 则指极上的齿距（即图 3-29 中的 a_y 和 t_y）。

最后，可以得到气隙段磁路长度为

$$L_\delta = 2k_\delta \delta \tag{3-55}$$

（2）电枢齿：

电枢冲片，一般采用 DW315 硅钢片。

电枢齿段磁路的尺寸是齿的高度 h_z 和宽度 b_z，这两个尺寸在槽形设计时已确定，这里不再重复。

齿段磁路的截面积 S_z 可如下计算：

对于平行壁齿

$$S_z = k_{c1} l b_Z \tag{3-56}$$

对于梯形齿，用离齿最小截面（即齿顶）1/3 齿高处的截面作为齿的截面

$$S_{Z/3} = k_{c1} l b_{Z/3} \tag{3-57}$$

式中　k_{c1}——电枢钢片的填充系数，因为硅钢片两面有氧化膜，或漆膜使铁心导磁截面比实际的视在截面略小，这就用填充系数 k_{c1} 来考虑。不同厚度钢片的 k_{c1} 值列于表 3-8 中。

　　　$b_{Z/3}$——离齿最小截面 1/3 齿高处的齿宽见图 3-13a，可按式（3-58）计算

$$b_{Z/3} = \cfrac{\pi\left(D + \dfrac{2}{3}h_Z\right)}{Z} - b_c \tag{3-58}$$

表 3-8　硅钢片的填充系数

硅钢片厚度 Δ/mm	0.5	0.35
填充系数	0.95	0.92

最后，齿磁路的长度为

$$L_Z = 2h_Z \tag{3-59}$$

（3）定子轭（即电枢轭）：

定子轭段磁路的尺寸是：截面积 S_{j1}，轭高 h_{j1}，磁路长度 L_{j1}。

定子轭的截面积可这样确定

$$S_{j1} = \frac{\phi}{2B_{j1}} \tag{3-60}$$

式中　B_{j1}——对应于额定工作时气隙磁通 ϕ 的定子轭磁通密度即许用的磁通密度，可按表 3-7 的范围选取。

$$h_{j1} = \frac{S_{j1}}{k_{c1}l} \tag{3-61}$$

按式（3-61）算出的 h_{j1}，可能带有小数，有时对加工带来不便，这样要进行圆整。圆整后，截面积要重新计算

$$S_{j1} = k_{c1}h_{j1}l \tag{3-62}$$

对于极数较多的电机，按式（3-61）确定的 h_{j1} 可能较小，以致影响轭的机械强度。因此，在这种情况下，为了保证足够的强度，可选择较小的 B_{j1} 值。

这样，定子铁心的外径为

$$D_{\mathrm{H}} = D + 2h_Z + 2h_{j1} \tag{3-63}$$

最后，定子轭段磁路的长度为

$$L_{j1} = \frac{\pi(D + 2h_Z + h_{j1})}{2p} \tag{3-64}$$

（4）磁极：

同步发电机大多采用磁极与转子轭为一体的结构，由冲片叠成。转子冲片一般采用 D21 等硅钢片。

磁极段磁路的尺寸有极身宽度 b_{m}，磁极轴向长度 l_{m}，极掌高度 h_{p} 和极身高度 h_{m}，见图 3-13b。

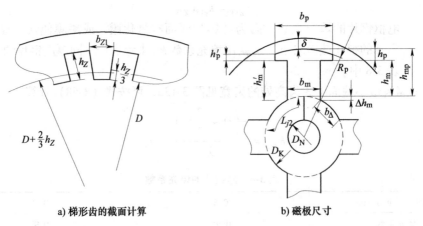

a) 梯形齿的截面计算　　　　　b) 磁极尺寸

图 3-13　齿及磁极的尺寸

1）极身宽度 b_{m} 和磁极轴向长度 l_{m}：

磁极极身的截面积可这样确定

$$S_{\mathrm{m}} = \frac{\phi_{\mathrm{m}}}{B_{\mathrm{m}}} \tag{3-65}$$

式中，B_{m} 是极身中许用的磁通密度，可按表 3-7 确定，ϕ_{m} 是极中的总磁通，由于极与极之间有漏磁 ϕ_{s}，所以 ϕ_{m} 大于气隙中磁通 ϕ，即

$$\phi_{\mathrm{m}} = \phi + \phi_{\mathrm{s}} = \phi\left(1 + \frac{\phi_{\mathrm{s}}}{\phi}\right) = \sigma\phi \tag{3-66}$$

式中，σ 称为漏磁系数，$\sigma = 1 + \dfrac{\phi_{\mathrm{s}}}{\phi}$。在设计磁极尺寸前，漏磁 ϕ_{s} 无法确定，所以 σ 也不知道，为了求得 ϕ_{m}，可按式（3-59）先估计漏磁系数为

$$\sigma = 1 + \frac{10\delta}{\tau} \tag{3-67}$$

于是，极身宽度便可确定为

$$b_{\mathrm{m}} = \frac{S_{\mathrm{m}}}{k_{c2}l_{\mathrm{m}}} \tag{3-68}$$

式中　k_{c2}——转子钢片的填充系数，可查表 3-8。

l_{m}——转子铁心的轴向长度（即磁极轴向长度），一般取

$$l_{\mathrm{m}} = l \tag{3-69}$$

但有时为了增大磁极间安装励磁线圈的面积，往往增长磁极长 l_{m} 而减小极身宽度 b_{m}，此时可取

$$l_{\mathrm{m}} = l + (0.3 \sim 0.5)\,\mathrm{cm} \tag{3-70}$$

如果实际确定的 b_{m} 与按式（3-68）确定的略有差别，则应对截面积 S_{m} 进行修正

$$S_{\mathrm{m}} = k_{c2}l_{\mathrm{m}}b_{\mathrm{m}} \tag{3-71}$$

2）极掌高度 h_{p}：

极掌高度 h_{p} 可按式（3-72）确定

$$h_{\mathrm{p}} \approx 0.3(b_{\mathrm{p}} - b_{\mathrm{m}}) + D_{\mathrm{y}} \tag{3-72}$$

式中　D_{y}——极掌上阻尼槽的直径。

h_{p} 的大小还应考虑到极掌尖是否能承受激磁绕组的离心力。但 h_{p} 太大会使安置激磁绕组困难。

极掌间的厚度 h_{p}' 可以用作图法确定或按式（3-73）计算

$$h_{\mathrm{p}}' = h_{\mathrm{p}} + \sqrt{R_{\mathrm{p}}^2 - (0.5b_{\mathrm{p}})^2} - R_{\mathrm{p}} \tag{3-73}$$

式中　R_{p}——极弧半径，对于均匀气隙，$R_{\mathrm{p}} = 0.5D - \delta$；对于非均匀气隙，$R_{\mathrm{p}}$ 可按式（3-51）计算。

3）极身高度 h_{m}：

要确定极身高度 h_{m}，先确定转子轭的外径 D_{K}，由图 3-13b 几何关系可知

$$\frac{\pi D_{\mathrm{K}}}{2p} \approx b_{\mathrm{m}} + b_{\Delta} \tag{3-74}$$

式中　b_{Δ}——相邻两磁极在转子轭表面的距离，60kVA 以下的发电机，可取 $b_{\Delta} = 0.6 \sim 1.2\mathrm{cm}$。

由此，转子轭外径为

$$D_{\mathrm{K}} \approx \frac{2p(b_{\mathrm{m}} + b_{\Delta})}{\pi} \tag{3-75}$$

这样，极身高度为

$$h_{\mathrm{m}} = \frac{1}{2}(D - 2\delta - 2h_{\mathrm{p}} - D_{\mathrm{K}}) \tag{3-76}$$

同时，励磁线圈窗口的高度 h_{m}'（见图 3-13b）也可确定

$$h_{\mathrm{m}}' = h_{\mathrm{m}} + 0.5D_{\mathrm{K}} - 0.5\sqrt{D_{\mathrm{K}}^2 - b_{\mathrm{m}}^2} \tag{3-77}$$

4）磁极段的磁路长度：

一对极的磁极段的磁路长度可认为

$$L_{\mathrm{m}} = 2(h_{\mathrm{m}}' + 0.5h_{\mathrm{p}}) \tag{3-78}$$

应该指出：尺寸 h_{m}、h_{p}、b_{m} 要在励磁绕组设计好后再来精确确定，以保证励磁绕组，极间通风道能安排得下。

（5）转子轭：

转子轭段磁路的尺寸是转子轭外径 D_{K}、内径 D_{N}、磁路长度 L_{j2}、截面积 S_{j2}。

截面积 S_{j2} 可如下确定

$$S_{j2} = \frac{\phi_{\mathrm{m}}}{2B_{j2}} \tag{3-79}$$

式中　B_{j2}——转子轭中的许用磁通密度，可按表 3-7 选取。

转子轭外径 D_{K} 在上面已确定，转子轭内径为

$$D_{\mathrm{N}} = D_{\mathrm{K}} - \frac{2S_{j2}}{l_{\mathrm{m}}k_{c2}} \tag{3-80}$$

实际，转子轭的内径 D_{N} 可能与式（3-80）得到的略有差别，要对截面积 S_{j2} 进行修正

$$S_{j2} = k_{c2}l_{\mathrm{m}}\frac{D_{\mathrm{K}} - D_{\mathrm{N}}}{2} \tag{3-81}$$

最后，转子轭段磁路长度为

$$L_{j2} = \frac{\pi(D_{\mathrm{K}} + D_{\mathrm{N}})}{2 \times 2p} \tag{3-82}$$

3. 各段磁路磁动势的计算

上面各段磁路截面积是根据产生额定电动势 E_{i}（对应 $U = U_{\mathrm{H}}$，$I = I_{\mathrm{H}}$）的气隙磁通和许用磁通密度来确定的，现在，要根据各段磁路的截面积和长度来计算空载时产生各个不同气隙磁通（对应有各个不同的电动势）所需要的各个不同的磁极磁动势，得到发电机的空载特性。

空载时，产生某一电动势 E_0 时，所需要的气隙磁通为

$$\phi = \frac{E_0}{4.44K_{\mathrm{dp}}Wf} \tag{3-83}$$

对应于 ϕ 的气隙磁通密度为

$$B_{\delta} = \frac{\phi}{\alpha_p' \tau l} \tag{3-84}$$

利用下面的分析，可以计算出各段磁路上的磁动势，这些磁动势之和即产生这一气隙磁通 ϕ（对应于一定的 E_0）所需要的总磁动势。由于空载时气隙磁通仅由励磁磁动势所产生，所以这个总磁动势，就是磁极的励磁磁动势 F_B。

一般，计算对应于下列各个空载电动势值的励磁磁动势

$$E_0 = 0.5E_i，0.7E_i，0.8E_i，U_H，E_i，1.1E_i，1.2E_i，1.3E_i。$$

（1）气隙段磁路的磁动势为

$$F_\delta = H_\delta L_\delta = 2H_\delta K_\delta \delta \tag{3-85}$$

其中气隙磁场强度为

$$H_\delta = \frac{1}{\mu_0}B_\delta = 0.8 \times 10^6 B_\delta \tag{3-86}$$

式中　μ_0——空气的磁导率，$\mu_0 = 0.4\pi \times 10^{-6} \text{H/m}$。

B_δ 按式（3-84）算，所以，气隙磁动势（单位为 A）为

$$\begin{aligned} F_\delta &= 2 \times \frac{1}{\mu_0}B_\delta K_\delta \delta = 2 \times 0.8 B_\delta K_\delta \delta \times 10^6 \\ &= 1.6 B_\delta K_\delta \delta \times 10^6 \end{aligned} \tag{3-87}$$

（2）电枢齿段磁路的磁动势

1）电枢齿中的磁通密度：

在一个电枢齿距范围内的气隙磁通为

$$\phi_t = B_\delta l t_z \tag{3-88}$$

对于这些磁通，齿与槽的磁导是并联的，因为钢的磁导远大于空气，所以可认为大部分的磁通（ϕ_t）都从齿中通过。

对于平行壁齿，齿中的视在磁通密度（即假定 ϕ_t 全部通过一个齿）为

$$B_z' = \frac{\phi_t}{S_{t}} = \frac{l t_z}{k_{c1} l h_{t}}B_\delta = \frac{t_z}{k_{c1} h_{t}}B_\delta \tag{3-89}$$

若 $B_z' < 1.8\text{T}$，则可以认为齿中的实际磁通密度等于视在磁通密度，即

$$B_z = B_z' = \frac{t_z}{k_{c1} b_z}B_\delta \tag{3-90}$$

对于梯形齿（即槽壁平行），由于齿的各个截面上的磁通密度是不同的，因此，在计算齿磁动势时用离齿最窄处（对于电枢在转子上，则齿的最窄处是齿顶，下同。）1/3 齿高截面上的磁通密度作为整个齿的磁通密度。因而该截面上的视在磁通密度为

$$B_{z/3}' = \frac{\phi_t}{S_{z/3}} = \frac{l t_z}{k_{c1} l b_{z/3}}B_\delta = \frac{t_z}{k_{c1} b_{z/3}}B_\delta \tag{3-91}$$

式中　$S_{z/3}$——离齿顶 1/3 齿高的齿截面积；

$b_{z/3}$——离齿顶 1/3 齿高的齿宽，对于定子铁心

$$b_{z/3} = \frac{\pi\left(D + \dfrac{2}{3}h_z\right)}{Z} - b_c \tag{3-92}$$

若 $B_{z/3}' < 1.8\text{T}$，则同样可以认为实际磁通密度 $B_{z/3} = B_{z/3}'$，即

$$B_{z/3} = \frac{t_z}{k_{c1} b_{z/3}} B_\delta \tag{3-93}$$

当平行壁齿的 B'_z（见式（3-89））和梯形齿的 $B'_{z/3}$（见式（3-91））大于 1.8T 时，就不能认为实际磁通密度 $B_z = B'_z$ 和 $B_{z/3} = B'_{z/3}$，而应考虑到一个齿距内的磁通 ϕ_t 不会全部通过齿，即只有一部分通过槽。这样齿中的实际磁通密度小于视在磁通密度，即 $B_z < B'_z$，$B_{z/3} < B'_{z/3}$。而且，此时平行壁齿中各个截面上的磁通密度也不相等：齿顶截面上的磁通密度最大，齿根截面上的磁通密度最小，故在这种情况下，也可用离齿顶 1/3 齿高截面上的磁通密度 $B_{z/3}$ 作为整个齿的磁通密度来计算齿磁动势。

下面来计算 B'_z 和 $B'_{z/3}$ 大于 1.8T 时平行壁齿和梯形齿中的实际磁通密度 $B_{z/3}$。

前面已指出，ϕ_t 中有一部分通过齿，另一部分通过槽。假定在离齿顶 1/3 齿高处截面上通过的磁通为 ϕ_{zt}，而通过此处槽截面上的磁通为 ϕ_{ct}，则

$$\phi_t = \phi_{zt} + \phi_{ct}$$

将此式中各项都除以齿截面积 $S_{z/3}$，得

$$\frac{\phi_t}{S_{z/3}} = \frac{\phi_{zt}}{S_{z/3}} + \frac{\phi_{ct}}{S_{z/3}}$$

再将上式等号右边第二项分子、分母都乘以槽面积 $S_{c/3}$，即

$$\frac{\phi_t}{S_{z/3}} = \frac{\phi_{zt}}{S_{z/3}} + \frac{\phi_{ct}}{S_{c/3}} \cdot \frac{S_{c/3}}{S_{z/3}}$$

该式中等号左边项 $\dfrac{\phi_t}{S_{z/3}} = B'_{z/3}$；等号右边第一项 $\dfrac{\phi_{zt}}{S_{z/3}} = B_{z/3}$，等号右边第二项中的 $\dfrac{\phi_{ct}}{S_{c/3}} = B_{c/3}$，所以该式也可写成

$$B'_{z/3} = B_{z/3} + B_{c/3} \cdot \frac{S_{c/3}}{S_{z/3}} \tag{3-94}$$

式中，$B_{c/3}$ 是槽截面上的磁通密度，由于槽内磁路的磁导率相当于空气的，所以这里的磁通密度 $B_{c/3}$ 与磁场强度 $H_{c/3}$ 有如下关系：

$$B_{c/3} = \mu_0 H_{c/3} = 1.256 H_{c/3}$$

另外，可以近似地认为该截面上槽中的磁场强度 $H_{c/3}$ 与同一截面上齿中的磁场强度 $H_{z/3}$ 相等，即

$$B_{c/3} = 1.256 H_{z/3} \times 10^{-6}$$

再令 $k_{zc} = \dfrac{S_{c/3}}{S_{z/3}}$，则式（3-91）可写成

$$B'_{z/3} = B_{z/3} + 1.256 k_{zc} H_{z/3} \times 10^{-6} \tag{3-95}$$

或

$$B_{z/3} = B'_{z/3} - 1.256 k_{zc} H_{z/3} \times 10^{-6} \tag{3-96}$$

这即是计算齿中实际磁通密度 $B_{z/3}$ 的公式，式中 k_{zc} 称为齿系数，对于齿、槽尺寸已设计好时，k_{zc} 是可以计算的。

为了计算 $B_{z/3}$ 方便起见，可根据式（3-96）用图解法进行，如图 3-14 所示。

① 在齿所用材料的磁化曲线横坐标下方作一辅助线 oa，a 点可这样确定，其横坐标 H

可任取一值（例如取 $H = 200\mathrm{A/cm}$），其纵坐标则为 $1.256k_{zc}H$（例如，当 $k_{zc} = 1$ 时，$1.256k_{zc}H = 1.256 \times 1 \times 200\mathrm{Gs} = 0.2512\mathrm{T}$）。

② 根据 B_z'（平行壁齿）或 $B_{z/3}'$（梯形齿）求出 $B_{z/3}$ 和 $H_{z/3}$。B_z' 和 $B_{z/3}'$ 可按式（3-89）和式（3-91）确定，在纵坐标上取 $ob = B_{z/3}'$（或 $ob = B_z'$），过 b 点作 oa 的平行线 bc，bc 与磁化曲线交点为 d，d 点的坐标就是齿中的实际磁场密度和磁场强度，即

$$oe = B_{z/3},\ of = H_{z/3}$$

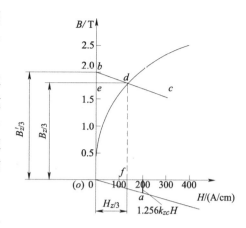

图 3-14　齿中磁通密度和磁场强度的计算

总之，当齿中视在磁通密度小于 1.8T 时，可以认为齿中实际磁通密度等于视在磁通密度，而当视在磁通密度大于 1.8T 时，则实际磁通密度要根据式（3-96）来计算，而且可直接求出磁场强度 $H_{z/3}$。

2）齿中的磁场强度

上面已指出：当齿中视在磁通密度小于 1.8T 时，齿中实际磁通密度等于视在磁通密度，于是根据这个磁通密度可查材料磁化曲线并得到相应的磁场强度。

齿中视在磁通密度大于 1.8T 时，齿中磁场强度用前面介绍的图解法求得。

3）齿磁动势（A）

$$F_z = H_z L_z = 2h_z H_z \tag{3-97}$$

式中，H_z 的单位为 $\mathrm{A/m}$。

（3）电枢轭段磁路的磁动势

1）电枢轭中的磁通密度为

$$B_{j1} = \frac{\phi}{2S_{j1}} \tag{3-98}$$

式中　S_{j1}——电枢轭截面，按式（3-62）计算；

ϕ 按式（3-83）计算。

2）电枢轭中的磁场强度 H_{j1} 可根据 B_{j1} 查所用材料的磁化曲线得到。

3）电枢轭磁动势（A）

$$F_{j1} = H_{j1} L_{j1} \tag{3-99}$$

其中，L_{j1} 按式（3-64）计算。

在计算出上面三个磁动势（F_δ、F_z、F_{j1}）后就可以计算极间漏磁 ϕ_s，校核前面假定的漏磁系数 σ。

对于一般的凸极转子结构（见图 3-15），漏磁通可如下计算。更精确的计算 ϕ_s 和 σ 可根据磁场作图法求得，下面的计算方法是近似的。

① 极掌内表面之间的漏磁为

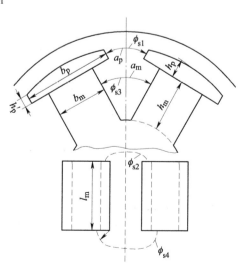

图 3-15　求磁极漏磁

$$\phi_{s1} = 2(F_\delta + F_z + F_{j1})\Lambda_{s1} \tag{3-100}$$

式中　"2"——考虑到每个极有两个极掌内表面之间的漏磁，余同；

　　　Λ_{s1}——极掌内表面之间的漏磁导（Wb/A），且

$$\Lambda_{s1} = \frac{l_m \dfrac{2h_p + h'_p}{3}}{0.8a_p} \times 10^{-6} \tag{3-101}$$

② 极掌端面之间的漏磁为

$$\phi_{s2} = 2(F_\delta + F_z + F_{j1})\Lambda_{s2} \tag{3-102}$$

式中　Λ_{s2}——极掌端面之间的漏磁导（Wb/A），且

$$\Lambda_{s2} = \frac{2h_p + h'_p}{3} \times 2lg\left(1 + \frac{\pi b_p}{2a_p}\right) \times 10^{-6} \tag{3-103}$$

③ 极身内表面之间的漏磁：

如果励磁线圈均匀分布于极身上，则产生漏磁的磁位差从转子轭到极掌呈直线增加。这样可取平均磁位差 $(F_\delta + F_z + F_{j1})/2$ 进行计算。

$$\phi_{s3} = 2 \times \frac{1}{2}(F_\delta + F_z + F_{j1})\Lambda'_{s3} \tag{3-104}$$

式中　Λ'_{s3}——极身内表面之间的实际漏磁导。

　　　Λ_{s3}——极身内表面之间的等效漏磁导。

$$\Lambda_{s3} = \frac{1}{2}\Lambda'_{s3} = \frac{1}{2} \times \frac{l_m h'_m}{0.8a_m} \times 10^{-6} \tag{3-105}$$

如果励磁线圈呈直线分级式分布于极身上，则产生漏磁的磁位差可认为是从转子轭到极掌呈抛物线增加。这样，等效漏磁导为

$$\Lambda_{s3} = \frac{1}{3} \times \frac{l_m h'_m}{0.8a_m} \times 10^{-6}$$

④ 极身端面之间的漏磁为

$$\phi_{s4} = 2(F_\delta + F_z + F_{j1})\Lambda_{s4} \tag{3-106}$$

式中　Λ_{s4}——极身端面之间的等效漏磁导，励磁线圈均匀分布于极身上时

$$\Lambda_{s4} = \frac{1}{2}\Lambda'_{s4} = h'_m lg\left(1 + \frac{\pi b_m}{2a_m}\right) \times 10^{-6} \tag{3-107}$$

如果激磁线圈成直线分级式分布于极身上，则

$$\Lambda'_{s4} = \frac{2}{3}h'_m lg\left(1 + \frac{\pi b_m}{2a_m}\right) \times 10^{-6}$$

式中　Λ'_{s4}——极身端面之间的实际漏磁导。

最后可求得磁极总漏磁通为

$$\phi_s = \phi_{s1} + \phi_{s2} + \phi_{s3} + \phi_{s4} = 2(F_\delta + F_z + F_{j1})\Lambda_s \tag{3-108}$$

式中

$$\Lambda_s = \Lambda_{s1} + \Lambda_{s2} + \Lambda_{s3} + \Lambda_{s4} \tag{3-109}$$

漏磁系数为

$$\sigma = 1 + \frac{\phi_s}{\phi} \tag{3-110}$$

如果对应于额定时的磁通计算出来的 σ 与前面确定的磁极尺寸时预先估计 σ 相差不大，则对前面的 σ 不必修正，若相差很大，则应予以修正。

（4）磁极段磁路的磁动势

1）极身中的磁通密度为

$$B_m = \frac{\phi_m}{S_m} = \frac{\sigma\phi}{S_m} \tag{3-111}$$

式中，S_m 按式（3-71）计算；σ 按式（3-110）计算。

2）极身中的磁场强度 H_m，根据 B_m 查所用材料的磁化曲线得到。

3）磁极磁动势（A）为

$$F_m = H_m L_m = 2h'_m H_m \tag{3-112}$$

（5）转子轭磁路的磁动势：

1）转子轭中的磁通密度为

$$B_{j2} = \frac{\phi_m}{2S_{j2}} = \frac{\sigma\phi}{2S_{j2}} \tag{3-113}$$

式中，S_{j2} 按式（3-81）计算，σ 按式（3-110）计算。

2）转子轭中的磁场强度 H_{j2}，根据 B_{j2} 查所用材料的磁化曲线得到。

3）转子轭磁路的磁动势为

$$F_{j2} = H_{j2} L_{j2} \tag{3-114}$$

根据以上各段磁路的磁动势，可按式（3-115）求得产生这一磁通 ϕ 时需要的励磁磁动势为

$$F_B = F_\delta + F_z + F_{j1} + F_m + F_{j2} \tag{3-115}$$

计算不同 ϕ（产生不同的 E_i）便可得到所对应的 F_B，以便以后做出空载特性。

为方便起见，磁路计算可按表 3-9 的格式进行。

表 3-9　磁路计算表

E_0	$0.5E_i$	$0.7E_i$	$0.8E_i$	U_H	E_i	$1.1E_i$	$1.2E_i$
ϕ							
B_δ							
$B_{z/3}$							
B_{j1}							
H_z							
H_{j1}							
F_δ							
F_z							
F_{j1}							
$F_\delta + F_z + F_{j1}$							
ϕ_s							

（续）

E_0	$0.5E_i$	$0.7E_i$	$0.8E_i$	U_H	E_i	$1.1E_i$	$1.2E_i$
$\phi_m = \phi + \phi_s$							
B_m							
B_{j2}							
H_m							
H_{j2}							
F_m							
F_{j2}							
$F_B = \sum F$							

4. 空载特性

根据表3-9中的磁路计算数据，可得电机的空载特性 $E_0 = f(F_B)$，如图3-16所示。

由于 E_0 正比于 ϕ，所以空载特性也就表示了电机的磁化曲线：$\phi = f(F_B)$。磁化曲线是反映电机磁路特性的一条曲线，所以空载特性 $E_0 = f(F_B)$ 也可反映磁路的特性。

通常空载特性可以确定电机磁路的饱和程度，以便评定电机磁路设计得是否适当。

饱和度 $E_0 = U_H$ 时的总磁动势 F_{B0} 和气隙磁动势 $F_{\delta0}$ 之比为

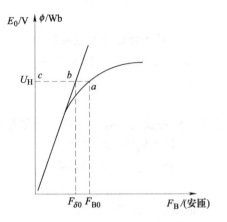

图 3-16 同步发电机的空载特性
和磁化曲线

$$k_H = \frac{F_{B0}}{F_{\delta0}} = \frac{\overline{ac}}{\overline{bc}} \qquad (3-116)$$

这里 $\overline{ac}$、$\overline{bc}$ 是图3-16中线段 ac、bc 的长度。

一般认为 $k_H = 1.1 \sim 1.4$，磁路设计是较适当的。k_H 太小，即图3-16中之 a 点在空载曲线的直线段，则电机的导磁材料未能充分利用；如果 k_H 太大，虽然导磁材料体积尺寸可减小，但由于铁磁部分的磁路消耗较多的磁动势，而需要增加励磁磁动势，这样会增加励磁绕组的重量、体积，甚至使励磁绕组安放不下。

空载特性的用途除了检查饱和度外，还可用来确定发电机负载时的励磁磁动势。

3.2.4 利用矢量图确定发电机额定负载时的励磁磁动势

1. 电枢反应的影响

如果一台同步发电机空载时产生额定的端电压，即 $E_0 = U_H$，那么需要的励磁磁动势可从空载特性上查得为 F_{B0}（见图3-16）。此时如果给发电机加上电感性负载，使 $I = I_H$，那么端电压不能再保持在 U_H，而是小于 U_H，这是为什么呢？

有载和空载，所不同的是电枢绕组中有、无电流，应当从这里着手。电枢绕组中有电流时，电枢绕组便会产生磁动势。因而，现在作用于电机磁路中的磁动势除了磁极的励磁 F_{B0} 外，还有电枢磁动势 F_a，这两个磁动势联合产生气隙磁通。首先，负载后的气隙磁通与空载时不同：在电感性负载时，这个磁通是减少的，于是引起负载时电枢绕组中的电动势小于空载时的电动势，这就使得端电压降低，可以看到电枢磁动势就是使端电压降低的内部原因，电枢磁动势对气隙磁场的影响就是电枢反应。

另外，端电压的降低，还有两个次要的原因：电枢绕组电阻压降和漏抗压降。

从上面的简单分析可知，如要保持负载 $I = I_H$ 时 $U = U_H$，则必须要增加励磁磁动势，以便克服电枢磁动势的影响和补偿电枢绕组的压降和漏抗压降。

那么，当电枢绕组有 F_a 安匝时，是否在励磁磁动势中增加同样的安匝数就可以克服电枢磁动势的影响了呢？这个问题也可以换个提法：电枢磁动势的一安匝是否与励磁磁动势的一安匝等效（等效是指产生同样大小的电动势）呢？事实上并不如此，这两个磁动势是不等效的。

2. 电枢磁动势的等效励磁磁动势

现在，来求解与电枢磁势等效的励磁磁动势是多大。

首先，要分析气隙磁场的波形。

对于凸极机，励磁磁动势的空间矢量 F_B 总是在磁极轴上（见图 3-17），但是电枢磁动势的空间矢量 F_a 的位置是决定于电枢电流 I 与电枢绕组中的空载电动势 E_0（由 F_B 感应产生）的夹角 ψ。因此，F_a 的空间位置不一定在磁极轴线上。这样，不同的 ψ 角，F_a 产生的气隙磁场的波形也就不同，为了避免分析各种不同的磁场波形，可以把 F_a 分成两个分量来考虑，即与磁极轴线（d 轴）重合的分量和与磁极轴线垂直（q 轴）的分量：

$$F_a = F_{ad} + F_{aq} \tag{3-117}$$

由图 3-17 知

$$F_{ad} = F_a \sin\psi \tag{3-118}$$

$$F_{aq} = F_a \cos\psi \tag{3-119}$$

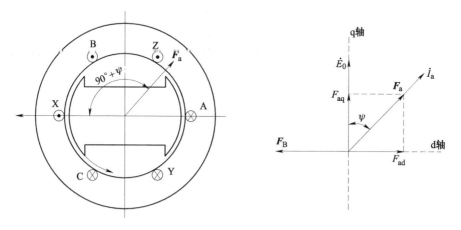

图 3-17　电枢磁动势的分解

可以看到，不同的 ψ 角得到的 F_{ad}、F_{aq} 大小也不同；但不同的 F_{ad}（或者 F_{aq}）所产生的气隙磁场仅仅是大小不同而已，而波形是一样的。这样只要分析两种磁场波形就可以了，即直轴磁场波形和交轴磁场波形。其中电枢磁动势 F_a 是指的基波，因而 F_{ad}、F_{aq} 在空间也是作正弦分布（基波）的。电枢磁动势的直轴磁场和交轴磁场波形如图 3-18 所示。

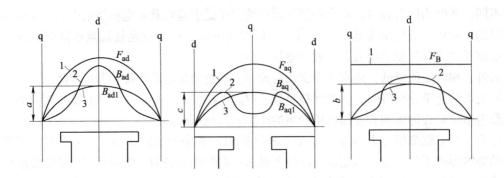

a) d轴电枢反应磁动势与磁场波形   b) q轴电枢反应磁动势与磁场波形   c) d轴激磁反应磁动势与磁场波形

图 3-18　电枢反应系数 k_{ad}、k_{aq} 的说明

1—磁动势　2—实际气隙磁通密度　3—磁通密度基波

由于直轴磁路和交轴磁路的磁导分布不一样，所以直轴磁场和交轴磁场波形也不一样。

比较图 3-18a 与图 3-18c，如果定 $F_{ad}=F_B=1$ 单位，那么可以发现，F_{ad} 所产生的基波磁通密度振幅 $B_{ad1}=a$，与 F_B 所产生的基波磁通密度振幅 $B_{\delta1}=b$ 并不相等。一般是 $b>a$，这就是说，如果电枢直轴磁势与励磁磁动势有相等的安匝时，他们所产生的基波磁通密度并不相等，这就是前面所说的"不等效"的道理。上一分析说明电枢的直轴磁动势产生基波磁场的能力不如励磁磁动势那样大，而只有励磁磁动势的 a/b 的能力，所以电枢上的 F_{ad} 安匝实际上与磁极上的 $aF_{ad}/b=k_{ad}F_{ad}$ 安匝等效，或者说，电枢上的直轴磁动势 F_{ad} 折算到励磁绕组后的大小为 $k_{ad}F_{ad}$，其中 k_{ad} 称为直轴电枢磁动势的折算系数，$k_{ad}=a/b$。

同样，交轴磁动势 F_{aq} 也是与同样安匝的励磁磁动势不等效的。或者说，F_{aq} 安匝的交轴磁动势所产生的基波磁通密度，只相当于励磁磁动势中 $k_{aq}F_{aq}$ 安匝。也就是说，交轴磁动势 F_{aq} 折算到励磁绕组后的大小为 $k_{aq}F_{aq}$，其中 k_{aq} 为交轴电枢磁动势的折算系数。

系数 k_{ad}、k_{aq} 可以按不同形状的气隙磁场分布图求出。他们与实际极弧系数 $\alpha_p=b_p/\tau$、气隙大小 δ/τ、气隙形状 $\delta_{max}/\delta_{min}$ 有关。

当均匀气隙时，k_{ad}、k_{aq} 可用式（3-120）、式（3-121）计算

$$k_{ad}=\frac{\alpha_p\pi+\sin(\alpha_p\pi)}{4\sin\dfrac{\alpha_p\pi}{2}} \tag{3-120}$$

$$k_{aq}=\frac{\alpha_p\pi-\sin(\alpha_p\pi)+\dfrac{2}{3}\cos\dfrac{\alpha_p\pi}{2}}{4\sin\dfrac{\alpha_p\pi}{2}} \tag{3-121}$$

或按图 3-19 曲线确定。

当非均匀气隙时，k_{ad}、k_{aq} 可用式（3-122）、式（3-123）计算

$$k_{ad}=\frac{4}{3}\frac{\sin\left(\dfrac{\alpha_p\pi}{2}\right)\cos^2\left(\dfrac{\alpha_p\pi}{2}+2\right)}{\alpha_p\pi+\sin(\alpha_p\pi)} \tag{3-122}$$

$$k_{aq} = \frac{4}{3} \cdot \frac{\sin^3\left(\dfrac{\alpha_p \pi}{2}\right) + \dfrac{1}{4}\cos^2\left(\dfrac{\alpha_p \pi}{2}\right)}{\alpha_p \pi + \sin(\alpha_p \pi)} \tag{3-123}$$

或按图 3-19 曲线确定。

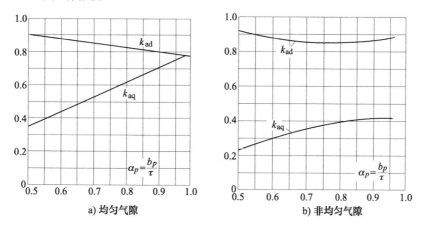

a) 均匀气隙   b) 非均匀气隙

图 3-19 k_{ad}、k_{aq} 与 α_p 的关系

3. 负载时的励磁磁动势

知道了电枢磁势向励磁磁动势折算的方法以后，就可以利用矢量图和空载特性来求得发电机负载时的励磁磁动势。

下面以额定点为例，具体方法如下：

（1）根据已知的 U_H、I_H 和 $\cos\varphi$ 做出向量 $\overrightarrow{OC} = U_H$、$\overrightarrow{OP} = I_H$ 两者之间的夹角 $\angle COP = \varphi$，如图 3-20 所示。

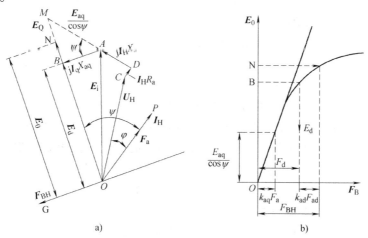

a)   b)

图 3-20 确定额定负载时的励磁磁动势

（2）在矢量 U_H 的端点 C 作矢量 $\overrightarrow{CD} = I_H R_a$，$\overrightarrow{CD} /\!/ \overrightarrow{OP}$；在 D 点作向量 $\overrightarrow{DA} = jI_H X_S$，$\overrightarrow{DA} \perp \overrightarrow{OP}$。连接 O、A，$\overrightarrow{OA}$ 即 E_i。

（3）计算磁动势 $k_{aq} F_a$，其中 F_a 是一对极的电枢磁动势

$$F_a = \frac{0.9mk_{dp}WI_H}{p} = \frac{2.7k_{dp}WI_H}{p} \tag{3-124}$$

k_{aq} 可按式（3-121）、式（3-123）计算，也可查图3-19曲线。

在空载特性的直线部分上查对应于 $k_{aq}F_a$ 的电动势 $E_{aq}/\cos\psi$。

（4）在矢量图上，延长直线 DA，在延长线上截取线段 $AM = E_{aq}/\cos\psi$，得到 M 点。

（5）连接 O、M 点，OM 即矢量 E_Q。因而可得到 $\psi = \angle MOP$。从而可求到 $\cos\psi$ 和 $\sin\psi$。

（6）由 A 作 $AB \perp OM$，得到 OB，OB 即代表了发电机直轴合成磁动势 F_d 所产生的电动势 E_d。

（7）根据 $E_d = OB$，在空载特性上可查得直轴合成磁动势 F_d，最后可得负载时的励磁磁动势。

$$F_{BH} = F_d + k_{ad}F_{ad} = F_d + k_{ad}F_a\sin\psi \tag{3-125}$$

其中 k_{ad} 可按式（3-120）、式（3-122）计算，也可查图3-19曲线。

发电机空载时，对应于励磁磁动势 F_{BH} 的空载电动势 E_0 可按 F_{BH} 查空载特性得到，如图中 ON，求得 E_0，是为了确定发电机的电压变化率。

最后，要说明三点：

（1）矢量 $E_{aq}/\cos\psi$ 的由来：

矢量图中，由矢量关系知道 $AB = E_{aq}$——交轴电枢磁动势 F_{aq} 所产生。但是 E_{aq} 或 $F_{aq} = F_a\cos\psi$ 事先无法知道，根据几何关系 $\angle MAB = \psi$，所以 $AM = E_{aq}/\cos\psi$。由于交轴磁路是不饱和的，因此，可以设想：$E_{aq}/\cos\psi$ 由磁动势 $F_{aq}/\cos\psi$ 产生。因为 $F_{aq}/\cos\psi = F_a\cos\psi/\cos\psi = F_a$ 是已知的，那么能否根据已知的 $F_a = F_{aq}/\cos\psi$ 求得相应的电动势 $E_{aq}/\cos\psi$ 呢？回答是可以的，只要把交轴电枢磁动势 $F_{aq}/\cos\psi$ 折算到励磁磁动势上，则可查空载特性求得相应的电动势 $E_{aq}/\cos\psi$。$F_{aq}/\cos\psi$ 折算到励磁磁动势后为 $k_{aq}F_{aq}/\cos\psi = k_{aq}F_a$，所以在求 $AM = E_{aq}/\cos\psi$ 时是根据 $k_{aq}F_a$ 查空载特性的。

（2）负载时，作用在直轴回路总的磁动势有：励磁磁动势 F_{BH} 和电枢磁动势的直轴分量 $F_{ad} = F_a\sin\psi$。因而 F_{BH} 要克服 F_{ad} 的影响后方能产生直轴电动势 E_d，但是，F_{ad} 折算到励磁磁动势后为 $k_{aq}F_{ad}$，所以负载时所需的励磁磁动势为：$F_{BH} = F_d + k_{ad}F_{ad} = F_d + k_{ad}F_a\sin\psi$。

（3）由上面一点说明可见，由于负载以后产生了交、直轴电枢反应磁动势，而使负载以后励磁磁动势必须增加一个克服直轴电枢反应磁动势的分量，励磁磁动势的这一增量 $k_{ad}F_a\sin\psi$，必然会引起磁极间漏磁的增加，漏磁的增加又会引起磁极段、转子轭段磁路所消耗的磁动势的增加。也就是说需要励磁磁动势再增加一个分量，以补充磁极漏磁的上述影响，否则尽管 $F_{BH} = F_d + k_{ad}F_a\sin\psi$，但还不能产生所希望的 E_i 值。

这样，当磁极、转子轭磁比较饱和时，上述影响尤为显著，如果按式（3-125）来确定 F_{BH}，就会导致不准确的结果。在这种情况下，必须考虑到磁极漏磁的增加引起的励磁磁动势增加，其方法如下：

1）按表3-9数据，画出三条磁化曲线（见图3-21）

$$\phi = f(F_\delta + F_Z + F_{j1})$$

$$\phi_m = f(F_m + F_{j2})$$

$$\phi_s = f(F_\delta + F_Z + F_{j1})$$

2）按图 3-20 所说明的方法，求得直轴电动势 E_d。产生 E_d 这么大的电动势，需要的气隙磁通为

$$\phi = \frac{E_d}{4.44 k_{dp} f W}$$

3）在图 3-21 中，查 ϕ 值曲线 $\phi = f(F_\delta + F_z + F_{j1})$，得对应于 ϕ 的磁动势 $F_\delta + F_z + F_{j1} = OA$，则产生磁极漏磁的磁动势为

$$(F_\delta + F_z + F_{j1}) + k_{ad} F_a \sin\psi$$
$$= OA + AB = OB$$

4）据 $OB = (F_\delta + F_z + F_{j1}) + k_{ad} F_a \sin\psi$，在 $\phi_s = f(F_\delta + F_z + F_{j1})$ 曲线上查得磁极漏磁为 $\phi_s = OD$。这样磁极总磁通为 $\phi_m = \phi + \phi_s = OE + OD = OF$。

5）据磁极总磁通 $\phi_m = OF$ 查 $\phi_m = f(F_m + F_{j2})$ 曲线，得磁极与转子轭段磁路所消耗的磁动势：$F_m + F_{j2} = OC'$。

6）最后可得负载时的励磁磁动势为

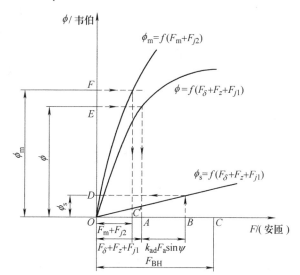

图 3-21　较准确地确定额定时之励磁磁动势

$$F_{BH} = (F_\delta + F_z + F_{j1}) + k_{ad} F_a \sin\psi + (F_m + F_{j2})$$
$$= OA + AB + OC' = OA + AB + BC = OC$$

上面利用矢量图求得了额定负载时所需要的励磁磁动势。用同样的方法还要求出 1.5 倍过载和 2 倍过载时所需要的励磁磁动势。

4. 同步发电机的调节特性

为了给发电机的调压器提供数据，需要做出发电机的调节特性。

调节特性即保持 $U = U_H$，$\cos\varphi$ 为常数时励磁磁动势 F_B 与负载电流 I 间的关系，如图 3-22 所示。求调节特性，实际上就是求对应于一系列负载电流 I 时的励磁磁动势 F_B，方法同求 F_{BH} 一样。

3.2.5　励磁绕组的设计

上面利用矢量图和空载特性求得了发电机额定负载（和空载、过载）时所需要的励磁磁动势 F_{BH}（和 F_{B0}、$F_{B1.5}$、F_{B2}）。

那么，什么样的励磁绕组，才能提供这么多的磁

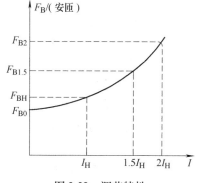

图 3-22　调节特性

动势呢？也就是说，励磁绕组应该具有多少匝数和电流，才能满足这个要求呢？这就是我们要着手解决的问题，同时与此有关的问题是励磁电流流过励磁绕组产生发热，那么导线线规应该多大才是合适的；这样的励磁线圈在极间处是否能放得下，工艺性怎样，等等。这一系列问题都要在励磁绕组设计时得到解决。

用 W_B 表示励磁绕组一个极线圈的匝数；I_{BH} 表示发电机额定负载时的励磁电流；j_B 表示励磁电流为 I_{BH} 时的励磁电流密度；S_B 表示励磁线圈一根导体的铜截面积；S_M 表示一个励磁线圈的总导体铜截面积；S_K 表示一个励磁线圈的实际面积（包括铜和绝缘、间隙）。

由于通常情况下，p 对极的 $2p$ 个励磁线圈是串联的，所以一个线圈的磁动势为

$$I_{BH}W_B = \frac{1}{2}F_{BH}$$

考虑到计算、做图中的误差，励磁磁动势应放有一定的余量，通常取

$$I_{BH}W_B = \frac{1.05}{2}F_{BH} \tag{3-126}$$

同时

$$I_{BH} = j_B S_B$$

所以，一个线圈总导线的铜截面积（mm²）为

$$S_M = S_B W_B = \frac{I_{BH}}{j_B}W_B = \frac{1.05F_{BH}}{2j_B W_B}W_B = \frac{1.05F_{BH}}{2j_B} \tag{3-127}$$

对于强迫通风冷却的电机，可取 $j_B = 6 \sim 7A/mm^2$；对于自通风冷却的电机，j_B 比上述值要小 $30\% \sim 40\%$。

按式（3-127），可以先计算一个线圈总的导体铜截面积 S_M。

一个线圈的实际截面积为

$$S_K = \frac{S_M}{k_c} \tag{3-128}$$

式中 k_c——励磁线圈的填充系数，圆形导线可取 $k_c = 0.45 \sim 0.55$；矩形线可取 $k_c = 0.65 \sim 0.75$。

在确定了 S_K 后，就可根据磁极的实际尺寸，画出励磁绕组草图。如图 3-23 所示。从草图上可决定线圈的平均宽度 b_{kcp}。

这里要附带说明：如果在画草图时，发现两相邻励磁线圈间无足够的空间位置，以致影响嵌线工艺和极间风道面积，那么要重新设计磁极尺寸，以解决上述矛盾。

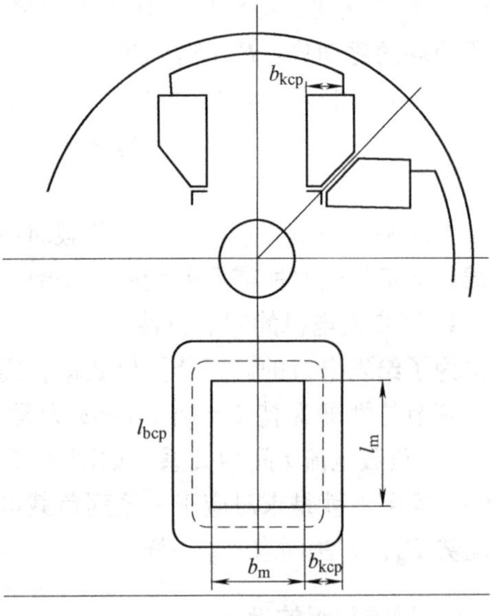

图 3-23 励磁绕组草图

励磁绕组的平均匝长为

$$l_{bcp} = 2(l_m + b_m + 2b_{kcp}) \tag{3-129}$$

励磁绕组的导线铜截面积（mm²）

$$S_B = 1.05 \times \frac{pF_{BH}l_{bcp}(1+\alpha\Delta t)}{5700U_{BH}} \tag{3-130}$$

式中，$\alpha = 0.0038$；

U_{BH}——励磁电压，考虑到如果取 U_{BH} 较低，则励磁绕组的导线可粗些，便于采用矩形导线以提高填充系数，有利于散热；同时对于励磁机，U_{BH} 低也是有利的，所

以一般取 $U_{BH} = 30 \sim 45V$；

$\Delta t = t_G - t_L$，其中

t_G——导线允许的工作温度；

t_L——室温，$t_L = 20℃$。

在按照式（3-130）计算得导线铜截面积后，便可查线规采用标准导线。

这样，励磁电流

$$I_{BH} = j_B S_B \tag{3-131}$$

每极线圈的匝数为

$$W_B = \frac{1.05 F_{BH}}{2 I_{BH}} \tag{3-132}$$

现在可以根据已定的 S_B 和 W_B，在磁极草图上比较精确地画出励磁绕组的排列图，从而比较精确地确定绕组的平均匝长 l_{bcp}。

接着可以计算出每极线圈的热态电阻为

$$r_{BR1} = \frac{W_B l_{bcp}(1 + 0.0038\Delta T)}{5700 S_B} \tag{3-133}$$

$2p$ 个磁极线圈串联时，励磁电压为

$$U_{BH} = 2p I_{BH} r_{BR1} \tag{3-134}$$

根据空载、1.5 倍过载、2 倍过载时保持端电压为 U_H，所需要的励磁磁动势 F_{B0}、$F_{B1.5}$、F_{B2}，以及励磁绕组的匝数 W_B，便可求出对应的励磁电流 I_{B0}、$I_{B1.5}$、I_{B2}，以及励磁电压为

$$\begin{cases} U_{B0} = 2p I_{B0} r_{BR1} \\ U_{B1.5} = 2p I_{B1.5} r_{BR1} \\ U_{B2} = 2p I_{B2} r_{BR1} \end{cases} \tag{3-135}$$

励磁功率则为

$$\begin{cases} P_{B0} = U_{B0} I_{B0} \\ P_{BH} = U_{BH} I_{BH} \\ P_{B1.5} = U_{B1.5} I_{B1.5} \\ P_{B2} = U_{B2} I_{B2} \end{cases} \tag{3-136}$$

3.2.6 阻尼绕组的设计

阻尼绕组的采用是为了削弱同步发电机由于不对称负载而产生的不良影响。

为了掌握阻尼绕组的作用及其设计原则，先介绍关于同步发电机不对称运行时的一些情况；然后再叙述阻尼绕组的设计。

1. 什么叫不对称运行

三相同步发电机空载时三相绕组中产生三个相电动势 $\dot{E}_{OA}$、$\dot{E}_{OB}$、$\dot{E}_{OC}$，这三个空载电动势大小相等，相位差 120° 电角度，称他们为对称的三相电动势。如果此时加上三相对称的负载（即三个相的负载阻抗相等——复数相等），那么产生的三相电流也是大小相等，相位彼此相差 120° 电角度。这种情况就称为发电机的对称运行，对称运行时三个相电压也是对称的。即三个相电压大小相等，相位彼此相差 120°。

但是，如果给发电机加上的三相负载不对称，即三个相的负载阻抗（复数值）各不相等，那么产生的三相电流也就不会再是对称的，即它们大小不等或相位差不是120°，这种情况就称为发电机的不对称运行。引起不对称运行的原因除负载不对称外还有故障现象等。

同步发电机不对称运行时，由于三相电流不对称引起三相电压不对称，这会使电网上的其他负载运行不利，如三相异步电动机会因电网电压不对称而力矩减小、损耗增加、效率降低。同步发电机的不对称运行还有其他不利的影响（下面将分析），所以从运行角度出发要规定发电机的电压不对称度，负载又要求允许有一定的不对称度；电压不对称度与负载不对称度之间的矛盾要求发电机设计时妥善解决，也就是说：在允许的电压不对称条件下，设计应使发电机允许有较大的负载（即电流）不对称度。这就是发电机采用阻尼绕组的目的之一。

2. 同步发电机不对称运行时的物理现象

（1）不对称运行分析方法的简单介绍

三相同步发电机不对称负载时，产生不对称的三相电流，对于这样的不对称三相电流系统，可以用三个对称的电流系统来代替。

图 3-24a 中的三相不对称电流，可分解成三个对称系统。第一个系统，如图 3-24b 所示，这三个电流分量大小相等。相位各差 120°，相序是 $\dot{I}_{B1}$ 落后于 $\dot{I}_{A1}$，$\dot{I}_{C1}$ 落后于 $\dot{I}_{B1}$，可见与原三相不对称电流的相序是相同的，故这三个对称的分量称为正序分量。第二个系统（见图 3-24c）这三个电流分量大小也相等，相位也相差 120°，但其相序则与原三相不对称电流的相序相反，故这三个电流分量称为负序分量。第三个系统（见图 3-24d）三个电流分量大小相等、相位相同，称为零序分量。

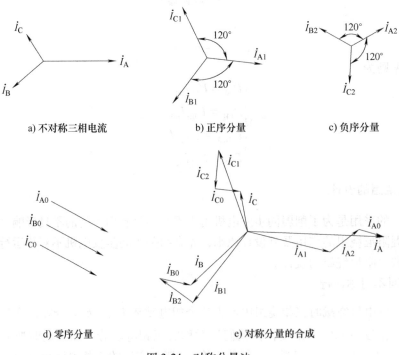

a) 不对称三相电流　　　　b) 正序分量　　　　c) 负序分量

d) 零序分量　　　　　　e) 对称分量的合成

图 3-24　对称分量法

这三组对称分量的大小、相位当然决定于原不对称系统，可如下求出：

$$\begin{cases} \dot{I}_{A0} = \dfrac{1}{3}(\dot{I}_A + \dot{I}_B + \dot{I}_C) \\[2mm] \dot{I}_{A1} = \dfrac{1}{3}(\dot{I}_A + a\dot{I}_B + a^2\dot{I}_C) \\[2mm] \dot{I}_{A2} = \dfrac{1}{3}(\dot{I}_A + a^2\dot{I}_B + a\dot{I}_C) \end{cases} \tag{3-137}$$

$$\begin{cases} \dot{I}_{B0} = \dot{I}_{A0} \\[2mm] \dot{I}_{B1} = a^2\dot{I}_{A1} \\[2mm] \dot{I}_{B2} = a\dot{I}_{A2} \end{cases} \tag{3-138}$$

$$\begin{cases} \dot{I}_{C0} = \dot{I}_{A0} \\[2mm] \dot{I}_{C1} = a\dot{I}_{A1} \\[2mm] \dot{I}_{C2} = a^2\dot{I}_{A2} \end{cases} \tag{3-139}$$

式中 $a = e^{j120°}$，例如 $a\dot{I}_B$ 表示 $\dot{I}_B$ 逆时针转过 $120°$ 后的相量，$a^2\dot{I}_B$ 表示 $\dot{I}_B$ 逆时针转过 $240°$ 后的相量。

反之，如果知道了各对称分量，则可求得原来的不对称系统为

$$\begin{cases} \dot{I}_A = \dot{I}_{A0} + \dot{I}_{A1} + \dot{I}_{A2} \\[2mm] \dot{I}_B = \dot{I}_{B0} + \dot{I}_{B1} + \dot{I}_{B2} \\[2mm] \dot{I}_C = \dot{I}_{C0} + \dot{I}_{C1} + \dot{I}_{C2} \end{cases} \tag{3-140}$$

对于中线不引出的发电机，其零序电流分量等于零。因为对三相绕组中点，应该有

$$\sum \dot{I} = \dot{I}_A + \dot{I}_B + \dot{I}_C = 0$$

所以

$$\dot{I}_{A0} = \dot{I}_{B0} = \dot{I}_{C0} = \dfrac{1}{3}(\dot{I}_A + \dot{I}_B + \dot{I}_C) \tag{3-141}$$

在这种情况下，不对称的三相电流系统分解后只有正序、逆序两个对称系统。

以上这种分解方法称为对称分量法。可见，应用了对称分量法，一个不对称的三相系统（电流或电压等）的分析就变成了三个对称系统的分析，这就使问题得到了简化。

（2）不对称运行时的物理现象：

同步发电机加上对称负载以后，所产生的物理现象，主要是电枢反应，亦即与电枢磁场有关。不对称负载时的电枢磁场则与对称负载时有所不同，不对称运行对电机的影响的根源也就在这里，故分析从这里入手。

不对称运行的三相负载电流可以分解成三个对称的电流系统，下面逐个地加以分析。

1）正序分量系统：

三个顺序分量电流 $\dot{I}_{A1}$、$\dot{I}_{B1}$、$\dot{I}_{C1}$ 流过电枢绕组，除了各自产生漏磁外，在气隙中还产生合成磁动势——旋转磁动势。由于这三个电流是正序的，即相序与原不对称三相电流的相

序相同，因而其磁动势的转向是顺转的即与转子转向一样；同时，这个旋转磁动势的转速亦为同步速（因为电流的频率不变）。这个磁动势称为正序磁动势。

可见，正序磁动势的性质与发电机对称负载时的电枢磁动势完全一样，其电枢反应也完全一样，因此可以说，正序分量系统对电机的影响是正常的。

关于对称运行的分析方法（等值电路、平衡方程式、矢量图）在正序系统中也完全适用。其实，对称运行也就是不对称运行的一种特殊情况（即负序、零序分量为零）。

2）零序分量系统：

三个零序电流大小相等、相位相同，因而，它们流过电枢绕组时产生的三个相磁动势在空间相差120°电角，但在时间上却无相位差。这样三个磁动势的合成磁动势中就只有三次谐波，而基波磁动势为零。但是3次谐波磁动势是很小的，可以不考虑，这样可以认为零序电流系统不产生电枢反应，而只产生各个相绕组的漏磁通。

可见零序电流对转子没有什么影响，对电机的运行影响也不大。

3）负序分量系统

三个负序分量电流流过电枢绕组，除了各自产生漏磁外，也会在气隙中产生合成磁动势——旋转磁动势。其转向决定于电流的相序，由于是负序分量电流产生，所以合成磁动势的转向是反转的，即与转子转向相反。而其转速则也是同步速，因为电流的频率未变，绕组的极对数也未变，故负序分量电流在电机中产生一个以同步速反向旋转的磁场——负序磁场。负序磁场在空气隙中以同步速反转，而转子是以同步速正转，因此负序磁场与转子之间的相对位置不断地变化，如图 3-25 所示。所以负序磁通磁路的磁导也在不断地改变，如 3-25a 所示位置，负序磁通经过直轴磁路，其磁导最大，因而此时负序磁通最大，如 3-25b 所示位置，负序磁通经过交轴磁路，其磁导最小，因而此时负序磁通最小。可见在凸极机中负序磁通的大小是变化的，但在隐极机中这种变化是不大的。

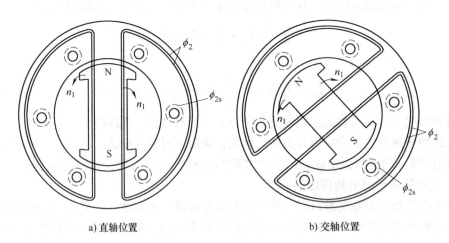

a) 直轴位置   b) 交轴位置

图 3-25　负序磁场与转子的相对位置

由上分析可知，负序磁场以同步速反向切割定子绕组，而以两倍同步速反向切割转子绕组，且磁场的强弱随与转子的相对位置不同而变化，这些就是负序磁场的特点，也就决定了不对称运行的各种影响。

3. 不对称运行的影响

（1）引起电压不对称

如果电机中只有正序分量电流，那么在考虑了他们的电枢反应以后，相电压——正序分量电压等于励磁电动势（即 E_0）与电枢反应电动势的矢量和，这三个相电压仍然是对称的，这相当于对称运行的情况。

当有负序分量电流以后，负序电流所产生的负序磁场以同步速反向切割定子三相绕组，在其中感应产生电枢反应电动势 $\dot{E}_{aA2}$、$\dot{E}_{aB2}$、$\dot{E}_{aC2}$，这三个电动势组成逆序电动势系统。当他们叠加在正序分量相电压上，就引起了相电压的不对称。

以隐极机为例，用相量图可说明负序电枢反应所引起的电压不对称，假定无零序电流如图3-26 所示，图中 $\dot{E}_{A0}$、$\dot{E}_{B0}$、$\dot{E}_{C0}$ 为不考虑电枢反应时的相电动势，即励磁电动势或空载电动势，$\dot{E}_{aA1}$、$\dot{E}_{aB1}$、$\dot{E}_{aC1}$ 为正序电流 $\dot{I}_{A1}$、$\dot{I}_{B1}$、$\dot{I}_{C1}$ 产生的电枢反应电动势（包括漏磁电动势 E_{s1}），因此 $\dot{E}_{aA1}$ 落后于 $\dot{I}_{A1}$ 90°，B、C 相如此。$\dot{E}_{aA2}$、$\dot{E}_{aB2}$、$\dot{E}_{aC2}$ 为负序电流 $\dot{I}_{A2}$、$\dot{I}_{B2}$、$\dot{I}_{C2}$ 产生的电枢反应电动势（包括漏磁电动势 E_{s2}），因此 $\dot{E}_{aA2}$ 落后于 $\dot{I}_{A2}$ 90°，B、C 相亦如此。$\dot{I}_A r_a$，$\dot{I}_B r_a$，$\dot{I}_C r_a$ 为电阻压降，相电压为

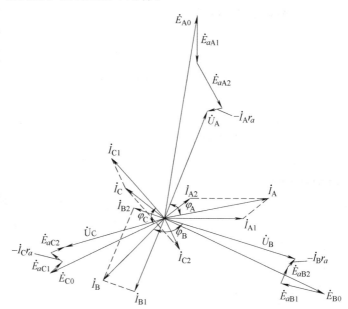

图 3-26 负序电流引起电压不对称

$$\begin{cases} \dot{U}_A = \dot{E}_{A0} + \dot{E}_{aA1} + \dot{E}_{aA2} - \dot{I}_A r_a \\ \dot{U}_B = \dot{E}_{B0} + \dot{E}_{aB1} + \dot{E}_{aB2} - \dot{I}_B r_a \\ \dot{U}_C = \dot{E}_{C0} + \dot{E}_{aC1} + \dot{E}_{aC2} - \dot{I}_C r_a \end{cases}$$

从图 3-26 可看出三个相电压不对称，当然线电压也不对称。

对于凸极发电机，由于负序磁场本身的大小随相对于转子的位置变化而变化，因此其电枢反应电动势就不是正弦波。这样，不仅引起相电压不对称，而且还使相电压、线电压波形发生畸变。

发电机电压的不对称和波形畸变，会降低对负载的供电质量。

（2）增加转子上的附加损耗和发热

由于负序磁场以两倍同步速相对转子旋转，因此，在转子励磁绕组中感应出两倍定子频率（$2f$）的电动势。一般整个励磁绕组的匝数是较多的，因而当励磁绕组开路时其中的 $2f$

频率电动势数值很大，超过其额定电压 20~30 倍。这样的过电压会使励磁绕组绝缘击穿。

如果励磁回路是接通的，则在励磁绕组中会产生很大的两倍频率电流，这个电流在励磁绕组中要产生损耗，同时该电压和电流，对励磁机的工作也是不利的。

此外，负序磁场也以两倍同步速切割转子铁心，在铁心钢片中产生涡流，从而增加了转子铁心的涡流损耗。

励磁绕组和铁心中所增加的损耗（附加损耗）都提高了转子的发热。

（3）增加交变力矩及振动

由于气隙中存在两个磁场：一个是正序电枢磁场和励磁磁场的合成磁场，另一个是负序磁场。这两个磁场互相作用，产生交变电磁力矩，加在转子的轴和定子的机座上，从而使电机发生振动和噪声。

（4）产生高频干扰

前面分析过负序磁场在励磁绕组中感应产生 $2f$ 的附加电流，转子上的励磁绕组相当于一个单相绕组，这个 $2f$ 的附加电流流过这个单相绕组，便产生一个频率为 $2f$ 的脉动磁场，可分解为对转子以 $2n$，速度正、反转的两个旋转磁场。其中的正转磁场相对于定子则是以 $3n$ 正转，因而在定子绕组中感应出 $3f$ 的电动势，由于定子上的负载不对称，因而 $3f$ 电动势也要产生 $3f$ 的逆序电流，这个 $3f$ 的负序电流在转子励磁绕组中又会产生 $4f$ 的附加电流。同理 $4f$ 的转子脉动磁场可分解为以 $4n$，对转子正、反转的两个磁场，正转磁场相对定子的转速是 $5n$，于是在定子中又会感应出 $5f$ 的电动势和电流。依次类推，定子中将出现一系列奇次谐波电流，而转子中将出现一系列偶次谐波电流，这些高频电流将对电机系统上的无线电等设备发生干扰。

4. 阻尼绕组的作用

从运行观点出发，希望发电机既有担负一定的不对称负载的能力，又要尽量限制不对称负载对发电机的影响，要解决这一矛盾，就必须削弱负序磁场。不同性质的矛盾，只有用不同性质的方法才能解决，采用阻尼绕组就是为了削弱负序磁场。阻尼绕组的结构如图 3-27 所示，是由阻尼条和端环组成。阻尼条嵌放在极掌上的槽中，阻尼条的材料一般是低电阻率的铜条，在磁极的两端，铜制端片或端环或端板（端板与磁极冲片同样形状）与所有的阻尼条焊接在一起。可见阻尼绕组是一短路的多相绕组，相当于异步机中的笼型绕组。

对于图 3-27a 中的直轴阻尼绕组，只要当负序磁场转到直轴位置时，负序磁场才穿过阻尼绕组，因而阻尼绕组此时阻尼作用最强；而当负序磁场转到交轴位置时，则阻尼绕组无阻尼作用。对于图 3-27b 的阻尼绕组，则对负序磁场的任何位置都有阻尼作用。因而大多采用这种结构的阻尼绕组。

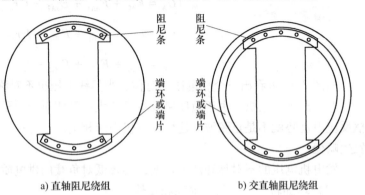

a) 直轴阻尼绕组   b) 交直轴阻尼绕组

图 3-27　阻尼绕组的结构

可见，在有阻尼绕组的发电机里，由于阻尼绕组的阻尼作用，负序磁场被削弱，因而不对称负载所引起的电压不对称度减小了，转子上的损耗（虽然阻尼绕组中也有铜耗）及发热都有所降低，同时交变力矩也减小，使振动和噪声减轻；此外，还减小了高频对电网的干扰。

因此，采用阻尼绕组，使发电机在允许的电压不对称度条件下，担负不对称负载的能力提高了。

当负序磁场 ϕ_2 以两倍同步速切割转子时，在阻尼绕组中也要产生 $2f$ 的电动势 E_y，根据楞次定律，$\dot{E}_y$ 在时间上落后于负序磁通 ϕ_2 90°，而 $\dot{E}_y$ 要在阻尼绕组中产生电流 $\dot{I}_y$。由于阻尼绕组的电抗和电阻都很小，所以电流 $\dot{I}_y$ 很大，且在时间上 $\dot{I}_y$ 落后于 $\dot{E}_y$ 一个角度（见

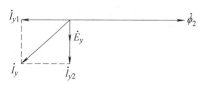

图 3-28 阻尼绕组的作用

图 3-28），$\dot{I}_y$ 可分解为 $\dot{I}_{y1}$ 和 $\dot{I}_{y2}$ 两个分量，由图 3-28 可见，$\dot{I}_{y1}$ 在时间上与 ϕ_2 反相，亦即 $\dot{I}_{y1}$ 对 ϕ_2 有去磁作用，也就是说 $\dot{I}_{y1}$ 可以削弱逆序磁场，可见，只要 $\dot{I}_y$ 越大，则它削弱负序磁场的能力也越强，因此，阻尼绕组要做得电阻和漏抗都很小，才可使阻尼的效果更显著。

5. 阻尼绕组的设计

阻尼绕组的设计原则是：电阻和漏抗都要足够小，但是因精确的计算非常复杂，一般按照经验来确定阻尼绕组的数据。具体数据如下：

（1）导条数

每极下的导条数，一般取

$$n_y = 3 \sim 7 \tag{3-142}$$

（2）导条节距

$$t_y = (0.9 \sim 1.1)t_z \tag{3-143}$$

但不能取 $t_y = t_z$，否则在极下面有较大的磁通脉振，会引起较大的损耗。

（3）导条截面积与直径

一个极掌上的阻尼导条总截面积，通常取为一个极距内电枢绕组导体总截面的 20% ~ 40%，对于双层电枢绕组，$n_y S_y = (0.2 \sim 0.4) \times 6qW_C S_x$，所以每一导条的截面积为

$$S_y = \frac{(0.2 \sim 0.4) \times 6qW_C}{n_y} S_x \tag{3-144}$$

导条直径为

$$d_y = \frac{4}{\pi}\sqrt{S_y} = 1.13\sqrt{S_y} \tag{3-145}$$

应取用标准裸铜圆导线。

（4）端环截面积及其尺寸

端环截面积 S_{yk} 通常取为一极掌上阻尼导条总截面积的一半，即

$$S_{yk} = 0.5 n_y S_y \tag{3-146}$$

端环截面一般为矩形，其尺寸（见图 3-29）为

$$a_{yk} \approx 2d_y \tag{3-147}$$

$$b_{yk} = \frac{S_{yk}}{a_{yk}} \tag{3-148}$$

式中　a_{yk}——端环的径向高度；

　　b_{yk}——端环的轴向厚度。

端环的外径 D_{yk1} 可与转子外径相同，内径

$$D_{yk2} = D_{yk1} - 2a_{yk} \tag{3-149}$$

（5）导条轴向长度为

$$l_y = l_m + 2b_{yk} + 2\Delta \tag{3-150}$$

式中　Δ——端环与磁极端面之间的距离。

（6）阻尼槽形及其尺寸
（见图 3-29）

为了降低阻尼条电抗，阻尼槽口的高度 h_y 应最小，一般取 $h_y = 0.2 \sim 0.3\text{mm}$；而槽口的宽度 a_y 应该尽量大些，但是 a_y 的增加，会引起气隙系数 k_δ（见式（3-54））的增

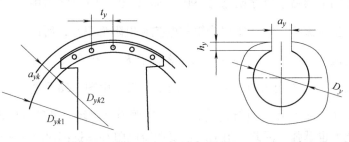

图 3-29　阻尼绕组设计

大和电枢齿中脉振损耗的上升，因此 a_y 也不宜过大。

阻尼槽直径 D_y 可取为 $D_y = 1.11d_y$。

3.2.7　同步发电机的参数和特性计算

设计同步电机同做其他事情一样，不仅要有好的动机，而且还要有好的效果，在设计电机时总是想把电机设计得既符合要求的性能指标，又具有轻、小的外形。

因此，在进行了上述各部分的设计以后，应当确定同步发电机的基本性能，包括电机的损耗和效率、电机的温升，以此来检查电机的尺寸、电磁负载选择得是否正确、电机是否符合要求等。

1. 标幺参数计算

标幺参数计算是为性能计算服务的。

标幺参数就是指参数（例如，电阻 r、电抗 X_s、X_{ad}、X_{aq} 等）相对于基值（阻抗基值是 $Z_H = U_H/I_H$）的比值。例如漏抗 X_s 的标幺参数为

$$X_s^* = \frac{X_s}{Z_H} = X_s \frac{I_H}{U_H}$$

下面计算凸极同步发电机的几个主要标幺参数：

（1）漏抗

$$X_s^* = X_s \frac{I_H}{U_H} \tag{3-151}$$

X_s 按式（3-47）计算。

（2）直轴电枢反应电抗（不饱和值）

$$X_{ad} = \frac{E_{ad}}{I_d} \tag{3-152}$$

式中 I_d——电枢电流的直轴分量，且 $I_d = I_H \sin\psi$；

E_{ad}——电枢直轴磁动势 F_{ad} 在定子绕组中的感应电动势，即直轴电枢反应电动势，可按图3-30确定。

由于所考虑的 X_{ad} 是指不饱和值，所以 E_{ad} 与 F'_{ad} （$= k_{ad}F_{ad}$）的关系应满足气隙线（空载特性直线部分的延长线）的关系。因此有

$$\frac{E_{ad}}{F'_{ad}} = \frac{U_H}{F_{\delta 0}}$$

即

$$E_{ad} = U_H \frac{F'_{ad}}{F_{\delta 0}} = U_H \frac{k_{ad} \times F_{ad}}{F_{\delta 0}} \tag{3-153}$$

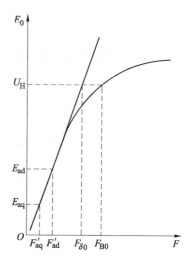

图3-30 确定 E_{ad}、E_{aq}

式中 $F_{\delta 0}$——当空载电动势 $E_0 = U_H$ 时的气隙磁动势。

这样，按式（3-152）可得到

$$X_{ad} = \frac{U_H k_{ad} F_{ad}}{I_H \sin\psi F_{\delta 0}} = \frac{U_H}{I_H} \cdot \frac{k_{ad} F_a \sin\psi}{\sin\psi F_{\delta 0}} = \frac{k_{ad} F_a}{F_{\delta 0}} \cdot \frac{U_H}{I_H} \tag{3-154}$$

其标幺值为

$$X_{ad}^* = \frac{X_{ad}}{Z_H} = \frac{k_{ad} F_a}{F_{\delta 0}} \tag{3-155}$$

式中 F_a——额定电流时的电枢磁动势，按式（3-124）计算。

（3）交轴电枢反应电抗

$$X_{aq} = \frac{k_{aq} F_a}{F_{\delta 0}} \cdot \frac{U_H}{I_H} = \frac{k_{aq}}{k_{ad}} X_{ad} \tag{3-156}$$

该式的推导与式（3-154）相同（见图3-30），其标幺值为

$$X_{aq}^* = X_{ad}^* \frac{k_{aq}}{k_{ad}} \tag{3-157}$$

（4）直轴同步电抗

$$X_d = X_s + X_{ad} \tag{3-158}$$

$$X_d^* = X_s^* + X_{ad}^* \tag{3-159}$$

（5）交轴同步电抗

$$X_q = X_s + X_{aq} \tag{3-160}$$

$$X_q^* = X_s^* + X_{aq}^* \tag{3-161}$$

2. 性能指标

通常计算几项主要的性能，以评定设计是否合理。

（1）电压调整率

电压调整率是不带调压器时发电机从额定负载运行到空载运行时端电压的变化百分比，

可计算如下：

$$\Delta U = \frac{E_0 - U_H}{U_H} \times 100\% \tag{3-162}$$

式中　E_0——$I_B = I_{BH}$时的空载电动势。

电压调整率是设计调压器的根据之一。通常 ΔU 不应大于 50%。另外，根据其资料介绍，国外某些电机的 $\Delta H = 30\% \sim 35\%$。

（2）短路电流倍数

短路电流倍数要从短路特性上求得，因此先要做出短路特性。由于短路特性是一条通过原点的直线，因此只要求出特性上的一点，例如 $I_K = I_H$，便可做出短路特性。具体做法如下（见图 3-31）：

1）计算短路时的电动势

$$E_{dK} = I_H \sqrt{r_y^2 + X_s^2} \tag{3-163}$$

2）计算短路直轴电枢反应磁动势

$$F'_{adK} = k_{ad} F_a \sin\psi = k_{ad} F_a \tag{3-164}$$

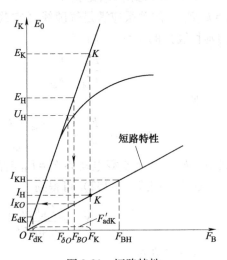

图 3-31　短路特性

3）作图。在空载特性上可查得产生 E_{dK}，所需要的短路时的合成磁动势。F_{dK} 在短路时的励磁磁动势为 $F_K = F_{dK} + F'_{adK}$。因此，短路特性上的一点 K（坐标由 I_H 和 F_K 可得到，联 OK，便是短路特性。

从短路特性上可得到 2 个短路电流倍数：

1）空载时的短路电流倍数——空载（$E_0 = U_H$）时发生短路的短路电流与额定电流之比

$$K_{OK} = \frac{I_{KO}}{I_H} \tag{3-165}$$

这个比值 K_{OK} 也称为短路比。由于短路时同步发电机的电枢反应全部是去磁的，故短路电流不大，一般 $I_{KO} < I_H$，所以 $K_{OK} < 1$。

从图 3-31 可知：

$$K_{OK} = \frac{I_{KO}}{I_H} = \frac{F_{BO}}{F_K} = \frac{E_H}{E_K}$$

其中 E_K 是短路电流 $I_K = I_H$ 时的空载电动势，由于短路时的电枢反应是直轴去磁的，所以

$$E_K = I_H X_d$$

$$\frac{E_K}{U_H} = \frac{I_H X_d}{U_H} = X_d^*$$

这样，短路比

$$K_{OK} = \frac{U_H}{E_K} \cdot \frac{E_H}{U_H} = \frac{1}{X_d^*} \cdot \frac{E_H}{U_H} = \frac{F_{BO}}{F_{\delta O}} \cdot \frac{1}{X_d^*} \tag{3-166}$$

可见短路比 K_{OK} 与 X_d 的标幺值 X_d^* 成反比，与空载磁路饱和度 $k_H = F_{BO}/F_{\delta O}$ 成正比。

当电机磁路饱和度 $k_H \approx 1$ 时

$$K_{OK} = \frac{1}{X_d^*} \tag{3-167}$$

亦即短路比反映了 X_d^* 的大小。X_d^* 对电机性能（电压调整率、并联运行时的稳定性）、体积重量的影响（在前面确定空气隙长度 δ 时已说明）也可用短路比来衡量。

短路比 K_{OK} 大、X_d^* 小，则电压调整率小，并联运行稳定性高，但此时必然要加大 δ，从而使电机的体积、重量增加。

同步发电机的短路比一般在下列范围内：

对凸极，有阻尼

$$K_{OK} = 0.5 \sim 0.7$$

对隐极，有

$$K_{OK} = 0.6 \sim 0.8$$

2）额定负载时的短路电流倍数——额定负载时发生短路的短路电流 I_{KH} 与额定电流之比

$$K_K = \frac{I_{KH}}{I_H} \tag{3-168}$$

3.2.8　发电机的重量计算

发电机重量包括有效材料重量和结构材料重量、这里只能计算有效材料的重量。

（1）定子齿重

$$G_{Z1} = Z b_{zcp} h_Z k_{c1} l r_T \tag{3-169}$$

式中　r_T——硅钢片的比重，为 7.7kg/m^3。

（2）定子轭重

$$G_{j1} = \frac{\pi}{4} \left[D_H^2 - (D + 2h_Z)^2 \right] k_{c1} l r_T \tag{3-170}$$

（3）极身重

$$G_m = b_m h_{mcp} k_{c2} l_{m'T} \times 2p \tag{3-171}$$

式中　h_{mcp}——极身的平均高度，即

$$h_{mcp} = \frac{1}{2}(h_m + h_m') \tag{3-172}$$

式中　h_m'——极身侧面的高度（见图 3-13b）。

式（3-172）也可写成

$$h_{mcp} = \frac{1}{2}(h_m + h_m + \Delta h_m) = h_m + \frac{1}{2}\Delta h_m \tag{3-173}$$

而

$$\Delta h_m = \frac{D_K}{2} - \sqrt{\left(\frac{D_K}{2}\right)^2 - \left(\frac{b_m}{2}\right)^2} \tag{3-174}$$

（4）极掌重

极掌重量可按具体极掌的几何形状进行计算，如图 3-32 所示的极掌，可如下计算。

从图 3-32 中可以看到极掌面积可分为

$$S_p = S_{ABCD} + S_{ADE} - S_y' \tag{3-175}$$

式中, S_{ABCD} 是矩形 $ABCD$ 的面积；S_{ADE} 是圆弧 $\overset{\frown}{AED}$ 与弦 $\overline{AD}$ 所组成的面积；S'_Y 为极掌上阻尼槽的面积，且

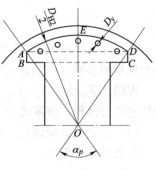

$$S_{ABCD} = h'_p b'_p = h'_p D_{H2} \sin\left(\frac{\alpha_p}{2} \times \frac{360°}{2p}\right) \qquad (3-176)$$

其中 D_{H2} ——转子外径，$D_{H2} = D - 2\delta$；

α_p ——实际极弧系数，$\alpha_p = b_p/\tau$。

$$S_{ADE} = S_{AEDO} - S_{ADO}$$

图 3-32   计算极掌重量

式中, S_{ADE} 为扇形 $AEDO$ 的面积；S_{ADO} 为 $\triangle ADO$ 的面积。且

$$S_{AEDO} = \frac{\pi D_{H2}^2}{4} \frac{\alpha_p}{2p}$$

$$\begin{aligned} S_{ADO} &= \frac{1}{2}\left[\frac{2D_{H2}}{2}\sin\left(\frac{\alpha_p}{2} \times \frac{360°}{2p}\right)\right] \cdot \left[\frac{D_{H2}}{2}\cos\left(\frac{\alpha_p}{2} \times \frac{360°}{2p}\right)\right] \\ &= \frac{D_{H2}^2}{4}\sin\left(\frac{\alpha_p}{2} \times \frac{360°}{2p}\right)\cos\left(\frac{\alpha_p}{2} \times \frac{360°}{2p}\right) \\ &= \frac{D_{H2}^2}{8}\sin\left(\alpha_p \times \frac{360°}{2p}\right) \end{aligned}$$

即

$$S_{ADE} = \frac{\pi D_{H2}^2}{4} \frac{\alpha_p}{2p} - \frac{D_{H2}^2}{8}\sin\left(\alpha_p \times \frac{360°}{2p}\right) \qquad (3-177)$$

阻尼槽面积为

$$S'_y = n_y \times \frac{\pi}{4} D_y^2 \qquad (3-178)$$

最后得极掌面积为

$$S_p = h'_p D_{H2}\sin\left(\frac{\alpha_p}{2} \times \frac{360°}{2p}\right) + \frac{\pi D_{H2}^2}{4} \frac{\alpha_p}{2p} - \frac{D_{H2}^2}{8}\sin\left(\alpha_p \times \frac{360°}{2p}\right) - n_y \times \frac{\pi}{4} D_y^2 \qquad (3-179)$$

极掌重

$$G_p = S_p k_{c2} l_m r_T \times 2p \qquad (3-180)$$

（5）转子轭重

$$G_{j2} = \frac{\pi}{4}(D_K^2 - D_N^2)k_{c2}l_m r_T \qquad (3-181)$$

如果转子轭是整体材料加工而成，则式中 $k_{c2} = 1$。

（6）电机有效材料之总铁重

$$G_T = G_{Z1} + G_{j1} + G_m + G_p + G_{j2} \qquad (3-182)$$

（7）电枢绕组铜重

对于圆形导线，电枢绕组铜重

$$G_{D1} = Q_D l_{cp} W n m \times 10^{-5} \qquad (3-183)$$

式中 Q_D ——导线每千米长的重量，单位为 kg/km；

n ——线圈并绕导线数；

l_{cp}——电枢绕组平均匝长。

对于矩形导线，电枢绕组铜重

$$G_{D1} = S_x l_{cp} W r_D m \tag{3-184}$$

式中　r_D——铜的比重，$r_D = 8.9 \times 10^{-3} \mathrm{kg/cm^3}$；$S_x$ 单位为 $\mathrm{mm^2}$；l_{cp} 单位为 m。

（8）励磁绕组铜重

$$G_{D2} = S_B l_{Bcp} w_B r_D \times 2p \tag{3-185}$$

（9）阻尼绕组铜重

$$G_{DY} = G_Y + G_{YK} = (2p S_y n_y l_y' + 2 S_{yk} \pi D_{kcp}) r_D \tag{3-186}$$

式中　G_Y——阻尼导条铜重；

　　　G_{YK}——阻尼端环铜重；

　　　l_y'——阻尼导条的视在长度，且

$$l_y' = l_y - 2 b_{yk} \tag{3-187}$$

　　　D_{kcp}——阻尼端环的平均直径，且

$$D_{kcp} = \frac{D_{yk1} + D_{yk2}}{2} \tag{3-188}$$

（10）电机有效材料之总铜重

$$G_D = G_{D1} + G_{D2} + G_{DY} \tag{3-189}$$

如果转子上带有集电环，则集电环铜重也应计入有效材料重量中。

（11）电机有效材料总重

$$G_{YS} = G_T + G_D \tag{3-190}$$

（12）每千伏安有效材料的重量

$$\frac{G_{YS}}{P_H} = \frac{G_T + G_D}{P_H} \tag{3-191}$$

3.2.9　发电机的损耗计算

电机在运行过程中必然要产生能量损耗。同步发电机的损耗可分以下几种：

（1）铁耗：主磁场的旋转变化，在定子铁心（齿部和轭部）中所引起的磁滞损耗和涡流损耗。

（2）铜耗：电枢绕组中流过电流所引起的损耗。

（3）励磁损耗。

（4）机械损耗：轴承的摩擦损耗、转子与空气间的摩擦损耗，如果电机轴上有集电环与风扇，则还要考虑电刷与集电环间的摩擦损耗和风扇所消耗的功率。

（5）附加损耗。

"损耗"是按所消耗的功率计算的。损耗计算的目的是为了评价电机的效率和进行发热计算（评价电机的温升）。

下面分别介绍各种损耗的计算。

1. 铁耗计算

（1）定子铁心齿部的磁滞和涡流损耗

$$p_{TZ1} = k_{GZ1} p_{TZ1}' G_{Z1} \tag{3-192}$$

式中 k_{GZ1}——考虑到磁场的非正弦和钢片冲制等原因所引起的齿部损耗的增加,可取 $k_{GZ1}=2$。

p'_{TZ1}——单位重量的铁耗,可用式(3-193)计算

$$p'_{TZ1} = p_{10/50}B^2_{zcp}\left(\frac{f}{50}\right)^{1.3} \tag{3-193}$$

式中 f——交变磁化的频率;

B_{zcp}——齿中平均磁通密度(对应额定负载时的气隙磁场),对于梯形齿,$B_{zcp}=B_{z/3}$;对于平行壁齿,$B_{zcp}=B_z$。

$p_{10/50}$——硅钢片的比损耗,即当磁通密度为 1.0T 时,交变磁化频率为 50Hz 时钢片单位重量的损耗。

(2)定子铁心轭部的磁滞和涡流损耗

$$p_{Tj1} = k_{Gj1}p'_{Tj1}G_{j1} \tag{3-194}$$

式中 k_{Gj1}——意义同 k_{GZ1},可取 $k_{Gj1}=1.5$;

p'_{Tj1}——单位重量的铁耗,可用式(3-195)计算

$$p'_{Tj1} = p_{10/50}B^2_{j1}\left(\frac{f}{50}\right)^{1.3} \tag{3-195}$$

(3)发电机总的铁耗

$$p_{Ti} = p_{TZ1} + p_{Tj1} \tag{3-196}$$

这样计算出来的铁耗也称为发电机的基本铁耗。

2. 铜耗计算

定子电枢绕组铜耗为

$$p_{T01} = mI^2_H r_R \tag{3-197}$$

这里 r_R 是电枢绕组在工作温度下的每相电阻,见式(3-26)。

这样计算出来的电枢铜耗也称为发电机的基本铜耗。

3. 励磁损耗计算

发电机轴上不带励磁机时,励磁损耗

$$p_{BTO} = I^2_{BH}r_{BR} + 2\Delta u_c I_{BH} \tag{3-198}$$

式中 r_{BR}——励磁绕组在工作温度时的电阻(全部线圈),$r_{BR}=2pr_{BR1}$;

$2\Delta u_c$——电刷与滑环间的接触压降,$2\Delta u_c = (0.5 \sim 1.0)\text{V}$。

如果发电机轴上带励磁机,则励磁损耗为

$$p_{BTO} = \frac{I^2_{BH}r_{BR} + 2\Delta u_c I_{BH}}{\eta_B} \tag{3-199}$$

式中 η_B——励磁机的效率,可取 $\eta_B = 0.65 \sim 0.75$。

如果无集电环电刷,则式(3-198)及式(3-199)中 $2\Delta u_c I_{BH}=0$,但要考虑整流器上的电损耗。

4. 附加损耗计算

同步发电机的附加损耗是由定子的漏磁场及气隙中高次谐波磁场的存在而产生的。

(1)定子绕组导线中的附加损耗

定子绕组导线中的槽漏磁会使槽中导体截面上的电流密度分布不均匀(所谓挤流效应),这相当于导体电阻增加。导体电阻的增加引起铜耗的增加,这一部分增加的损耗,属

于附加损耗。

（2）转子表面损耗

由于定子上有齿、槽，当转子转动时，磁极表面某一点的磁通密度，将不是常数，而是随对面的齿或槽而改变。也就是说，磁极表面的磁通发生左右表面扫动现象，如图3-33所示。这样，磁通的左右扫动，在磁极表面引起涡流损耗，这种磁通扫动现象只发生在极掌表面，因为极掌里面各点的磁通密度受定子齿、槽的影响越来越小，而且表面层内的涡流对表面层磁通密度变化起削弱作用。

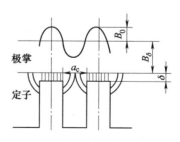

图3-33　极掌表面的磁通密度变化

（3）定子表面损耗

同样，由于转子磁场中具有高次谐波和转子上有齿有槽，使气隙磁通在定子铁心表面来回扫动而产生定子的表面损耗。

（4）定子齿部的脉振损耗

由于转子磁极上有阻尼槽，因此，当转子旋转时，定子齿一会对着转子齿，一会对着转子槽，这样每个定子齿内的磁通将因磁路磁阻的变化而发生脉振。这个磁通的脉振在定子齿部就产生了涡流损耗，即脉振损耗。

（5）转子齿部的脉振损耗

同样道理，定子齿、槽要引起转子齿中磁通发生脉振而引起脉振损耗。

由于附加损耗的情况比较复杂，对它们的计算不容易准确。在一般设计计算时，不对它进行精确计算，而是凭额定容量的大小来估计，对于同步发电机可作如下估计：

$$p_{FJ} = (0.011 \sim 0.015)P_H \times 10^3 \tag{3-200}$$

式中　P_H——额定容量（kVA）。

5. 机械损耗计算

（1）轴承摩擦损耗计算

$$p_{ZC} = 0.015 \frac{Q_{ZC}}{d_{ZC}} V_{ZC} \tag{3-201}$$

式中　Q_{ZC}——轴承上的负荷（kg）；

　　　d_{ZC}——轴承滚珠中心的圆周直径（cm）；

　　　V_{ZC}——轴承滚珠中心的圆周速度（m/s），且

$$V_{ZC} = \frac{d_{ZC}}{2} \times \frac{2\pi n}{60} \times 10^{-2} \tag{3-202}$$

（2）电刷、集电环间的摩擦损耗

$$p_{SH} = 9.81 P_{SH} \mu_{SH} S_{SH} V_H \tag{3-203}$$

式中　P_{SH}——电刷的比压力，$P_{SH} = 0.18 \sim 0.25 kg/cm^2$；

　　　μ_{SH}——电刷与集电环的摩擦系数，$\mu_{SH} = 0.2$；

　　　S_{SH}——电刷与集电环的接触面积（cm^2）；

　　　V_H——集电环表面的圆周速度。

（3）电机旋转部分与空气的摩擦损耗

电机旋转部分与空气的摩擦损耗和电机的结构特点有关，准确的计算是比较困难的，可

近似计算如下：

$$p_{FM} = 1.1QV^2 \tag{3-204}$$

式中　V ——转子圆周速度；

　　　Q ——冷却空气量，即通风量（m^3/s），且

$$Q = \frac{\sum p}{C\Delta T_B} \tag{3-205}$$

式中　$\sum p$ ——电机的总损耗，由式（3-208）计算；

　　　C ——空气的热容量系数，$C=1100J/m^3$；

　　　ΔT_B ——出口空气与进口空气的温度差，对于迎面吹风冷却的发电机，可取 $\Delta T_B = 30\sim 50℃$。

若电机轴上装有风扇，则这一摩擦损耗为

$$p'_{FM} = 1.1QV^2 + 9.81\frac{Q_H}{\eta_B} \tag{3-206}$$

式中　Q_H ——风扇所产生的压力（kg/m^2）；

　　　η_B ——风扇的效率，可取 $\eta_B = 0.2\sim 0.3$。

（4）总的机械损耗

$$p_J = p_{ZC} + p_{SH} + p_{FM} \tag{3-207}$$

6. 发电机的总损耗

$$\sum p = p_{Ti} + p_{BTO} + p_{FJ} + p_J \tag{3-208}$$

7. 发电机的效率

$$\eta = \frac{P_H\cos\varphi}{P_H\cos\varphi + \sum p} \tag{3-209}$$

这一效率即发电机额定负载下的效率，应该不低于技术要求中所规定的数值。

容量为 $3\sim 100kVA$ 的同步发电机，其效率应不小于 0.85。容量愈大的电机，其效率也愈高。

3.3　电磁计算例题

三相交流发电机的额定数据：

（1）容量 $P_H = 30kVA$。

（2）额定电压 $U_H = 120V$。

（3）功率因数 $\cos\varphi = 0.75$。

（4）转速 $n = 6000r/min$。

（5）频率 $f = 400Hz$。

（6）过载要求：在额定功率因数下的短时（5分钟）功率为 $1.5P_H$。

（7）发电机备有专用励磁机，二者装在同一机壳内，轴子同轴安装，发电机用法兰固定；发电机采用旋转凸极式结构。

（8）冷却条件：发电机与励磁机靠通风冷却。

电磁计算步骤：

1. 确定发电机的主要尺寸

发电机的结构方案给定如下：

（1）发电机极对数

$$p = \frac{60f}{n} = \frac{60 \times 400}{6000} = 4 \tag{3-210}$$

（2）发电机电枢内径

预取气隙磁通密度 $B_\delta = 0.63$T；电枢线负荷 $A_S = 410 \times 10^2$A/m，绕组系数 $k_{dp} = 0.91$；电动势与电压的比值 $K_E = E_i/U_H = 1.12$；实际极弧系数 $\alpha_p = 0.6$，查图 3-1 曲线知计算极弧系数 $\alpha = 0.66$。

这样发电机的

$$D^2l = \frac{5.5K_E \times 10^3}{\alpha_p' k_{dp} B_\delta A_S n} = \frac{5.5 \times 1.12 \times 30 \times 10^3}{0.66 \times 0.91 \times 0.63 \times 410 \times 10^2 \times 6000}\text{m}^3 = 1.98 \times 10^{-3}\text{m}^3$$

再取电枢长度与直径的比值 $l/D = 0.53$，则得电枢直径（m）

$$D = \sqrt[3]{\frac{D^2l}{\frac{l}{D}}} = \sqrt[3]{\frac{1.98 \times 10^{-3}}{0.53}}\text{m} = 0.155\text{m} \tag{3-211}$$

（3）发电机电枢长度

$$l = 0.53D = 0.53 \times 0.155\text{m} = 8.2 \times 10^{-2}\text{m} \tag{3-212}$$

（4）极距

$$\tau = \frac{\pi D}{2p} = \frac{3.14 \times 0.155\text{m}}{8} = 0.0608\text{m} \tag{3-213}$$

2. 交流绕组及电枢槽形设计

（1）每极磁通

$$\phi = \alpha_p' \tau l B_\delta = 0.66 \times 6.08 \times 8.2 \times 10^{-4} \times 0.63\text{Wb} = 2.07 \times 10^{-3}\text{Wb}$$

（2）每相串联匝数

$$W = \frac{E_i}{4.44k_{dp}f\phi} = \frac{134\text{V}}{4.44 \times 0.91 \times 400\text{Hz} \times 2.07 \times 10^{-3}\text{Wb}} = 40\text{ 匝} \tag{3-214}$$

式中

$$E_i = K_E U_H = 1.12 \times 120\text{V} = 134\text{V} \tag{3-215}$$

（3）选用分数槽绕组，取

$$q = 2\frac{1}{2} = 2.5 \tag{3-216}$$

（4）电枢总槽数

$$Z = 2pmq = 8 \times 3 \times 2.5 = 60 \tag{3-217}$$

这样，以槽数为单位的极距为

$$\tau = \frac{Z}{2p} = \frac{60}{8} = 7.5 \tag{3-218}$$

即每一极距内有 7.5 个槽。

（5）绕组型式

采用双层短距绕组，为削弱 5 次谐波，应使绕组节距

$$y = \frac{y_1}{\tau} = \frac{4}{5} = 0.8 \qquad (3\text{-}219)$$

今 $\tau = 7.5$，所以绕组节距为

$$y_1 = \beta\tau = 0.8 \times 7.5 = 6 \qquad (3\text{-}220)$$

即每一绕组元件跨 6 个槽。

（6）每元件匝数

每相绕组不采用并联支路，所以每元件匝数为

$$W_c = \frac{m}{Z}W = \frac{3}{60} \times 40 = 2 \qquad (3\text{-}221)$$

所以每槽导体数 $\qquad n_c = 2W_c = 2 \times 2 = 4$

（7）绕组系数

$$k_{dp} = k_{d1}k_{p1} = 0.957 \times 0.95 = 0.91 \qquad (3\text{-}222)$$

其中分布系数为

$$k_{d1} = \frac{\sin\dfrac{\pi}{2m}}{q'\sin\dfrac{\pi}{2mq'}} = \frac{\sin 30°}{5\sin\dfrac{30°}{5}} = 0.957 \qquad (3\text{-}223)$$

短矩系数

$$k_{p1} = \sin\left(\beta \times \frac{\pi}{2}\right) = \sin(0.8 \times 90°) = \sin 72° = 0.95 \qquad (3\text{-}224)$$

不采用斜槽，故斜槽系数 $k_{ck} = 1$

可见预取的 k_{dp} 与实际的 k_{dp} 相同，故不必重新计算 D^2l。

（8）交流绕组导线规格

先计算额定电流

$$I_H = \frac{P_H \times 10^3}{mU_H} = \frac{30000\text{VA}}{3 \times 120\text{V}} = 83.4\text{A} \qquad (3\text{-}225)$$

取电枢绕组电流密度 $j_H = 14.5\text{A/mm}^2$，则电枢绕组导线截面积为

$$S'_x = \frac{I_H}{j_H} = \frac{83.4\text{A}}{14.5\text{A/mm}^2} = 5.72\text{mm}^2 \qquad (3\text{-}226)$$

采用 QZB 矩形导线，选用 $a \times b = 1.68 \times 3.53\text{mm}^2$ 的导线，其截面积为

$$S_x = 5.72 = S'_x \qquad (3\text{-}227)$$

这种漆包线的最大尺寸（即包括漆层）为 $A = 1.79\text{mm}$，$B = 3.66\text{mm}$。

（9）电枢槽形及其尺寸

由于采用了矩形导线，所以宜用半开口矩形槽。

今每槽导体数 $n_c = 4$，所以槽形如图 3-34 所示，槽绝缘采用两层薄膜，厚度为 0.1mm。

槽的尺寸：

槽宽

$$b_c = 2A + 2\Delta_1 + (0.3 \sim 0.5)$$
$$= 2 \times 1.79\text{mm} + 2 \times 0.2\text{mm} + 0.42\text{mm}$$
$$= 4.4\text{mm} \tag{3-228}$$

槽深

$$h_c = 2B + 3\Delta_1 + \Delta_2 + h_5 + h_6 + (0.25 \sim 0.8)$$
$$= 2 \times 3.66\text{mm} + 3 \times 0.2\text{mm} + 0.2\text{mm} +$$
$$0.3\text{mm} + 0.38\text{mm}$$
$$= 10\text{mm} \tag{3-229}$$

其中槽绝缘厚度

$$\Delta_1 = 2 \times 0.1\text{mm} = 0.2\text{mm} \tag{3-230}$$

层间绝缘厚度

$$\Delta_2 = 2 \times 0.1\text{mm} = 0.2\text{mm} \tag{3-231}$$

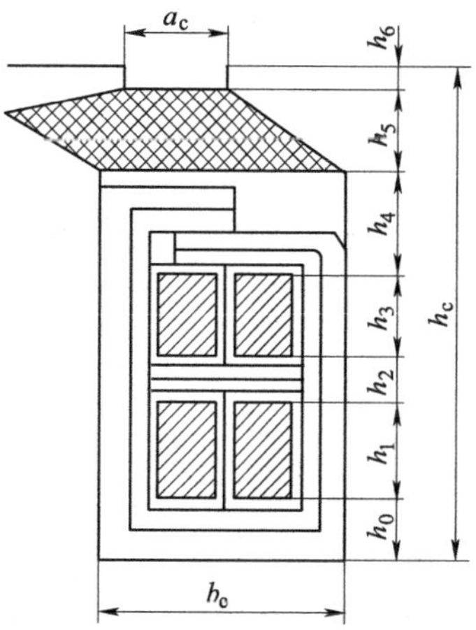

图 3-34 槽形尺寸

槽楔

$$h_5 = 1.2\text{mm} \tag{3-232}$$

槽口高度

$$h_6 = 0.3\text{mm} \tag{3-233}$$

槽宽与槽高方向的余量取 0.42mm 和 0.38mm。

另外，取槽口宽度

$$a_c = 2.5\text{mm} \tag{3-234}$$

（10）检查槽满率

槽面积

$$S_c = b_c h_c = 4.4\text{mm} \times 10\text{mm} = 44\text{mm}^2 \tag{3-235}$$

所以槽满率

$$k_{cm} = \frac{n_c S_x}{S_c} = \frac{4 \times 5.72}{44} = 0.52 \tag{3-236}$$

可见槽满率是正常的。

（11）检查齿磁通密度

梯形齿（矩形槽）的最大磁通密度为

$$B_{Z\max} = \frac{t_Z}{k_{c1}(t_Z - b_c)}B_\delta = \frac{8.1}{0.92 \times (8.1 - 4.4)} \times 0.63\text{T} = 1.5\text{T} \tag{3-237}$$

其中齿距

$$t_Z = \frac{\pi D}{Z} = \frac{3.14 \times 155\text{mm}}{60} = 8.1\text{mm} \tag{3-238}$$

可见齿中最大磁通密度是适中的。

通过槽满率和齿中磁通密度的检查，表明以上槽形尺寸的设计是合适的。

（12）电枢绕组的平均匝长

绕组的端部长度

$$l_\Lambda = 2a' + 2b' + \frac{y_{1/2}}{\sqrt{1 - \left(\frac{b_K + \Delta}{t_{Z/2}}\right)^2}} + \pi\left(r + \frac{h_K}{2}\right)$$

$$= 2 \times 0.1\text{cm} + 2 \times 0.25\text{cm} + \frac{5.2\text{cm}}{\sqrt{1 - \left(\frac{0.4 + 0.1}{0.867}\right)^2}} + 3.14 \times \left(0.353 + \frac{0.37}{2}\right)\text{cm}$$

$$= 8.8\text{cm}$$

$$= 8.8 \times 10^{-2}\text{m} \tag{3-239}$$

其中电枢端板厚度 $a' = 0.1\text{cm} = 1\text{mm}$；

槽绝缘伸出长度 $b' = 0.25\text{cm} = 2.5\text{mm}$；

按槽深一半处测量的线圈宽度

$$y_{1/2} = \beta \frac{\pi(D + h_z)}{2p}$$

$$= 0.8 \times \frac{3.14 \times (0.155 + 0.01)\text{m}}{8}$$

$$= 5.2 \times 10^{-2}\text{m} \tag{3-240}$$

线圈元件边的宽度

$$b_K = 2A = 2 \times 0.179\text{cm} \approx 0.4\text{cm} \tag{3-241}$$

相邻两线圈元件边的间隙取为

$$\Delta = 0.1\text{cm} \tag{3-242}$$

按槽深一半处测量的槽距

$$t_{Z/2} = \frac{\pi(D + h_z)}{Z} = \frac{3.14(1.55 + 1.0)}{60}\text{cm} \times 10^{-2} = 0.867 \times 10^{-2}\text{cm} \tag{3-243}$$

线圈端部圆角的半径

$$r = b = 0.353 \times 10^{-2}\text{m} \tag{3-244}$$

线圈元件边的高度

$$h_K = B = 0.366 \times 10^{-2}\text{m} \approx 0.37 \times 10^{-2}\text{m} \tag{3-245}$$

这样，电枢绕组的平均匝长

$$l_{cp} = 2(l + l_\Lambda) = 2 \times (8.2 + 8.8) \times 10^{-2}\text{m} = 0.34\text{m} \tag{3-246}$$

（13）电枢绕组每相电阻

在20℃时的直流电阻

$$r_a = \frac{l_{cp}W}{5700S_x} = \frac{34 \times 40}{5700 \times 5.72}\Omega = 0.0417\Omega \tag{3-247}$$

发电机工作温度要求不超过100℃，因此相对20℃的温升为

$$\Delta T = 100℃ - 20℃ = 80℃ \tag{3-248}$$

这样，在100℃时的直流电阻为

$$r_R = r_a(1 + 0.0038\Delta T) = 0.0417\Omega(1 + 0.0038 \times 80) = 0.054\Omega \tag{3-249}$$

每相绕组的有效电阻

$$r_y = k_r r_R = 1.2 \times 0.054\Omega = 0.065\Omega \tag{3-250}$$

其中趋肤效应系数

$$k_r = 1 + \frac{n_2^2 - 0.2}{9(1 + \lambda)} b^4 \left(\frac{f}{50}\right)^2$$

$$= 1 + \frac{2^2 - 0.2}{9(1 + 1.07)}(0.353)^4 \left(\frac{400}{50}\right)^2$$

$$= 1.2 \tag{3-251}$$

式中 n_2——沿槽高的导线数目，$n_2 = 2$；

λ——绕组元件端部长度与有效部分长度之比，且

$$\lambda = \frac{l_\Lambda}{l} = \frac{8.8 \times 10^{-2}}{8.2 \times 10^{-2}} = 1.07 \tag{3-252}$$

（14）电枢绕组每相漏抗

对于现在所采用的槽形及绕组结构（见图3-34），槽漏磁导系数

$$\lambda_c = \frac{1}{4}\left[k_1 \frac{h_1}{b_c} + \frac{h_2}{b_c} + k_2\left(\frac{h_4}{b_c} + \frac{2h_5}{b_c + a_c} + \frac{h_6}{a_c}\right)\right]$$

$$= \frac{1}{4}\left[2.37\frac{3.53}{4.4} + \frac{0.46}{4.4} + 3.4 \times \left(\frac{0.65}{4.4} + \frac{2 \times 1.2}{4.4 + 2.5} + \frac{0.3}{2.5}\right)\right]$$

$$= 1.03 \tag{3-253}$$

式中

$$\begin{cases} k_1 = 1.5y + 1.17 = 1.5 \times 0.8 + 1.17 = 2.37 \\ k_2 = 3y + 1 = 3 \times 0.8 + 1 = 3.4 \end{cases} \tag{3-254}$$

齿顶漏磁导系数

$$\lambda_{cd} = \frac{(3y + 1)\delta}{4(a_c + 0.8\delta)} \cdot \frac{b_p}{\tau} = \frac{(3 \times 0.8 + 1) \times 1}{4 \times (2.5 + 0.8 \times 1)} \times 0.6 = 0.155 \tag{3-255}$$

这里气隙长度 $\delta = 1\text{mm}$。

端部漏磁导系数

$$\lambda_\Lambda = \left(0.42 - 0.27\frac{y\tau}{l_\Lambda}\right)q = \left(0.42 - 0.27 \times \frac{0.8 \times 6.08}{8.8}\right) \times 2.5 = 0.68 \tag{3-256}$$

差漏抗

$$X_{s\partial} = \frac{5}{8}\left(\frac{1}{mq}\right)^2 X_{ad} = \frac{5}{8} \times \left(\frac{1}{3 \times 2.5}\right)^2 \times 2.16\Omega = 0.024\Omega \tag{3-257}$$

这里预取直轴电枢反应电抗 $X_{ad}^* \approx X_d^* = 1.5$，即

$$X_{ad} = X_{ad}^* \frac{U_H}{I_H} = 1.5 \times \frac{120\text{V}}{83.4\text{A}} = 2.16\Omega \tag{3-258}$$

于是，每相绕组漏抗

$$X_s = 1.58 \times 10^{-7} f \frac{W^2}{pq}\left[(\lambda_c + \lambda_{cd})l + \lambda_\Lambda l_\Lambda\right] + X_{s\partial}$$

$$= 1.58 \times 10^{-7} \times 400 \times \frac{40}{4 \times 2.5}\left[(1.03 + 0.155) \times 8.2 + 0.68 \times 8.8\right]\Omega + 0.024\Omega$$

$$= 0.183\Omega \tag{3-259}$$

（15）校核电动势

额定负载时的电阻压降和漏抗压降为

$$\begin{cases} I_H r_y = 83.4A \times 0.065\Omega = 5.5V \\ I_H X_s = 83.4A \times 0.183\Omega = 15.2V \end{cases} \tag{3-260}$$

于是额定负载时的电动势为

$$\begin{aligned} E_i &= \sqrt{(U_H \cos\varphi + I_H r_y)^2 + (U_H \sin\varphi + I_H X_s)^2} \\ &= \sqrt{(120 \times 0.75 + 5.5)^2 + (120 \times 0.66 + 15.2)^2}\,V \\ &= 134V \end{aligned} \tag{3-261}$$

比值

$$K_E = \frac{E_i}{U_H} = \frac{134V}{120V} = 1.118 \tag{3-262}$$

可见，比值 $K_E = 1.118$ 与预先假定的 $K_E = 1.12$ 基本相等，所以不重算。

（16）交流绕组展开图

先列出槽号分配表

现 $Z = 60$，$2p = 8$，$m = 3$，$q = \dfrac{5}{2}$，$y_1 = 6$，并采用 60°相带，所以槽号分配见表 3-10。

表 3-10　槽号分配表

极性	相　别								
	A			C			B		
N	1	2	3	4	5	6	7	8
S	9	10	11	12	13	14	15	
N	16	17	18	19	20	21	22	23
S	24	25	26	27	28	29	30	
N	31	32	33	34	35	36	37	38
S	39	40	41	42	43	44	45	
N	46	47	48	49	50	51	52	53
S	54	55	56	57	58	59	60	

然后根据表 3-10 的槽号分配规律，画出绕组展开图，如图 3-35 所示。

（17）实际的电磁负荷

根据以上确定的发电机主要尺寸与绕组数据，实际的线负荷为

$$A_s = \frac{2mWI_H}{\pi D} = \frac{2 \times 3 \times 40 \times 83.4A}{3.14 \times 0.155m} = 410 \times 10^2 A/m = 4.1 \times 10^4 A/m \tag{3-263}$$

产生 $E_i = 134V$ 电动势所需的每极磁通为

$$\phi = \frac{E_i}{4.44 f k_{dp} W} = \frac{134Wb}{4.44 \times 400 \times 0.91 \times 40} = 2.08 \times 10^{-3}Wb \tag{3-264}$$

相应的磁通密度为

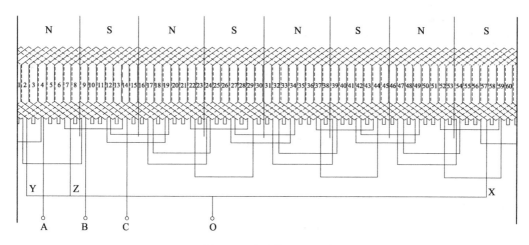

图 3-35　交流绕组展开图

$$B_\delta = \frac{\phi}{\alpha'_p \tau l} = \frac{2.08 \times 10^{-3} \text{Wb}}{0.66 \times 6.08\text{m} \times 8.2 \times 10^{-4}\text{m}} = 0.63\text{T} \qquad (3\text{-}265)$$

可见电磁负荷与预取的相同。

3. 磁路计算

（1）确定各段磁路尺寸

1）气隙段磁路

$$\delta = \frac{0.36 A_S \tau}{k'(x_\text{d}^* - 0.1)B_\delta} = \frac{0.36 \times 4.1 \times 10^4 \text{A/m} \times 6.08 \times 10^{-2}}{(1.5 - 0.1) \times 0.63 \times 10^4 \text{T}} \approx 1 \times 10^{-3}\text{m} \quad (3\text{-}266)$$

这里 $k' \approx 1$，因附加气隙很小，x_d^* 预取为 1.5，根据上式计算，取气隙长度 $\delta = 1\text{mm}$。

气隙系数为

$$k_{\delta1} = \frac{t_Z}{t_Z - \dfrac{a_c^2/\delta^2}{5 + a_c/\delta}} = \frac{8.1}{8.1 - \dfrac{2.5^2/1}{5 + 2.5/1}} = 1.11 \qquad (3\text{-}267)$$

$$k_{\delta2} = \frac{t_y}{t_y - \dfrac{a_y^2/\delta^2}{5 + a_y/\delta}} = \frac{6.5}{6.5 - \dfrac{2.2^2/1}{5 + 2.2/1}} = 1.11 \qquad (3\text{-}268)$$

式中　t_y, a_y——转子极掌上阻尼槽槽距与槽口宽度（见阻尼绕组设计），且 $t_y = 6.5\text{mm}$，
$a_y = 2.2\text{mm}$。

这样总的气隙系数

$$k_\delta = k_{\delta1}k_{\delta2} = 1.11 \times 1.11 = 1.23 \qquad (3\text{-}269)$$

气隙段磁路长度为

$$L_\delta = 2k_\delta\delta = 2 \times 1.23 \times 1 \times 10^{-3}\text{m} = 0.246 \times 10^{-2}\text{m} \qquad (3\text{-}270)$$

2）齿段磁路

齿的尺寸在前面设计槽形时已确定，而齿段磁路长度为

$$L_Z = 2h_Z = 2 \times 10^{-2}\text{m} \qquad (3\text{-}271)$$

3）电枢轭段磁路

取电枢轭中的磁通密度为 $B_{j1} = 1.255T$，则电枢轭磁路的截面积为

$$S_{j1} = \frac{\phi}{2B_{j1}} = \frac{2.08 \times 10^{-3} Wb}{2 \times 1.225T} = 8.25 \times 10^{-4} m^2 \qquad (3-272)$$

电枢冲片采用 D410.35mm 厚钢片。

电枢轭高

$$h_{j1} = \frac{S_{j1}}{k_{c1}l} = \frac{8.25 \times 10^{-4} m^2}{0.92 \times 8.2 \times 10^{-2} m} = 1.1 \times 10^{-2} m \qquad (3-273)$$

式中，$k_{c1} = 0.92$。

电枢冲片外径

$$D_H = D + 2h_z + 2h_{j1} = (15.5 + 2 \times 1 + 2 \times 1.1) \times 10^{-2} m = 0.197m$$

电枢轭段磁路长度

$$L_{j1} = \frac{\pi(D + 2h_z + h_{j1})}{2p} = \frac{3.14(0.155 + 2 + 1.1) \times 10^{-2} m}{8} = 7.3 \times 10^{-2} m$$

4）磁极段磁路

磁极采用 DT10.5mm 厚纯铁片叠成，预取磁极漏磁系数 $\sigma = 1.15$。

磁极极身截面积为

$$S_m = \frac{\phi_m}{B_m} = \frac{\sigma\phi}{B_m} = \frac{1.15 \times 2.08 \times 10^{-3} Wb}{1.51T} = 0.158 \times 10^{-4} m^2 \qquad (3-274)$$

这里取极身中的磁通密度为 $B_m = 1.51T$。

磁极的轴向长度取为

$$l_m = l + 0.5 = (8.2 + 0.5) \times 10^{-2} m = 8.7 \times 10^{-2} m \qquad (3-275)$$

极身宽

$$b_m = \frac{S_m}{k_{c2}l_m} = \frac{15.8 \times 10^{-4} m^2}{0.95 \times 8.7 \times 10^{-2} m} = 1.9 \times 10^{-2} m \qquad (3-276)$$

式中，$k_{c2} = 0.95$。

极掌中心高度

$$\begin{aligned} h_p &= 0.2(b_p - b_m) + D_y \\ &= [0.2(3.65 - 1.9) + 0.39] \times 10^{-2} m \\ &\approx 0.7 \times 10^{-2} m \end{aligned} \qquad (3-277)$$

极掌尖高度

$$\begin{aligned} h'_p &= h_p + \sqrt{R_p^2 - (0.5b_p)^2} - R_p \\ &= [0.7 + \sqrt{7.65^2 - (0.5 \times 3.65)^2} - 7.65] \times 10^{-2} m \\ &= 0.5 \times 10^{-2} m \end{aligned} \qquad (3-278)$$

式中 R_p——转子极掌半径，由于现在采用均匀气隙，故而

$$R_p = \frac{D - 2\delta}{2} = \frac{(15.5 - 2 \times 0.1) \times 10^{-2} m}{2} = 7.65 \times 10^{-2} m \qquad (3-279)$$

b_p——实际的极弧宽度，且

$$b_p = \alpha_p \tau = 0.6 \times 6.08 \times 10^{-2}\text{m} = 3.65 \times 10^{-2}\text{m} \tag{3-280}$$

转子轭外径

$$D_K = \frac{2p(b_m + b_\Delta)}{\pi} = \frac{8 \times (1.9 + 1) \times 10^{-2}}{3.14} = 7.4 \times 10^{-2}\text{m} \tag{3-281}$$

这里取 $b_\Delta = 1\text{cm}$。

极身高

$$h_m = \frac{1}{2}(D - 2\delta - 2h_p - D_K) = \frac{1}{2}(15.5 - 0.2 - 2 \times 0.7 - 7.4) \times 10^{-2}\text{m} = 3.25 \times 10^{-2}\text{m} \tag{3-282}$$

极身侧面高度即励磁线圈窗口的高度为

$$h'_m = h_m + 0.5D_K - 0.5\sqrt{D_K^2 - b_m^2}$$
$$= (3.25 + 0.5 \times 7.4 - 0.5\sqrt{7.4^2 - 1.9^2}) \times 10^{-2}\text{m} = 3.37 \times 10^{-2}\text{m} \tag{3-283}$$

磁极段磁路长度

$$L_m = 2h'_m = 2 \times 3.37 \times 10^{-2}\text{m} = 6.74 \times 10^{-2}\text{m} \tag{3-284}$$

5）转子轭段磁路

转子轭采用铸钢为材料，取转子轭中的磁通密度为 $B_{j2} = 1.25\text{T}$，所以转子轭的截面积

$$S_{j2} = \frac{\phi_m}{2B_{j2}} = \frac{\sigma\phi}{2B_{j2}} = \frac{1.15\text{m} \times 2.08 \times 10^{-3}\text{Wb}}{2 \times 1.25\text{T}} = 9.57 \times 10^{-4}\text{m}^2 \tag{3-285}$$

转子轭高

$$h_{j2} = \frac{S_{j2}}{l_m} = \frac{9.57 \times 10^{-4}\text{m}^2}{8.7 \times 10^{-2}\text{m}} = 1.1 \times 10^{-2}\text{m} \tag{3-286}$$

转子轭内径

$$D_N = D_K - 2h_{j2} = (7.4 - 2 \times 1.1) \times 10^{-2}\text{m} = 5.2 \times 10^{-2}\text{m} \tag{3-287}$$

转子轭段路长度

$$L_{j2} = \frac{\pi(D_K + D_N)}{2 \times 2p} = \frac{3.14 \times (7.4 + 5.2) \times 10^{-2}\text{m}}{2 \times 8} = 2.5 \times 10^{-2}\text{m} \tag{3-288}$$

6）附加气隙

为了励磁线圈的安装工艺方便可行，采用磁极与转子轭分段的结构，因而磁极与转子轭间有一个装配气隙，即附加气隙，该气隙长度为 $\delta' = 0.003\text{cm}$，所以附加气隙段磁路的长度为

$$L'_\delta = 2\delta' = 2 \times 0.003\text{cm} = 0.006\text{cm} \tag{3-289}$$

7）磁路草图

根据以上设计数据，画出磁路草图，如图 3-36 所示。

（2）各段磁路磁动势的计算

产生额定电动势 $E_i = 134\text{V}$ 所需要的气隙磁通，前面已算出为

$$\phi = 2.08 \times 10^{-3}\text{Wb}$$

相应的气隙磁通密度为

$$B_\delta = 0.63\text{T}$$

为保证这一磁通通过磁路，所需要的各段磁路磁动势计算如下：

1）气隙段磁路磁动势

$$F_\delta = H_\delta L_\delta = 0.8 B_\delta L_\delta = 0.8 \times 0.63 \times 0.246 \times 10^4\ 安匝$$
$$= 1240\ 安匝$$

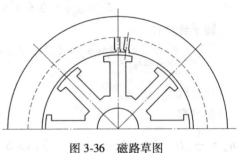

图 3-36　磁路草图

2）电枢齿段磁路磁动势

对于梯形齿，可用离齿顶 1/3 齿高处齿界面上的磁通密度作为齿的平均磁通密度，该磁通密度为

$$B'_{z/3} = \frac{t_z}{k_{c1} b_{z/3}} B_\delta = \frac{8.1}{0.92 \times 4.1} \times 0.63\text{T} = 1.35\text{T} \tag{3-290}$$

式中　$b_{z/3}$——离齿顶 1/3 齿高处的齿宽，且

$$b_{z/3} = \frac{\pi \left(D + \frac{2}{3} h_z\right)}{z} - b_c = \frac{3.14 \left(15.5 + \frac{2}{3} \times 1\right) \times 10^{-2}\text{m}}{60} - 0.44 \times 10^{-3}\text{m} = 0.41 \times 10^{-3}\text{m} \tag{3-291}$$

现 $B'_{z/3} = 1.35\text{T} < 1.8\text{T}$，因此可以认为 $B_{z/3} = B'_{z/3}$

查 0.35mm 的 D41 硅钢片磁化曲线，对应于 $B_{z/3} = 1.35\text{T}$ 的磁场强度 $H_z = 900\text{A/m}$。

电枢齿段磁路磁动势为

$$F_z = H_z L_z = 2 \times 9\text{A} = 18\text{A} \tag{3-292}$$

3）电枢轭段磁路磁动势

电枢轭中的磁通密度为

$$B_{j1} = \frac{\phi}{2 S_{j1}} = \frac{\phi}{2 \times 8.25 \times 10^{-4}\text{m}^2} = 6.06\phi \times 10^3 = 0.606 \times 2.08\text{T} = 1.26\text{T} \tag{3-293}$$

查 0.35mm 厚的 D41 硅钢片磁化曲线，对应于 $B_{j1} = 1.26\text{T}$ 的磁场强度为

$$H_{j1} = 450\text{A/m}$$

电枢轭段磁路磁动势为

$$F_{j1} = H_{j1} L_{j1} = 0.073 \times 450\text{A} = 33\text{A}$$

4）计算磁极漏磁

极掌内表面漏磁导为

$$\Lambda_{s1} = \frac{l_m \dfrac{2h_p + h'_p}{3}}{0.8 a_p} = \frac{8.7 \times 10^{-2} \times \dfrac{2 \times 0.7 + 0.5}{3} \times 10^{-6}}{0.8 \times 2.17 \times 10^{-2}}\text{Wb/A} = 3.17 \times 10^{-8}\text{Wb/A}$$

式中

$$a_p = \frac{\pi (D - 2\delta - h'_p)}{2p} - b_p = \left[\frac{3.14 \times (15.5 - 2 \times 0.1 - 0.5)}{8} - 3.65\right] \times 10^{-2}\text{m}$$
$$= 2.17 \times 10^{-2}\text{m}$$

极掌端面间漏磁导为

$$\Lambda_{s2} = 2 \times \frac{2h_p + h_p'}{3} \lg\left(1 + \frac{\pi b_p}{2a_p}\right) \times 10^{-6}$$

$$= 2 \times \frac{2 \times 0.7 + 0.5}{3} \lg\left(1 + \frac{3.14 \times 3.65}{2 \times 2.17}\right) \times 10^{-8}$$

$$= 0.84 \times 10^{-8} \text{Wb/A} \tag{3-294}$$

极身内表面间漏磁导：考虑到励磁绕组不是均匀分布在磁极表面，而是分级分布，即靠近极身根部，励磁绕组匝数最少，越往极尖，匝数越多。因而极身内表面平均漏磁导公式中的"1/2"应该"1/3"代替，这样

$$\Lambda_{s3} = \frac{l_m h_m'}{3 \times 0.8 a_m} = \frac{8.7 \times 3.37}{3 \times 0.8 \times 2.28} \times 10^{-8} \text{Wb/A} = 5.35 \times 10^{-8} \text{Wb/A} \tag{3-295}$$

其中

$$a_m = \frac{\pi(D - 2\delta - 2h_p - h_m)}{2p} - b_m$$

$$= \left[\frac{3.14 \times (15.5 - 2 \times 0.1 - 2 \times 0.7 - 3.25)}{8} - 1.9\right] \times 10^{-2} \text{m}$$

$$= 2.28 \times 10^{-2} \text{m} \tag{3-296}$$

极身端面间漏磁导

$$\Lambda_{s4} = \frac{2}{3} h_m' \lg\left(1 + \frac{\pi b_m}{2a_m}\right) \times 10^{-8} = \frac{2}{3} \times 3.37 \lg\left(1 + \frac{3.14 \times 1.9}{2 \times 2.28}\right) \times 10^{-8} \text{Wb/A} = 0.818 \times 10^{-8} \text{Wb/A}$$

这里，同样考虑到励磁绕组在极身上分级分布，使中的"1/2"用"1/3"代替。这样，磁极间总漏磁导为

$$\Lambda_s = \Lambda_{s1} + \Lambda_{s2} + \Lambda_{s3} + \Lambda_{s4} = (2.17 + 0.84 + 5.35 + 0.818) \times 10^{-8} \text{Wb/A}$$

$$= 9.18 \times 10^{-8} \text{Wb/A}$$

所以磁极漏磁通为

$$\phi_s = 2F_{\delta zj1}\Lambda_s = 2(F_\delta + F_z + F_{j1})\Lambda_s$$

$$= 2(1240 + 18 + 33)\text{A} \times 9.18 \times 10^{-8} \text{Wb/A}$$

$$= 2.37 \times 10^{-4} \text{Wb} \tag{3-297}$$

5）磁极磁通与漏磁系数

磁极磁通为

$$\phi_m = \phi + \phi_s = (2.08 \times 10^{-3} + 2.37 \times 10^{-4})\text{Wb} = 2.317 \times 10^{-3} \text{Wb}$$

漏磁系数为

$$\sigma = \frac{\phi_m}{\phi} = \frac{2.317}{2.08} = 1.11$$

可见实际的漏磁系数 1.11 与假定的 1.15 相差不多。

6）磁极段磁路磁动势

极身中的磁通密度为

$$B_m = \frac{\phi_m}{S_m} = \frac{\phi_m}{15.8 \times 10^{-4} \text{m}^2} = 0.633 \times 10^3 \text{m}^{-2}, \quad \phi_m = 0.633 \times 2.317 \text{T} = 1.47 \text{T}$$

查 DT1 钢片磁化曲线，得到对应于 $B_m = 1.47T$ 的磁场强度

$$H_m = 700 A/m$$

磁极段磁路磁动势为

$$F_m = H_m L_m = 6.74 \times 10^{-2} \times H_m = 700 \times 6.74 \times 10^{-2} A = 47A$$

7）转子轭段磁路的磁动势

转子轭中的磁通密度为

$$B_{j2} = \frac{\phi_m}{2S_{j2}} = \frac{\phi_m}{2 \times 9.57 \times 10^{-4} m^{-2}} = 0.523 \times 10^3 \phi_m m^2 = 0.523 \times 2.317 T = 1.21T$$

$$(3-298)$$

查铸钢磁化曲线，得到对应于 $B_{j2} = 1.21T$ 时的磁场强度为

$$H_{j2} = 1315 A/m$$

转子轭中的磁动势为

$$F_{j2} = H_{j2} L_{j2} = 2.5 H_{j2} = 1315 \times 2.5 \times 10^{-2} A = 33A \qquad (3-299)$$

8）磁极与转子轭间的附加气隙中的磁动势为

$$F_{\delta'} = H_{\delta'} L_{\delta'} = 0.8 B_{\delta'} L_{\delta'} = 0.8 \times 1.47 \times 10^4 \times 0.006 A = 70A \qquad (3-300)$$

9）空载励磁磁动势

产生空载励磁磁动势为 E_i 时所需要的空载励磁磁动势

$$F_B = F_\delta + F_z + F_{j1} + F_m + F_{j2} + F_{\delta'} = (1240 + 18 + 33 + 47 + 33 + 70) 安匝 = 1441 安匝$$

$$(3-301)$$

为了做出空载特性，还需要计算出产生空载电动势为 $0.7E_i$、$0.8E_i$、$0.9E_i$、E_i、$1.1E_i$、$1.2E_i$ 和 $1.3E_i$ 时所需要的空载励磁磁动势，计算数据列于表 3-11。

表 3-11 磁路计算表

参 数	单位	空载电动势						
E_0	V	$0.7E_i$ =94	$0.8E_i$ =107	$0.9E_i$ =120	E_i =134	$1.1E_i$ =147	$1.2E_i$ =161	$1.3E_i$ =174
$\phi = \dfrac{E_0}{4.44 K_{dp} W f} = 1.55 \times 10^{-5} E_0$	10^{-3}Wb	1.46	1.66	1.86	2.08	2.28	2.5	2.7
$B_\delta = \dfrac{\phi}{\alpha'_p \tau l} = 3.04 \times 10^{-2} \phi$	T	0.444	0.504	0.565	0.63	0.693	0.76	0.82
$B_{z/3} = \dfrac{t_z B_\delta}{k_{c1} b_{z/3}} = 2.145 B_\delta$	T	0.953	1.08	1.21	1.35	1.49	1.63	1.76
$B_{j1} = \phi/2 s_{j1} = 6.06\phi \times 10^{-2}$	T	0.885	1.01	1.1250	1.26	1.38	1.515	1.635
H_Z	A/m	100	200	300	900	2700	6400	11800
H_{j1}	A/m	50	100	200	400	1200	3100	6500
$F_\delta = 0.8 L_\delta B_\delta = 0.197 B_\delta$	A	875	994	1110	1240	1370	1500	1620
$F_Z = L_z H_Z = 2 H_Z$	A	2	4	6	18	54	128	236
$F_{j1} = L_{j1} H_{j1} = 7.3 H_{j1}$	A	3.7	7.3	14.6	33	87.6	236	475
$F_{\delta z j1} = F_\delta + F_z + F_{j1}$	A	881	1005	1133	1291	1512	1864	2331

（续）

参　　数	单位	空载电动势						
$\phi_s = 2F_{\delta z j1} \Lambda_s = 18.36 F_{\delta z j1}$	10^{-3}Wb	1.61	1.845	2.08	2.37	2.75	3.42	4.28
$\phi_m = \phi_s + \phi$	10^{-3}Wb	1.62	1.85	2.07	-3.2	2.56	2.84	3.13
$\sigma = \dfrac{\phi_m}{\phi}$		1.11	1.112	1.112	1.114	1.122	1.136	1.16
$B_m = \dfrac{\phi_m}{S_m} = 0.0633\phi_m$	T	1.025	1.17	1.31	1.47	1.62	1.8	1.98
$B_{j2} = \dfrac{\phi_m}{2S_{j2}} = 0.0523\phi_m$	T	0.85	0.97	1.08	1.21	1.34	1.48	1.64
H_m	A/m	300	350	440	700	1600	8400	20000
H_{j2}	A/m	745	885	1056	1315	1760	2710	470
$F_m = L_m H_m = 6.74 H_m$	A	20	23.6	30	47	108	566	1350
$F_{j2} = L_{j2} H_{j2} = 2.5 H_{j2}$	A	18.6	22	26	33	44	68	117
$F_{\delta'} = 0.8 L_{\delta'} B_m = 0.0048 B_m$	A	49	56	63	70	78	86	95
$F_{mj2\delta'} = F_m + F_{j2} + F_{\delta'}$	A	88	102	119	150	230	722	1562
$F_B = F_\delta + F_Z + F_{j1} + F_m + F_{j2} + F_{\delta'}$	A	969	1107	1252	1441	1742	2586	3892

10）空载特性

根据表 3-11 数据做出空载特性 $E_0 = f(F_B)$，以及磁路的部分磁化曲线为

$$\begin{cases} \phi = f(F_{\delta z j1}) \\ \phi_s = f_s(F_{\delta z j1}) \\ \phi_m = f_m(F_{mj2\delta'}) \end{cases} \tag{3-302}$$

4. 确定额定负载及 1.5 倍额定负载时的励磁磁动势

（1）额定负载时的励磁磁动势

1）额定负载时的电枢磁动势为

$$F_a = \frac{0.9 m k_{dp} W I_H}{p} = \frac{0.9 \times 3 \times 0.91 \times 40 \times 83.4}{4}\text{A} = 2050\text{A}$$

2）电枢反应系数，查图 3-19 可知：

$$k_{ad} = 0.88$$
$$k_{aq} = 0.42$$

3）电枢绕组漏阻抗压降

$$I_H r_y = 5.5\text{V}$$
$$I_H X_s = 15.2\text{V}$$

4）在空载特性的直线部分可查得对应磁动势

$$\frac{F_{aq}}{\cos \psi_H} = k_{aq} F_a = 0.42 \times 2050\text{A} = 860\text{A}$$

的电动势为

$$\frac{E_{aq}}{\cos\psi_H} = 83V$$

5）作矢量（见图 3-37）

①作矢量 $\boldsymbol{OC} = \boldsymbol{U}_H$，$\boldsymbol{OP} = \boldsymbol{I}_H$，$\angle POC = \varphi = \arccos 0.75 = 41.4°$；

②作矢量 $\boldsymbol{CD} = \boldsymbol{I}_H r_y$，$\boldsymbol{DA} = \boldsymbol{I}_H X_s$；

③在 DA 延长线上取 $AM = \dfrac{E_{aq}}{\cos\psi_H} = 83V$，连 OM，得 $\angle POM = \psi_H = 61.3°$，于是 $\sin\psi_H = \sin61.3° = 0.877$；

④作 $AB \perp OM$，则 $OB = E_d = 128V$。

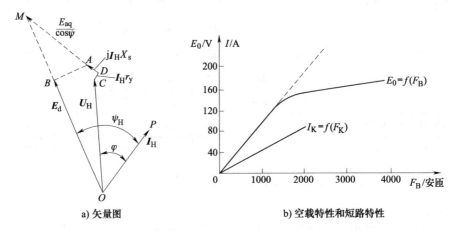

a) 矢量图　　　　　　　　　　　b) 空载特性和短路特性

图 3-37　同步电机矢量图、空载特性与短路特性

6）求产生直轴合成电动势 $E_d = 128V$ 所需要的直轴磁通为

$$\phi_d = \frac{E_d}{E_i}\phi = \frac{128}{134} \times 2.08 \times 10^{-3}Wb = 1.99 \times 10^{-3}Wb \qquad (3\text{-}303)$$

7）保证 ϕ_d 通过磁路时所需要的气隙、电枢齿、电枢轭部分磁路的磁动势

该磁势可查部分磁化曲线 $\phi = f(F_{\delta zj1})$，得到对应于 $\phi_d = 1.99 \times 10^{-3}Wb$ 的磁动势

$$F_{\delta zj1} = 1250A$$

8）直轴电枢反应磁动势

$$F'_{ad} = k_{ad}F_a\sin\psi_H = 0.88 \times 2025A \times 0.877 = 1580A$$

9）求磁极漏磁

产生磁极漏磁的磁势为

$$F_{\delta zj1} + F'_{ad} = 1250A + 1580A = 2830A$$

查漏磁曲线 $\phi_s = f(F_{\delta zj1})'$，对应于 $F_{\delta zj1} + F'_{ad} = 2830A$ 的漏磁通为

$$\phi_s = 5.2 \times 10^{-4}Wb$$

10）求磁极与转子轭部分磁路的磁动势

磁极与转子轭中的磁通

$$\phi_m = \phi_d + \phi_s = (1.99 + 0.52) \times 10^{-3}Wb = 2.51 \times 10^{-3}Wb$$

查部分磁化曲线 $\phi_m = f(F_{mj2\delta'})'$，得到对应于 $\phi_m = 2.51 \times 10^{-3}\text{Wb}$ 的磁动势

$$F_{mj2\delta'} = 220\text{A}$$

11）额定负载时的励磁磁动势

$$F_{BH} = F_{\delta zj1} + F_{ad}' + F_{mj2\delta'}$$
$$= 1250\text{A} + 1580\text{A} + 220\text{A} = 3050\text{A}$$

（2）确定 1.5 倍额定负载时的励磁磁动势

1）电枢磁动势

$$F_{a1.5} = 1.5F_a = 1.5 \times 2050\text{A} = 3075\text{A} \tag{3-304}$$

2）电枢绕组漏阻抗压降

$$I_{1.5}r_y = 1.5I_H r_y = 1.5 \times 5.5\text{V} = 8.3\text{V}$$
$$I_{1.5}X_s = 1.5I_H X_s = 1.5 \times 15.2\text{V} = 22.8\text{V} \tag{3-305}$$

3）在空载特性的直线部分可查得对应于磁动势

$$\frac{F_{aq1.5}}{\cos\psi} = k_{aq}F_{a1.5} = 0.42 \times 3075\text{A} = 1290\text{A}$$

的电动势

$$\frac{E_{aq}}{\cos\psi} = 127\text{V} \tag{3-306}$$

4）作向量（见图 3-37）：

①于向量上作 $OD' = I_{1.5}r_y$，$D'A' = I_{1.5}X_s$；

②在 $D'A'$ 延长线上，取 $A'M' = E_{aq}/\cos\psi = 127\text{V}$，连 OM' 得 $\angle P'OM' = \psi = 66.5°$，于是 $\sin\psi = \sin 66.5° = 0.916$；

③作 $A'B' \perp OM'$，则 $OB' = E_{d1.5} = 132\text{V}$

5）产生 $E_d = 132\text{V}$ 所需要的直轴磁通为

$$\phi_{d1.5} = \frac{E_{d1.5}}{E_i}\phi = \frac{132}{134} \times 2.08 \times 10^{-3}\text{Wb} = 2.05 \times 10^{-3}\text{Wb}$$

6）保证 $\phi_{d1.5}$ 通过磁路时所需要的气隙、电枢齿、电枢轭部分磁路的磁动势。

该磁动势可查部分磁化曲线 $\phi = f(F_{\delta zj1})$ 得到对应于 $\phi_{d1.5} = 2.05 \times 10^{-3}\text{Wb}$ 的磁动势为

$$F_{\delta zj1} = 1300\text{A}$$

7）直轴电枢反应磁动势为

$$F_{ad1.5}' = k_{ad}F_{a1.5}\sin\psi = 0.88 \times 3075\text{A} \times 0.916 = 2480\text{A}$$

8）求磁极漏磁

产生磁极漏磁的磁动势为

$$F_{\delta zj1.5} + F_{ad1.5}' = 1300\text{A} + 2480\text{A} = 3780\text{A}$$

查漏磁曲线 $\phi_s = f(F_{\delta zj1})'$，对应于 $F_{\delta zj1.5} + F_{ad1.5}' = 3780$ 安匝的漏磁通为

$$\phi_{s1.5} = 0.684 \times 10^{-3}\text{Wb}$$

9）求磁极，转子轭部分磁路的磁动势

磁极与转子轭中的磁通为

$$\phi_{m1.5} = \phi_{d1.5} + \phi_{s1.5} = 2.05 \times 10^{-3}\text{Wb} + 6.84 \times 10^{-4}\text{Wb} = 2.734 \times 10^{-3}\text{Wb}$$

查部分磁化曲线 $\phi_m = f(F_{mj2\delta'})$ 得到对应于 $\phi_{m1.5} = 2.734 \times 10^{-3}$ Wb 的磁动势为

$$F_{mj2\delta'1.5} = 500A \tag{3-307}$$

10) 1.5 倍额定负载时的励磁磁动势

$$F_{B1.5} = F_{\delta zj1.5} + F'_{ad1.5} + F'_{mj2\delta'1.5} = (1300 + 2480 + 500)A = 4280A \tag{3-308}$$

（3）空载时的励磁磁动势

从空载特性上可求得 $E_0 = U_H = 120V$ 所需要励磁磁动势

$$F_{BO} = 1250A \tag{3-309}$$

5. 励磁绕阻设计

考虑到励磁磁动势要留有 5% 的余量，每对磁极的励磁磁动势应为

$$1.05F_{BH} = 1.05 \times 3050A = 3200A$$

（1）每极励磁线圈总铜面积

$$S_M = \frac{1.05}{2} \times \frac{F_{BH}}{j_{BH}} = \frac{3200}{2 \times 6.4} mm^2 = 250mm^2$$

这里取励磁绕阻的电流密度 $j_{BH} = 6.4A/mm^2$。

（2）每极励磁线圈所占窗口面积

$$S_k = \frac{S_m}{k_c} = \frac{250mm^2}{0.75} = 333mm^2$$

其中　k_c——励磁线圈填充系数，采用矩形导线，取 $k_c = 0.75$

（3）励磁线圈的平均宽度

$$b_{kcp} = \frac{S_k}{h'_m} = \frac{3.33cm}{3.37} \approx 1cm$$

（4）励磁线圈的平均匝长

$$l_{bcp} = 2(l_m + b_m + 2b_{kcp})$$
$$= 2(8.7 + 1.9 + 2 \times 1) \times 10^{-2}m = 0.25m$$

（5）导线铜截面积与线规

$$S_B = \frac{P \times 1.05F_{BH}l_{bcp}(1 + \alpha\Delta T)}{5700U_{BH}}$$
$$= \frac{4 \times 3200 \times 25 \times (1 + 0.0038 \times 80)}{5700 \times 19}mm^2$$
$$= 3.89mm^2 \tag{3-310}$$

式中，取励磁电压 $U_{BH} = 19V$。

选用 QZB 矩形导线：$a \times b = 1.08 \times 3.8mm^2$ 带绝缘层导线尺寸

$$A \times B = 1.18 \times 3.93mm^2$$

（6）额定负载时的励磁电流

$$I_{BH} = j_{BH}S_B = 6.4 \times 3.89A = 25A$$

（7）每极匝数

$$W_B = \frac{1.05F_{BH}}{2I_{BH}} = \frac{3200A}{2 \times 25} = 64A$$

（8）整个励磁绕组的热态电阻

$$r_{BR} = \frac{2pW_B l_{bcp}(1 + 0.0038\Delta T)}{5700S_B} = \frac{8 \times 64 \times 25 \times 1.3\Omega}{5700 \times 3.89} = 0.75\Omega$$

（9）励磁功率

$$P_{BH} = U_{BH}I_{BH} = 19 \times 25W = 475W$$

（10）空载时励磁电流、励磁电压与励磁功率

$$I_{BO} = \frac{1.05F_{BO}}{2W_B} = \frac{1.05 \times 1250}{2 \times 64}A = 10.3A$$

$$U_{BO} = I_{BO}r_{BR} = 10.3 \times 0.75V = 7.7V$$

$$P_{BO} = U_{BO}I_{BO} = 7.7 \times 10.3W = 79W$$

（11）1.5 倍额定负载时的励磁电流、励磁电压、励磁功率

$$I_{B1.5} = \frac{1.05F_{B1.5}}{2W_B} = \frac{1.05 \times 4280A}{2 \times 64} = 35A$$

$$U_{B1.5} = I_{B1.5}r_{BR} = 35 \times 0.75V = 26.2V$$

$$P_{B1.5} = U_{B1.5}I_{B1.5} = 26.2 \times 35W = 920W$$

（12）画出励磁线圈在磁极上的分布草图

如图 3-38 所示（第一、二、三层每层 8 匝；第四、五层每层 7 匝；第六层 6 匝；第七、八层每层 5 匝；第九层 4 匝；第十层 3 匝，第十一层 2 匝；第十二层 1 匝，共 64 匝）。磁极线圈预先绕成然后再装到极上。

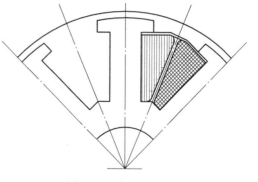

图 3-38 励磁线圈草图

6. 阻尼绕组设计

（1）每极导条数取

$$n_y = 5$$

（2）导条节距取

$$t_y = 0.8t_z = 0.8 \times 8.1mm = 6.5mm$$

（3）导条截面积与直径

面积
$$S_y = \frac{(0.2 \sim 0.4) \times 6qW_c}{n_y}S_x$$

$$= \frac{(0.2 \sim 0.4) \times 6 \times 2.5 \times 2}{5} \times 5.72mm^2$$

$$= 6.86 \sim 13.7mm^2 \qquad\qquad (3\text{-}311)$$

取

$$S_y = 9.6mm^2$$

这样导条直径

$$d_y = \frac{4}{\pi}\sqrt{S_y} = 1.13\sqrt{9.6}mm = 3.5mm$$

（4）端环截面积与尺寸为

$$S_{yk} = 0.5n_yS_y = 0.5 \times 5 \times 9.6mm^2 = 24mm^2;$$

$$a_{yk} = 2d_y = 2 \times 3.5mm = 7mm;$$

$$b_{yk} = S_{yk}/a_{yk} = \frac{24}{7}\text{mm} = 3.43\text{mm};$$

标准扁铜线: $a_{yk} = 7.4\text{mm}$, $b_{yk} = 3.28\text{mm}$, $S_{yk} = 23.6\text{mm}$

端环外径

$$D_{yk1} = D - 2\delta = (0.155 - 2 \times 0.001)\text{m} = 0.153\text{m}$$

$$D_{yk2} = D_{yk1} - 2a_{yk} = (0.153 - 2 \times 7.4 \times 10^{-3})\text{m} = 0.1382\text{m}$$

(5) 导条轴向长度

$$l_y = l_m + 2b_{yk} + 2\Delta = (87 + 2 \times 3.43 + 2 \times 4) \times 10^{-3}\text{m} = 0.102\text{m}$$

(6) 阻尼槽尺寸

槽直径

$$D_y = 1.11d_y = 1.11 \times 3.5\text{mm} = 3.9\text{mm};$$

槽口高度

$$h_y = 0.3\text{mm}$$

槽口宽度

$$a_y = 2.2\text{mm}$$

(7) 材料

导条与端环采用 T2 型铜材。

7. 发电机的参数

(1) 电枢绕组漏抗标幺值

$$X_s^* = X_s \frac{I_H}{U_H} = 0.183 \times \frac{83.4}{120} = 0.127$$

(2) 直轴电枢反应电抗及其标幺值

$$X_{ad} = \frac{k_{ad}F_a}{F_{\delta 0} + F_{\delta'0}} \cdot \frac{U_H}{I_H} = \frac{0.88 \times 2050}{1110 + 63} \times \frac{120}{83.4}\Omega = 2.21\Omega$$

$$X_{ad}^* = \frac{k_{ad}F_a}{F_{\delta 0} + F_{\delta'0}} = \frac{0.88 \times 2050}{1110 + 63} = 1.54$$

式中, $F_{\delta 0}$ 和 $F_{\delta'0}$ 分别为空载电动势 E_0 等于额定电压 U_H 时的气隙磁动势和附加气隙磁动势, 由磁路计算表中可查得

$$F_{\delta 0} = 1110\text{A}$$

$$F_{\delta'0} = 63\text{A}$$

(3) 交轴电枢反应电抗及其标幺值

$$X_{aq} = \frac{k_{aq}}{k_{ad}}X_{ad} = \frac{0.42}{0.88} \times 2.21\Omega = 1.03\Omega$$

$$X_{aq}^* = \frac{k_{aq}}{k_{ad}}X_{ad}^* = \frac{0.42}{0.88} \times 1.54 = 0.735$$

(4) 直轴同步电机及其标幺值

$$X_d = X_s + X_{ad} = (0.183 + 2.21)\Omega = 2.39\Omega$$

$$X_d^* = X_s^* + X_{ad}^* = 0.127 + 1.54 = 1.67$$

(5) 交轴同步电抗及其标幺值

$$X_q = X_s + X_{aq} = (0.183 + 1.03)\Omega = 1.21\Omega$$

$$X_q^* = X_s^* + X_{aq}^* = 0.127 + 0.735 = 0.86$$

8. 发电机性能

（1）电压调整率

$$\Delta U = \frac{E_0 - U_H}{U_H} = \frac{166 - 120}{120} \times 100\% = 38.3\%$$

其中 E_0 为空载励磁动势，为 $F_B = F_{BH} = 3050A$ 时（空载电流），由空载特性求得 $E_0 = 166V$。

（2）短路特性

先求额定短路点。当短路电流为额定电流时，发电机的电动势为

$$E_{dk} = I_H \sqrt{r_y^2 + X_s^2} = 83.4 \times \sqrt{0.065^2 + 0.183^2}V = 16.2V$$

从空载特性上可求得产出 $E_{dk} = 16.2V$ 所需要的合成磁动势为

$$F_{dk} = 200A$$

此时所需要的励磁磁动势则为

$$F_K = F_{dK} + k_{ad}F_a = (200 + 0.88 \times 2050)A = 2000A$$

根据额定短路点数据（$I_K = I_H = 83.4A$，$F_K = 2000A$），在空载特性坐标上做出短路特性 $I_K = f(F_K)$，如图 3-37 所示。

（3）短路比

利用空载特性和短路特性可求得短路比

$$K_{OK} = \frac{I_{KO}}{I_H} = \frac{F_{BO}}{F_K} = \frac{1250}{2000} = 0.625$$

（4）额定励磁时的短路电流倍数

从短路特性上可查的对应于 $F_K = F_{BH} = 3050A$ 时的短路电流为

$$I_{KH} = 128A$$

所以额定励磁时的短路电流倍数为

$$K_K = \frac{I_{KH}}{I_H} = \frac{128}{83.4} = 1.53$$

从以上特性计算可看出，该发电机的短路比是适中的。

9. 发电机有效材料重量

（1）定子齿重为

$$
\begin{aligned}
G_{Z1} &= Z b_{zcp} h_z k_{c1} l \gamma_T \times 10^{-3} \\
&= 60 \times 0.427 \times 1 \times 0.92 \times 8.2 \times 7.7 \times 10^{-3}kg \\
&= 1.5kg
\end{aligned}
$$

(3-312)

式中　b_{zcp}——定子平均齿宽，考虑到齿的实际形状，$b_{zcp} = 0.427$。

（2）定子轭重为

$$
\begin{aligned}
G_{j1} &= \frac{\pi}{4}[D_H^2 - (D + 2h_z)^2] k_{c1} l \gamma_T \times 10^{-3} \\
&= \frac{3.14}{4} \times [19.7^2 - (15.5 + 2 \times 1)^2] \times 0.92 \times 8.2 \times 7.7 \times 10^{-3}kg = 3.72kg
\end{aligned}
$$

(3-313)

（3）极身重

$$G_m = b_m h_{mcp} k_{c2} l_m \gamma_T \times 2p \times 10^{-3}$$
$$= 1.9 \times 3.31 \times 0.95 \times 8.7 \times 7.7 \times 8 \times 10^{-3} \text{kg}$$
$$= 3.2 \text{kg} \tag{3-314}$$

其中极身平均高度

$$h_{mcp} = \frac{h_m + h'_m}{2} = \frac{(3.25 + 3.37) \text{cm}}{2} = 3.31 \text{cm}$$

（4）极掌重量

$$G_p = S_p k_{c2} l_m \gamma_T \times 2p \times 10^{-3}$$
$$= 1.67 \times 0.95 \times 8.7 \times 7.7 \times 8 \times 10^{-3} \text{kg}$$
$$= 0.85 \text{kg} \tag{3-315}$$

其中极掌面积

$$S_p = h'_p D_{H2} \sin\left(\frac{\alpha_p}{2} \times \frac{360°}{2p}\right) + \frac{\pi D_{H2}^2}{4} \cdot \frac{\alpha_p}{2p} - \frac{D_{H2}^2}{8} \sin\left(\alpha_p \frac{360°}{2p}\right) - n_y \frac{\pi}{4} D_y^2$$

$$= \left[0.5 \times 15.3 \times \sin\left(\frac{0.6}{2} \times 45°\right) + \frac{3.14 \times 15.3^2}{4} \times \frac{0.6}{8} - \frac{15.3^2}{8} \times \sin(0.6 \times 45°) \right.$$

$$\left. - 5 \times \frac{3.14}{4} \times 0.39^2 \right] \text{cm}^2 = 1.67 \text{cm}^2 \tag{3-316}$$

（5）转子轭重

$$G_{j2} = \frac{\pi}{4}(D_K^2 - D_N^2) l_m \gamma_T \times 10^{-3}$$

$$= \frac{3.14}{4} \times (7.4^2 - 5.2^2) \times 8.7 \times 7.8 \times 10^{-3}$$

$$= 1.5 \text{kg} \tag{3-317}$$

式中　γ_T——铸钢比重，$\gamma_T = 7.8 \text{g/cm}^3$。

（6）有效材料之铁重

$$G_T = G_{z1} + G_{j1} + G_m + G_p + G_{j2}$$
$$= (1.5 + 3.72 + 3.2 + 0.85 + 1.5) \text{kg}$$
$$= 10.77 \text{kg} \tag{3-318}$$

（7）电枢绕组铜重为

$$G_{D1} = S_x l_{cp} W \gamma_D m \times 10^{-5}$$
$$= 5.72 \times 34 \times 40 \times 8.9 \times 3 \times 10^{-5} \text{kg}$$
$$= 2.08 \text{kg} \tag{3-319}$$

（8）励磁绕组铜重为

$$G_{D2} = S_B l_{BCP} W_B \gamma_D \times 2p \times 10^{-5}$$
$$= 3.89 \times 25 \times 64 \times 8.9 \times 8 \times 10^{-5} \text{kg}$$
$$= 4.43 \text{kg} \tag{3-320}$$

（9）阻尼绕组铜重为

$$G_{DY} = G_Y + G_{YK} = (2pS_y n_y l'_y + 2S_{yk}\pi D_{kcp})r_D$$
$$= (8 \times 9.6 \times 5 \times 9.5 \times 10^{-2} + 2 \times 23.6 \times 3.14 \times 0.146) \times 8.9 \times 10^{-3}\text{kg}$$
$$= 0.52\text{kg} \tag{3-321}$$

式中　l'_y——导条的视在长度，且

$$l'_y = l_y - 2b_{yk} = 10.2 - 2 \times 0.343 \times 10^{-2} = 9.5 \times 10^{-2}\text{m} \tag{3-322}$$

式中　D_{kcp}——端环的平均直径，且

$$D_{kcp} = \frac{D_{yk1} + D_{yk2}}{2} = \frac{15.3 + 13.82}{2} \times 10^{-2}\text{m} = 0.146\text{m} \tag{3-323}$$

（10）端环铜重为

$$G_{DH} = 2b_H h_H \pi D_{kav}\gamma_D \times 10^{-3}$$
$$= 2 \times 0.7 \times 0.5 \times 3.14 \times 6 \times 8.8 \times 10^{-3}\text{kg}$$
$$= 0.116\text{kg} \tag{3-324}$$

式中　b_H——集电环宽度，且 $b_H = 0.75\text{cm}$；

　　　h_H——集电环厚度，且 $h_H = 0.5\text{cm}$；

　　D_{kav}——集电环平均直径，且 $D_{kav} = 6\text{cm}$；

　　　γ_D——集电环材料锡青铜比重，$\gamma_D = 8.8\ \text{cm}^{-3}$。

（11）总铜重为

$$G_D = G_{D1} + G_{D2} + G_{DY} + G_{DH} = (2.08 + 4.43 + 0.52 + 0.116)\text{kg} = 7.15\text{kg} \tag{3-325}$$

（12）有效材料的重量为

$$G_{YS} = G_T + G_D = (10.77 + 7.15)\text{kg} = 17.92\text{kg} \tag{3-326}$$

（13）单位功率之有效材料重量为

$$\frac{G_{YS}}{P_H} = \frac{17.92}{30}\text{kg/(kVA)} = 0.598\text{kg/(kVA)} \tag{3-327}$$

10. 发电机的损耗与效率

（1）定子齿部铁损耗

$$p_{TZ1} = k_{GZ1}p_{10/50}(B'_{z/3})^2\left(\frac{f}{50}\right)^{1.3}G_{Z1}$$
$$= 2 \times 1.35 \times 1.35^2 \times \left(\frac{400}{50}\right)^{1.3} \times 1.5\text{W}$$
$$= 111\text{W} \tag{3-328}$$

（2）定子轭部铁损耗

$$p_{TJ1} = k_{Gj1}p_{10/50}B_{j1}^2\left(\frac{f}{50}\right)^{1.3}G_{j1}$$
$$= 1.5 \times 1.35 \times 1.26^2 \times \left(\frac{400}{50}\right)^{1.3} \times 3.72\text{W}$$
$$= 179\text{W} \tag{3-329}$$

式中　$p_{10/50}$——定子冲片的比损耗，5mm 厚 D41 的 $p_{10/50} = 1.35\text{W/kg}$

（3）发电机总的铁损耗

$$p_{Ti} = p_{TZ1} + p_{Tj1} = (111 + 179)W = 290W \tag{3-330}$$

（4）定子铜损耗

$$p_{T01} = mI_H^2 r_R = 3 \times 83.4^2 \times 0.054W = 1130W \tag{3-331}$$

（5）励磁损耗

$$P_{BT0} = \frac{I_{BH}^2 r_{BR} + 2\Delta U_C I_{BH}}{\eta_B} = \frac{25^2 \times 0.75 + 1 \times 25}{0.7}W = 705W \tag{3-332}$$

（6）附加损耗

$$
\begin{aligned}
p_{FJ} &= (0.011 \sim 0.015)P_H \times 10^3 \\
&= (0.011 \sim 0.015) \times 30 \times 10^3 W \\
&= 330 \sim 450W
\end{aligned}
\tag{3-333}
$$

取

$$p_{FJ} = 450W$$

（7）电刷与集电环间的摩擦损耗

$$p_{SH} = 9.81 \times P_{SH} \times \mu_{SH} \times S_{SH} \times v_H = 9.81 \times 0.25 \times 0.2 \times 3 \times 19W = 28W \tag{3-334}$$

式中　P_{SH}——电刷的比压力，且 $P_{SH} = 0.25\text{kg/cm}^2$；

μ_{SH}——电刷与集电环间的摩擦系数，且 $\mu_{SH} = 0.2$；

S_{SH}——电刷与集电环的接触面积，且 $S_{SH} = 3\text{cm}^2$；

v_H——集电环的线速度，且 $v_{SH} = 9\text{m/s}$。

$$\tag{3-335}$$

（8）轴承的摩擦损耗

$$P_{ZC} = 0.015 \times \frac{2Q_{ZC}}{d_{ZC}} V_{ZC} = 0.015 \times 2 \times \frac{40}{5} \times 16W = 3.84W \approx 4W \tag{3-336}$$

式中　Q_{ZC}——轴承上的负荷，且 $Q_{ZC} = 40\text{kg}$；

d_{ZC}——轴承滚珠中心的圆周直径，且 $d_{ZC} = 5\text{cm}$；

V_{ZC}——轴承滚珠中心的圆周速度，且

$$V_{ZC} = \frac{d_{ZC}}{2} \times \frac{2\pi n}{60} \times 10^{-2} = \frac{5}{2} \times \frac{2 \times 3.14 \times 6000}{60}\text{m/s} = 16\text{m/s} \tag{3-337}$$

（9）转子与空气的摩擦损耗

$$p_{Fm} = 1.1QV^2 = 1.1 \times 0.091 \times 48^2 W = 231W \tag{3-338}$$

式中　V——转子的圆周速度，且

$$V = \frac{n}{60} \times \pi \times D_{H2} \times 10^{-2} = \frac{6000}{60} \times 3.14 \times 15.3 \times 10^{-2}\text{m/s} = 48\text{m/s} \tag{3-339}$$

Q——冷却空气量，先估计总损耗为 $\sum P = 3000W$。

则

$$Q = \frac{\sum p}{C_B \Delta T_B} = \frac{3000\text{m}^3/\text{s}}{1100 \times 30} = 0.091\text{m}^3/\text{s} \tag{3-340}$$

式中　C_B——空气的热容量系数，$C_B = 1100\text{J/m}^3$；

ΔT_B——冷却空气的温升，且 $\Delta T_B = 30°$。

（10）发电机的总损耗

$$\sum p = \sum p_{TZ1} + \sum p_{Tj1} + \sum p_{T01} + \sum p_{BT0} + \sum p_{FJ} + \sum p_{SH} + \sum p_{ZC} + \sum p_{Fm}$$
$$= (111 + 179 + 1127 + 705 + 450 + 28 + 4 + 231)W$$
$$= 2835W \tag{3-341}$$

（11）发电机额定工作效率

$$\eta = \frac{P_{H}\cos\varphi}{P_{H}\cos\varphi + \sum p} = \frac{30 \times 10^{3} \times 0.75}{30 \times 10^{3} \times 0.75 + 2835} = 0.888 \tag{3-342}$$

第4章 异步电机设计

4.1 技术要求

4.1.1 异步电动机的标准

电机标准主要可分为 3 个层面：通用要求和基础性要求、产品大类的要求、专用产品要求。其中前两者属于较为宏观性的标准，最后则是具体到某一类专用产品系列的标准。

（1）通用要求和基础性要求：通用要求类标准主要包括电机的术语、型号编制方法、冷却方式（IC 代码定义）、结构及安装（IM 代码定义）、防护等级（IP 代码定义）、数据处理和表示方法、定额及性能要求。

基础性要求类标准包括气候适应性要求、机械环境适应性要求、电磁兼容性要求、安全适应性要求和软件适用性要求。

（2）产品大类的通用要求：包括通用技术标准、通用安全要求、试验方法和通用限值要求等。以中小型旋转电机产品为例，产品大类的通用标准主要有：

1）通用技术标准：《舰用三相异步电动机通用规范》（GJB 812A—2007）、《大型三相异步电动机基本系列技术条件》（GB/T 13957—2008）、《井用潜油三相异步电动机通用技术条件》（GB/T 14816—1993）等。

2）通用安全要求：《中小型旋转电机通用安全要求》（GB 14711—2013）。

3）试验方法：《三相异步电动机试验方法》（GB/T 1032—2012）、《旋转电机（牵引电机除外）确定损耗和效率的试验方法》（GB/T 755.2—2003）、《旋转牵引电机基本试验方法》（GB/T 16318—1996）等。

4）通用限值要求：《中小型三相异步电动机能效限定值及能效等级》（GB 18613—2012）、《高压三相笼型异步电动机能效限定值及能效等级》（GB 30254—2013）、《旋转电机噪声测定方法及限值，第 3 部分：噪声限值》（GB 10069.3—2008）等。

（3）专用产品要求：专用产品要求的标准通常以"×××产品技术条件"为表现形式的文档。这类文档是对某一系列产品要求较为全面、较为具体的规定。其内容构成主要有：型式、基本参数与尺寸，技术要求，检验规则，标志、包装及保用期等方面，包括：

1）型式、基本参数与尺寸。主要用于明确当前系列产品的命名规则、防护等级、冷却方式、结构及安装、工作制、接线方法、额定功率、额定频率和机械尺寸等信息。

2）技术要求。包括环境适应性要求（海拔、环境温度要求），电机线端标志要求，旋转方向要求，电压和频率偏差要求，温升及温度限值要求，明确最大转矩、最小转矩、堵转电流、堵转转矩、效率及额定功率因数等技术参数的保证值及偏差要求，电机非正常工作的性能要求（过电流、过转矩、过转速等），安全指标要求（绝缘电阻、耐电压试验、匝间绝缘试验、电气间隙和爬电距离等），电机振动和噪声限值，电磁兼容限值要求等。

3）检验规则。明确电机的出厂检验和型式试验项目及要求、试验的时机、试验方法等信息。

4）标志、包装及保用期。明确铭牌的材料及制作要求、铭牌标明的内容、包装和保存要求。

上述很多方面已经有相关定义，因此在"×××产品技术条件"文档中不会赘述，而是在其适当位置中加以引用。

YE3 系列（IP55）三相异步电动机技术条件（机座号 80~355），是对中小型旋转电机产品大类下的专用产品规定（GB/T 28575—2012）。该系列三相异步电动机的功率为 0.75kW~375kW，极数有 2 极、4 极和 6 极，电压为 380V，3kW 及以下电机定子绕组用丫联结，4kW 及以上电机用△联结，额定频率为 50Hz，共有 13 个机座号。YE3 系列三相异步电动机的有关技术指标见表 4-1~表 4-5。

表 4-1　YE3 系列异步电动机机座号与转速及功率的关系

机座号	同步转速/(r/min)			机座号	同步转速/(r/min)		
	3000	1500	1000		3000	1500	1000
	功率/kW				功率/kW		
80M1	0.75	—	—	200L1	30	30	18.5
80M2	1.1	0.75	—	200L2	37		22
90S	1.5	1.1	0.75	225S	—	37	—
90L	2.2	1.5	1.1	225M	45	45	30
100L1	3	2.2	1.5	250M	55	55	37
100L2		3		280S	75	75	45
112M	4	4	2.2	280M	90	90	55
132S1	5.5	5.5	3	315S	110	110	75
132S2	7.5			315M	132	132	90
132M1	—	7.5	4	315L1	160	160	110
132M2			5.5	315L2	200	200	132
160M1	11	11	7.5	355M1	250	250	160
160M2	15			355M2			200
160L	18.5	15	11	355L	315	315	250
180M	22	18.5		3551	355	355	—
180L	—	22	15	3552	375	375	315

表4-2　YE3系列异步电动机效率和功率因数的保证值

功率/kW	同步转速/(r/min)					
	3000	1500	1000	3000	1500	1000
	效率 η（%）			功率因数 $\cos\phi$		
0.75	80.7	82.5	78.9	0.82	0.75	0.71
1.1	82.7	84.1	81.0	0.83	0.76	0.73
1.5	84.2	85.3	82.5	0.84	0.77	0.73
2.2	85.9	86.7	84.3	0.85	0.81	0.74
3	87.1	87.7	85.6	0.87	0.82	0.74
4	88.1	88.6	86.8	0.88	0.82	0.74
5.5	89.2	89.6	88.0	0.88	0.83	0.75
7.5	90.1	90.4	89.1	0.88	0.84	0.79
11	91.2	91.4	90.3	0.89	0.85	0.80
15	91.9	92.1	91.2	0.89	0.86	0.81
18.5	92.4	92.6	91.7	0.89	0.86	0.81
22	92.7	93.0	92.2	0.89	0.86	0.81
30	93.3	93.6	92.9	0.89	0.86	0.83
37	93.7	93.9	93.3	0.89	0.86	0.84
45	94.0	94.2	93.7	0.90	0.86	0.85
55	94.3	94.6	94.1	0.90	0.86	0.86
75	94.7	95.0	94.6	0.90	0.88	0.84
90	95.0	95.2	94.9	0.90	0.88	0.85
110	95.2	95.4	95.1	0.90	0.89	0.85
132	95.4	95.6	95.4	0.90	0.89	0.86
160	95.6	95.8	95.6	0.91	0.89	0.86
200	95.8	96.0	95.8	0.91	0.90	0.87
250	95.8	96.0	95.8	0.91	0.90	0.87
315	95.8	96.0	95.8	0.91	0.90	0.86
355	95.8	96.0	—	0.91	0.88	—
375	95.8	96.0	—	0.91	0.88	—

表 4-3　YE3 系列异步电动机最大转矩对额定转矩之比的保证值

功率/kW	额定转速/(r/min) 最大转矩/额定转矩			功率/kW	额定转速/(r/min) 最大转矩/额定转矩		
	3000	1500	1000		3000	1500	1000
0.75	2.3	2.3	2.1	37	2.3	2.3	2.1
1.1	2.3	2.3	2.1	45	2.3	2.3	2
1.5	2.3	2.3	2.1	55	2.3	2.3	2
2.2	2.3	2.3	2.1	75	2.3	2.3	2
3	2.3	2.3	2.1	90	2.3	2.3	2
4	2.3	2.3	2.1	110	2.3	2.2	2
5.5	2.3	2.3	2.1	132	2.3	2.2	2
7.5	2.3	2.3	2.1	160	2.3	2.2	2
11	2.3	2.3	2.1	200	2.2	2.2	2
15	2.3	2.3	2.1	250	2.2	2.2	2
18.5	2.3	2.3	2.1	315	2.2	2.2	2
22	2.3	2.3	2.1	355	2.2	2.2	—
30	2.3	2.3	2.1	375	2.2	2.2	—

表 4-4　YE3 系列异步电动机堵转转矩对额定转矩之比的保证值

功率/kW	同步转速/(r/min) 堵转转矩/额定转矩			功率/kW	同步转速/(r/min) 堵转转矩/额定转矩		
	3000	1500	1000		3000	1500	1000
0.75	2.3	2.3	2.0	37	2.0	2.0	2.0
1.1	2.2	2.3	2.0	45	2.0	2.2	2.0
1.5	2.2	2.3	2.0	55	1.8	2.2	2.0
2.2	2.2	2.3	2.0	75	1.8	2.0	2.0
3	2.2	2.3	2.0	90	1.8	2.0	2.0
4	2.0	2.2	2.0	110	1.8	2.0	2.0
5.5	2.0	2.0	2.0	132	1.8	2.0	2.0
7.5	2.0	2.0	2.0	160	1.8	2.0	2.0
11	2.0	2.2	2.0	200	1.6	2.0	2.0
15	2.0	2.2	2.0	250	1.6	2.0	2.0
18.5	2.0	2.0	2.0	315	1.6	2.0	1.8
22	2.0	2.0	2.0	355	1.6	1.7	1.8
30	2.0	2.0	2.0	375	1.6	1.7	—

表 4-5　YE3 系列异步电动机堵转电流对额定电流之比的保证值

功率/kW	同步转速/(r/min)			功率/kW	同步转速/(r/min)		
	3000	1500	1000		3000	1500	1000
	堵转电流/额定电流				堵转电流/额定电流		
0.75	7.0	6.6	6.0	37	7.6	7.4	7.1
1.1	7.3	6.8	6.0	45	7.7	7.4	7.3
1.5	7.6	7.0	6.5	55	7.7	7.4	7.3
2.2	7.6	7.6	6.6	75	7.1	6.9	6.6
3	7.8	7.6	6.8	90	7.1	6.9	6.7
4	8.3	7.8	6.8	110	7.1	7.0	6.7
5.5	8.3	7.9	7.0	132	7.1	7.0	6.8
7.5	7.9	7.5	7.0	160	7.2	7.1	6.8
11	8.1	7.7	7.2	200	7.2	7.1	6.8
15	8.1	7.8	7.3	250	7.2	7.1	6.8
18.5	8.2	7.8	7.3	315	7.2	7.1	6.8
22	8.2	7.8	7.4	355	7.2	7.0	—
30	7.6	7.3	6.9	375	7.2	7.0	—

电机在运行过程中，零部件对周围冷却介质产生温度差，称为该零件的温升。电机的绝缘结构对温度最为敏感，为了保证电机能够达到预期的使用寿命，必须规定其绝缘结构允许的温升。按照 GB/T 7345—2008 规定，一般异步电动机在环境温度不超过 40℃、海拔1000m 以下时的温升限度见表 4-6。在异步电动机中，Y3、YE3 系列电动机的基本防护等级为 IP55，采用 155（F）级绝缘结构，电机定子绕组温升按 130（B）级考核。

表 4-6　异步电机温升限度　　　　　　　　　（单位：K）

部件名称	测量方法	130（B）	155（F）	180（H）
定子绕组	电阻法	80	105	125

4.1.2　异步电机设计时的已知数据

在设计三相异步电动机时必须给定下列已知数据：

1. 额定数据

（1）额定容量（输出功率）P_2(kW)。

（2）额定线电压 U_N(V) 及定子绕组接法。

（3）额定频率 f(Hz)。

（4）同步转速 n_s(r/min)。

2. 主要技术指标

（1）定子绕组的温升（K）。

（2）效率 η(%)。

（3）功率因数 $\cos\varphi$。

（4）最大转矩倍数 T_M^*。

对于笼型电动机还包括：

（5）堵转转矩倍数 $T_{(st)}^*$。

（6）堵转电流倍数 $i_{(st)}$。

3. 电机使用环境条件

包括环境温度、有无腐蚀性或易燃气体、海拔高度等。

4. 电机的运行定额

连续运行、短时运行或周期运行等。

4.1.3　标幺值

工程计算中，电机的各种物理量如电压、电流和阻抗等，除了用实际值表示外，还可以用标幺值来表示。所谓标幺值就是实际值与选定的同单位的基准值（简称基值）的比值。即

$$\text{标幺值} = \text{实际值} / \text{基值} \tag{4-1}$$

可见标幺值是个相对值，它是没有量纲的。

标幺值中基值的选取应以实际使用时方便为原则，一般选用电机的额定值作为基值。三相异步电动机电磁计算选用的基值是：

（1）电压基值为电动机的额定相电压 $U_1(V)$。

（2）功率基值为电动机的额定输出功率 $P_2(kW)$。

（3）电流基值为每相的功电流 $I_{KW}(A)$

$$I_{KW} = P_2 \times 10^3 / (m_1 U_1) \tag{4-2}$$

功电流 I_{KW} 是为了计算方便而引入的，没有物理意义。因为它和电机的效率 η 及功率因数 $\cos\varphi$ 无关，所以以它作为电流的基值比较方便。

（4）阻抗基值为电压基值与电流基值之比

$$Z_b = U_1 / I_{KW} = m_1 U_1^2 / (P_2 \times 10^3) \tag{4-3}$$

（5）转矩基值为电动机的额定转矩 T_N

$$T_N = \frac{P_2 \times 10^3}{\frac{2\pi n_N}{60}} = 9500 \frac{P_2}{n_N} \tag{4-4}$$

标幺值通常用各量符号右上角加"*"表示。例如定子相电阻 R_1 的标幺值为 r_1^*，磁化电流 I_m 的标幺值为 i_m^*，定子铜损耗 P_{Cu1} 的标幺值为 p_{Cu1}^* 等。

采用标幺值计算的优点是，一方面可以简化数字计算，例如最大转矩倍数就是最大转距的标幺值，因此无需先求出最大转矩和额定转矩的实际值后再计算其倍数。另一方面是便于分析比较，因为对于不同容量的电机，各个物理量的实际值相差很大，很难进行比较，也无法找出其规律性的东西来指导设计工作。而标幺值都是相对的，不同容量电机的同一物理量的标幺值都是在一定的范围内，其数值相差不大，因此便于进行比较并及时发现和纠正设计中的不合理现象和计算过程中可能出现的错误。如果在计算过程中算得的值超出上述范围，则说明有问题，应及时纠正。

4.1.4 异步电动机的系列

所谓系列电机，就是指在应用范围、结构型式、性能水平、生产工艺上有共同性的、功率按一定比例递增、并成批生产的许多规格的电机。它具有如下特点：

（1）电机的额定功率按一定比例递增。例如 YE3 系列三相异步电动机的额定功率是从 0.75kW ~ 375kW，共分 26 个等级，即 0.75kW、1.1kW、1.5kW、2.2kW、3kW、4kW、5.5kW、7.5kW、11kW、15kW、18.5kW、22kW、30kW、37kW、45kW、55kW、75kW 等；YX3 系列三相异步电动机的额定功率是从 0.55kW ~ 315kW，共分 26 个等级，即 0.55kW、0.75kW、1.1kW、1.5kW、2.2kW、3kW、4kW、5.5kW、7.5kW、11kW、15kW、18.5kW、22kW、30kW、37kW、45kW、55kW、75kW 等。

（2）参考标准电压规定电压等级。例如 YE3 系列、YX3 系列电机的额定电压为 380V，YV3 系列 6000V 变频调速高压电机，Y 系列 10kV 高压异步电机。

（3）用同步转速规定转速等级。中小型电机为 500 ~ 3000r/min，例如 YE3 系列、YX3 系列异步电机的同步转速分别为 1000r/min、1500r/min、3000r/min。

（4）根据功率递增关系、标准中心高及硅钢片合理使用，规定机座号。例如 YE3 系列、YX3 系列异步电机有 13 个机座号。对于同一机座号（或中心高）又可能有几种铁心长度，在相同机座号、相同转速情况下，对应于某一铁心长度就有某一规格的电机。

（5）采用同一类型的结构、零部件和通风冷却系统的电机，其工作条件也是一致的。例如 YE3 系列、YX3 系列采用 IC411 冷却方法，连续工作制运行。

系列电机又分为基本系列、派生系列和专用系列。基本系列是使用面广、生产量大、一般用途的电机。

4.2 电磁计算

4.2.1 主要尺寸的确定

异步电机的主要尺寸包括定子内径 D_{i1} 和定子铁心的有效长度 l_{ef}。因为电机的能量转换是通过载流导条和气隙磁场相互作用而实现的，靠近气隙的这两个尺寸对电机传递功率的大小及其性能起着决定性作用，而且如果这两个尺寸确定了，定转子尺寸就可以大致确定，其他尺寸（如机座、绕组尺寸等）的确定也就有了依据。因此，确定电机的主要尺寸就成为电机设计的第一步。

1. 主要尺寸的基本关系式

在异步电动机设计时，使用电机额定输出功率 $P_2 = P_N$ 表示主要尺寸的关系。

$$D_{i1}^2 l_{ef} = \frac{5.48 K_E \times 10^3}{\alpha_p' K_{dp1} \eta \cos\varphi} \frac{P_2}{n_s A_S B_\delta} = \frac{5.48 K_T (1 - \varepsilon_L) \times 10^3}{K_{dp1} \eta \cos\varphi} \frac{P_2}{n_s A_S B_\delta} \quad (4-5)$$

式中，K_T 为波幅系数（波形系数的倒数），且 $K_T = \dfrac{1}{\alpha_p'}$；$K_E = 1 - \varepsilon_L$。

式（4-5）可写成

$$D_{i1}^2 l_{ef} = C_A \frac{P_2}{n_s A_S B_\delta} \tag{4-6}$$

式中

$$C_A = \frac{5.48 K_T (1 - \varepsilon_L) \times 10^3}{K_{dp1} \eta \cos\varphi} \tag{4-7}$$

C_A 称为电机常数；$1/C_A$ 称为利用系数，在 A_S、B_δ 和 n_s 一定时，$1/C_A$ 所设计电机的值越大，则每单位容量（kW）所使用的材料越少，说明这台电机有效材料的利用越好。

2. 电磁负荷的选择

电磁负荷 A_S 和 B_δ 值的选择是由各方面的因素决定的，它不仅影响电机的尺寸，而且对电机的参数、性能及寿命都有很大的影响。

具体选取电磁负荷时，必须考虑电机绝缘等级、导电与导磁材料性能、极数、功率、冷却条件及性能要求够一系列因素。例如对同一容量电机，当采用 E 级绝缘时 A_S 和 B_δ 的值比采用 A 级绝缘时可有较大的提高。又如防护式电机由于通风冷却条件比封闭式有利，所以前者的 A_S 和 B_δ 值较高（约可高 15% ~ 20%）。另外铝线电机为了能获得与铜线电机一致的性能水平，须适当降低 A_S 和 B_δ 值。

我国目前生产的三相异步电动机的电磁负荷范围列于表 4-7 和表 4-8，可供参考。

表 4-7　异步电机线负荷 A_S 推荐值

极数	线负荷 $A_S/(\text{kA/m})$
2	$16.4 + 8.3 \lg P_2$
4	$19.0 + 6.5 \lg P_2$
6、8	$18.0 + 6.5 \lg P_2$

注：表中 P_2 单位是 kW。

表 4-8　异步电机 B_δ 值选用范围

极数	2	4	6、8	10
磁通密度/T	0.57 ~ 0.64	0.66 ~ 0.75	0.67 ~ 0.76	0.80 ~ 0.87

3. 主要尺寸比的选择

在选择电磁负荷 A_S 和 B_δ 值之后，由式（4-6）可以确定电机的 $D_{i1}^2 l_{ef}$，但是问题并没有完全解决，因为对于同样的 $D_{i1}^2 l_{ef}$ 值，电机可以设计得比较细长，也可以设计得比较粗短。为了使电机具有合适的几何形状，必须对电机的主要尺寸比（即长径比 λ）加以控制，即

$$\lambda = \frac{l_{ef}}{D_{i1}} = 0.47 ~ 1.50 \tag{4-8}$$

上述 λ 的范围是总结了 Y2 系列电机的数据而得来的，此外 λ 取值范围还受限于机座号对应的机壳轴向长度。

λ 值对电机的技术经济指标有较大的影响。如果 λ 值选得较大，则电机比较细长，λ 值选得较小，则电机比较粗短。实践证明，λ 值的大小对电机的运行性能、经济性和工艺性都有影响。

因此，应该全面考虑电机的运行性能和经济性、工艺性来选择合适的 λ 值。一般说来

为了节约材料，λ 值可适当取得大些。对于某些特殊要求的电机，选取 λ 值时还要考虑电机转动惯量 GD^2 是否满足技术条件的要求。

对异步电机而言，一定极数的定子铁心内外径之间存在一定的比例关系，即 D_{i1}/D_1 是一个变化不大的数，令

$$\lambda_D = \frac{D_{i1}}{D_1} \tag{4-9}$$

YE3 系列异步电机的 λ_D 值，见表 4-9。

表 4-9   YE3 系列异步电机的 λ_D 值

极数	2	4	6
λ_D	0.54~0.60	0.61~0.68	0.66~0.73

确定电机定子铁心外径 D_1 时，须同时考虑电机的中心高 H。

由图 4-1 可见，定子铁心外径为

$$D_1 = 2OA = 2(H - AB - BC - CD) \tag{4-10}$$

式中 AB——机座壁的厚度；

BC——机座散热筋高度；

CD——机座腹部最低点与底脚平面间的距离。

4. 主要尺寸的确定

根据前面的分析，可按下列步骤确定电机的主要尺寸。

（1）选定有关系数

1）按表 4-7 及表 4-8 选择电磁负荷 A_S 及 B_δ。

2）定子绕组系数 K_{dp1}，采用单层绕组时为 0.96；

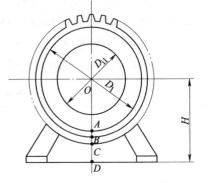

图 4-1   定子尺寸

采用双层绕组时为 0.92。Y2 系列异步电机中 160 号以下的电机多采用单层绕组，180 号以上的多采用双层绕组。

3）满载电动势压降系数 $K_E = 1 - \varepsilon_L$ 在 0.85~0.95 范围内选取，容量大和极数少的电机取较大值。

4）波幅系数 K_T 在 1.4~1.5 范围内，初选时 K_T 取 1.43~1.47。

（2）按式（4-5）计算 $D_{i1}^2 l_{ef}$ 值

（3）选择长径比 λ 并初选 D_{i1} 值

因为

$$D_{i1}^2 l_{ef} \approx D_{i1}^3 \lambda$$

故

$$D_{i1} = \sqrt[3]{\frac{D_{i1}^2 l_{ef}}{\lambda}} \tag{4-11}$$

因为式（4-8）所示为 λ 值的一个范围，所以代入式（4-11）后，得到的也是 D_{i1} 的一个范围。

（4）按式（4-9）初选铁心外径 D_1

为了使硅钢片得到充分利用,由式(4-10)所得的 D_1 值须圆整到标准直径(见表2-1)。标准直径是根据国产硅钢片规格,并考虑加工时剪切余量而算得的。

(5)按选定的铁心外径 D_1 值,由式(4-9)确定铁心内径 D_{i1},即

$$D_{i1} = \lambda_D D_1$$

由上式得到的 D_{i1} 值须圆整到毫米的整数。

(6)最后得到铁心长度为

$$l \approx l_{ef} = \frac{D_{i1}^2 l_{ef}}{D_{i1}^2} \tag{4-12}$$

5. 空气隙长度的选择

在异步电机设计中,正确选择空气隙的大小是非常重要的,它对电机的性能影响很大。为了减少磁化电流以改善功率因数,应该使气隙尽量小一些;但是气隙也不能太小,否则会使电机的制造和运行增加困难,而且使某些电气性能变坏。

从结构上来看,气隙的最小值,主要决定于定子内径大小、轴的直径和轴承间的长度。因为定子内径的大小决定了机座、端盖、铁心等的加工偏差,从而决定电机的偏心大小,而轴的直径和轴承间的距离决定轴的挠度。

从工艺上来看,零部件加工的同心度、椭圆度及装配的偏心、轴承的间隙及其磨损等都影响着气隙的大小。

从电气性能来看,气隙也不能太小,气隙越小,谐波漏抗越大,导致最大转距和起动转距降低,同时杂散损耗增大,效率降低,温升增高。

在具体选择气隙长度 δ 时,可参考过去生产的电机的经验数值和所要设计的电机特点综合来考虑,也可参考下列经验公式计算:

(1)$P_2 \leq 15kW$,$p=1$ 时

$$\delta = \left(0.03 + \frac{D_{i1}}{6.6}\right) \times 10^{-2} \tag{4-13}$$

(2)$P_2 \leq 30kW$,$p=2\sim6$ 时

$$\delta = \left(0.02 + \frac{D_{i1}}{10}\right) \times 10^{-2} \tag{4-14}$$

(3)$P_2 > 15kW$,$p=1$ 和 $P_2 > 30kW$,$p=2\sim6$ 时

$$\delta = \frac{D_{i1}}{12}\left(1 + \frac{K}{2p}\right) \times 10^{-2} \tag{4-15}$$

式中,$K=6.5\sim13$,一般可取 $K=9$ 计算。

应用上述公式计算的 δ 值小数点后面的第五位数字应圆整到0或5。

6. 定子铁心长度

(1)铁心有效长度

铁心有效长度 l_{ef} 与铁心实际长度 l 之间的关系可分为两种情况。当定、转子铁心上无径向通风道时,主磁通的一部分要从铁心端面通过(见图4-2),这种现象叫作边缘效应。边缘效应使磁通分布的面积增大。这时铁心的有效长度 l_{ef} 比铁心实际长度 l 要大,每端加长的部分大约等于空气隙长度 δ,即

$$l_{\text{ef}} = l + 2\delta \tag{4-16}$$

当定、转子上都有径向通风道 b_{v1}，并且两者不交错时，磁通沿轴向的分布是不均匀的，如图4-3所示。在通风道 b_{v1} 处由于磁阻较大，磁通比铁心段中要少。可见在铁心的整个长度 l 上，对应于通风道处的导磁作用减弱了。但由于通风道铁心端面上也有边缘效应，所以这个导磁作用的损失在长度上并不等于 b_{v1} 的全部，而小于这个宽度，其值为 b_{v1}'，b_{v1}' 称为通风道损失宽度，其值可从图4-4中查出，其中 a、b 分别对应于径向通风道不交错，交错情况。

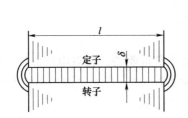
图4-2 无径向通风道时的磁场分布

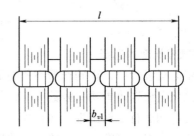
图4-3 有径向通风道时的磁场分布

图4-4中的曲线是对应于常用的 $b_{v1} = 10\text{mm}$ 的情况绘出的。当铁心有 N_{v1} 个径向通风道时，则铁心有效长度为

$$l_{\text{ef}} = l - N_{v1}b_{v1}' \tag{4-17}$$

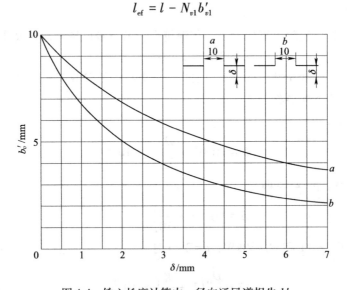
图4-4 铁心长度计算中，径向通风道损失 b_v'

当电机的定、转子上都有径向通风道，而且两者互相交错时，其铁心有效长度为

$$l_{\text{ef}} = l - (N_{v1}b_{v1}' + N_{v2}b_{v2}') \tag{4-18}$$

式中　N_{v1}，N_{v2}——定、转子的径向通风道数；

　　　b_{v1}'，b_{v2}'——定、转子径向通风道损失宽度。

（2）净铁心长

铁心选成后，由于硅钢片表面有氧化膜或漆膜，因此铁心的净铁长 l_{Fe} 比实际长度 l 小，即

无径向通风道时

$$l_{Fe} = K_{Fe}l \qquad (4-19)$$

有径向通风道时

$$l_{Fe} = K_{Fe}(l - N_v b_v) \qquad (4-20)$$

式中　K_{Fe}——铁心压装系数，一般取 0.95（不涂漆），0.92（涂漆），或按经验选用。

4.2.2　定、转子绕组和冲片的计算

电机绕组是电机的心脏，合理设计绕组和定、转子冲片对提高电机的性能和寿命有着重要意义。

本部分主要讨论定子绕组型式和节距的选择、定子绕组和定子冲片设计、笼型转子绕组和转子冲片的设计。

1. 定子绕组型式和节距的选择

（1）定子绕组型式的选择

中小型异步电动机定子绕组广泛采用单层绕组和双层绕组。新发展的单双层混合绕组和星形、三角形混合绕组，目前还用得不多。

1）单层绕组

单层绕组的优点是线圈数目少，绕线和嵌线工时少，能一相连绕，节省了一次接线的时间；修理比较简便；便于实现嵌线机械化；槽中不用层间绝缘，故槽的利用率高，工艺性较好，且在槽内不会发生相间击穿。缺点是不能采用短节距来削弱高次谐波以改善磁动势和电动势的波形。对于小型电机，生产量大、性能要求较低，提高劳动生产率有着主要意义，因此采用单层绕组。

对于每极每相槽数 $q_1 = 4$ 的电机，通常采用单层同心双链绕组，$q_1 = 2$ 的电机采用单层链式绕组，$q_1 = 3$ 的电机采用单层交叉式绕组。

2）双层绕组

双层绕组的优点是能够采用合适的短节距来削弱高次谐波，以获得较好的磁动势和电动势波形，从而减少杂散损耗，提高效率和降低温升；还可以削弱附加转矩，改善起动性能。其缺点是制造工时较多，在工艺上和槽的利用率上不如单层绕阻，大机座号电机生产量不大，在技术条件上，性能要求较高，提高性能有着主要意义，所以采用双层绕组。

3）单双层混合绕组

这是一种新型绕组，是在双层短距绕组的基础上演变而来的，它具有单层和双层绕组的优点，但比双层绕组节省材料，目前在 2、4 极电机中已有采用。实践证明，这种绕组对于削弱高次谐波、降低杂散损耗、提高力能指标、降低温升、改善起动性能都有好处，但工艺上比较复杂。

4）星形、三角形混合绕组

这是一种新型绕组，其三相绕组可连接成星形、三角形串联或星形、三角形并联。从理论上讲，这种绕组可以完全消除 5 次和 7 次谐波，获得很好的磁动势和电动势波形，而且具有较高的绕组系数。对降低杂散损耗、降低温升、改善起动性能，具有较好的效果，但工艺上较复杂。

（2）定子槽数的选择

定子槽数主要根据每极每相槽数 q_1 的选择来确定。采用较大的 q_1 对削弱高次谐波有

利，可以获得较好的磁动势、电动势波形，由高次谐波引起的谐波转矩、杂散损耗和谐波漏抗均可减小，因此电机的性能可以改善。但槽数增多使槽绝缘面积相对增加，槽利用率降低。

普通中小型异步电动机，每极每相槽数 $q_1 = 2 \sim 7$。对于高速或容量较大的电机，可取 $q_1 = 4 \sim 7$，对于低速或容量较小的电机，可取 $q_1 = 2 \sim 3$。异步电动机定子绕组一般不采用分数槽绕组，即尽量取 q_1 为整数，因为分数槽绕组的磁动势波形中谐波分量较多，这对于气隙很小的异步电机来说，容易产生振动和噪声。但在个别情况下因考虑冲片的通用，有时也采用分数槽绕组。

当每极每相槽数 q_1 值选定之后，定子槽数 Z_1 即可确定

$$Z_1 = 2pm_1q_1$$

对于普通中小型异步电机，所选槽数应使定子齿距在下列范围内：

$$1\text{cm} \leqslant t_1 \leqslant 3.3\text{cm}$$

式中　　$t_1 = \pi D_{i1}/Z_1(\text{cm})$。

其中小值适用于极数较多或小机座号的电机。

Y2 系列异步电机 q_1 的推荐值见表 4-10。

表 4-10　异步电机 q_1 的推荐值

机座号	绕组型式	2 极	4 极	6 极
80~160	单层	3~4	2~3	2
180~355	双层	5~7	3~5	3~4

（3）定子绕组节距的选择

单层绕组从本质上看都是全节距绕组，虽然为了缩短线圈端部连线，从形式上看线圈的跨距小于极距，但从绕组磁动势和电动势来看，仍然是全节距的。

为了削弱高次谐波，双层绕组都采用短距绕组。从电机原理中知道，要想消除 ν 次谐波，绕组节距 y 与每极槽数 Z_{p1} 之间的关系应满足下式：

$$y = \left(1 - \frac{1}{\nu}\right)Z_{p1} \tag{4-21}$$

例如要消除5次谐波，则取 $y = \left(1 - \frac{1}{5}\right)Z_{p1} = \frac{4}{5}Z_{p1}$；要消除7次谐波，则取 $y = \frac{6}{7}Z_{p1}$。

由此可见，取 $y = \left(\frac{4}{5} \sim \frac{6}{7}\right)Z_{p1} = (0.8 \sim 0.86)Z_{p1}$ 时，对于削弱 5 次、7 次谐波有良好的效果。

y 与 Z_{p1} 的比值称为短距比，用 β 表示，即

$$\beta = \frac{y}{Z_{p1}} \tag{4-22}$$

常用的短距比 β 值见表 4-11。对于两极电机的双层绕组，为了嵌线方便通常采用 $y \approx \frac{2}{3}Z_{p1}$。

表4-11 常用的短距比 β 值

每极每相槽数	2	3	4	5	6
最好的 β 值	5/6	7/9	10/12	12/15	14/18 或 15/18
满意的 β 值	—	8/9	9/12	13/15	13/18 或 16/18

（4）绕组系数

绕组系数 K_{dp1} 按下式计算：

$$K_{dp1} = K_{d1}K_{p1} \tag{4-23}$$

式中 K_{d1}——分布系数；

K_{p1}——短距系数。

分布系数 K_{d1} 按下式计算

$$K_{d1} = \frac{\sin\left(\dfrac{\alpha}{2}q_1\right)}{q_1\sin\dfrac{\alpha}{2}} \tag{4-24}$$

式中 $q_1 = \dfrac{Z_1}{2m_1 p}$（60°相带）；$\alpha = \dfrac{p \times 360°}{Z_1}$。

计算分数槽绕组的分布系数，应将 q_1 化为假分数，取其分子代替 q_1；并以假分数的分母除 α 之值代替 α，然后代入式（4-24）求得。

短距绕组 K_{p1} 按下式计算：

$$K_{p1} = \sin(\beta \times 90°) \tag{4-25}$$

对于单层绕组来说，由于它是全距绕组，$\beta = 1$，所以它的短距系数 $K_{p1} = 1$。

分布系数 K_{d1} 和短距系数 K_{p1}，也可以从表4-12 和表4-13 中查出。

表4-12 分布系数 K_{d1}

q_1	2	3	4	5	6	7	8	9	10	11 及以上
三相60°相带	0.966	0.960	0.958	0.957	0.956	0.956	0.956	0.955	0.955	0.955
三相120°相带	0.866	0.844	0.837	0.833	0.831	0.830	0.829	0.829	0.829	0.828

表4-13 短距系数 K_{p1}

跨距	每极槽数												
	24	18	16	15	14	13	12	11	10	9	8	7	6
1-25	1.0												
1-24	0.998												
1-23	0.991												
1-22	0.981												
1-21	0.966												
1-20	0.947												
1-19	0.924	1.0											

（续）

跨距	每极槽数												
	24	18	16	15	14	13	12	11	10	9	8	7	6
1-18	0.897	0.996											
1-17	0.866	0.985	1.0										
1-16	0.832	0.966	0.995	1.0									
1-15	0.793	0.940	0.981	0.995	1.0								
1-14	0.752	0.906	0.956	0.978	0.994	1.0							
1-13	0.707	0.866	0.924	0.951	0.975	0.993	1.0						
1-12		0.819	0.882	0.914	0.944	0.971	0.991	1.0					
1-11		0.766	0.831	0.866	0.901	0.935	0.966	0.990	1.0				
1-10		0.707	0.773	0.809	0.847	0.884	0.924	0.960	0.988	1.0			
1-9			0.707	0.743	0.782	0.833	0.866	0.910	0.951	0.985	1.0		
1-8				0.669	0.707	0.749	0.793	0.841	0.891	0.940	0.981	1.0	
1-7						0.663	0.707	0.756	0.809	0.866	0.924	0.975	1.0
1-6							0.655	0.707	0.766	0.832	0.901	0.966	
1-5									0.643	0.707	0.782	0.866	
1-4												0.624	0.707

2. 定子绕组计算

（1）定子绕组匝数的计算

定子绕组每相串联匝数 $W_{\phi 1}$ 的初算值为

$$W_{\phi 1} = \frac{E_1}{4.44 f K_{dp1} \phi} = \frac{(1 - \varepsilon_L) U_1}{4.44 f K_{dp1} \phi} \tag{4-26}$$

式中　U_1——相电压，对于丫形联结的电机 $U_1 = U_N / \sqrt{3}$ ，对于△形联结的电机 $U_1 = U_N$；

　　　ϕ——每极磁通，且

$$\phi = \frac{1}{K_T} B_\delta \tau l_{ef} = \frac{B_\delta}{K_T} \frac{\pi D_{i1}}{2p} l_{ef}$$

每槽导体数为

$$N_{s1} = \frac{2 \alpha_1 m_1 W_{\phi 1}}{Z_1} = \frac{\alpha_1 m_1 N_{\phi 1}}{Z_1} \tag{4-27}$$

式中，$N_{\phi 1}$ 为每相串联导体数。

对于单层绕组，N_{s1} 应取整数；对于双层绕组，N_{s1} 应取整偶数。

这里应注意，由于 N_{s1} 取整数或整偶数，使 $N_{\phi 1}$ 变化，引起每极磁通 ϕ 和 B_δ 变化。因此，要按式（2-2）和式（2-4）复算 ϕ 和 B_δ 值，在确定槽形尺寸的时候就按这个 ϕ 和 B_δ 进行计算。但 ϕ 的最后值要到磁路计算时才能确定。

由于单层绕组每槽只有一个线圈边，所以每个线圈的匝数就等于每槽导体数 N_{s1}；而双层绕组每槽有 2 个线圈边，所以每个线圈的匝数等于每槽导体数 N_{s1} 的一半。即

每个线圈匝数 $= N_{s1}$（单层）；

每个线圈匝数 $=\dfrac{1}{2}N_{s1}$（双层）。

式（4-27）中 α_1 为定子绕组并联路数。当电机容量较大时，定子电流较大，为了减小导线截面积，通常采用多路并联。以 Y2 异步电机为例，80~160 号机座的电机通常采用 $\alpha_1=1$；180~280 号机座电机一般用 $\alpha_1=2\sim4$；315~355 号机座的电机用 $\alpha_1=6\sim10$。

为了保证磁路平衡，避免各并联支路间产生环流，并联路数的选择须满足以下条件，即

$$\frac{2p}{\alpha_1}=整数 \tag{4-28}$$

（2）定子绕组线径的计算

定子绕组导线截面积的大小主要取决于定子电流的大小和导线的容许电流密度。定子相电流 I_1 可先根据设计任务书给定的 η 和 $\cos\varphi$ 值按下式估算

$$I_1=\frac{P_2\times10^3}{m_1U_1\cos\varphi} \tag{4-29}$$

导线截面积为

$$A_0=\frac{I_1}{\alpha_1N_{t1}j_1} \tag{4-30}$$

式中　N_{t1}——线圈的并绕根数。

选择 N_{t1} 时主要考虑在并联路数 α_1 一定的条件下，使导线直径不致过大。铜线直径应小于 1.56mm，铝线直径应小于 1.68mm。

每根导线的直径 d_0 为

$$d_0=\sqrt{\frac{A_0}{0.785}} \tag{4-31}$$

由上式算得的导线直径须圆整到标准直径。

从式（4-30）可看出，如果 j_1 取得较高，在其他条件不变的情况下，导线截面积减小，节省材料，降低成本。但电阻增大，使电阻损耗增大，效率降低，温升增高。因此合理选择定子绕组的电流密度 j_1 是很重要的。j_1 的选取还应该与线负荷 A_S 同时考虑，这是因为要控制电机的温升，就要将热负荷 A_Sj_1 控制在一定范围。表 4-14 和表 4-15 列出了三相异步电动机的 j_1 值和 A_Sj_1 值的范围，可供参考。

表 4-14　YE3 系列异步电机的 j_1 值和 A_Sj_1 值

机座号	80~112	132~200	225~280	315~355
$j_1/(MA/m^2)$	3.0~4.6	2.5~4.2	2.1~4.0	2.2~3.6
$A_Sj_1/(\times10^9A^2/m^3)$	57~94	52~90	52~96	57~96

表 4-15　YX3 系列异步电机的 j_1 值和 A_Sj_1 值

机座号	80~112	132~200	225~280	315~355
$j_1/(MA/m^2)$	5.0~6.7	4.0~6.5	4.1~5.6	3.9~4.4
$A_Sj_1/(\times10^9A^2/m^3)$	92~144	96~150	128~180	100~140

3. 定子冲片计算

(1) 定子槽形的选择

定子槽形的选择和绕组形式有关。中小型异步电动机定子槽形最常用的有四种，如图 4-5 所示。低压小型异步电机的定子绕组是采用圆导线散下绕组，通常都采用图 4-5a 和图 4-5b 所示的半闭口槽，尤其以梨形槽用得最多。这二种槽形的齿是上下等宽的，构成平行齿。由于槽口小，定子卡氏系数小，空气隙有效长度也较小，因此功率因数可得到提高，而且可以减小表面损耗和脉振损耗。目前在 500V、100kW 以下的异步电机中都采用梨形槽，因为它和梯形槽相比，槽的利用率较高，冲模寿命较长，并可减小槽绝缘的弯曲程度，避免损伤，因而提高了可靠性。

低压中型异步电机的绕组一般采用分开的成型线圈，故通常采用图 4-5c 所示的半开口槽。高压中型异步电机的绕组，由于线圈是事先包扎好绝缘并浸渍处理过的成型线圈，要求整个线圈边一起嵌放在槽内，故只能采用图 4-5d 所示的开口槽，这样可以得到好的绝缘，保证工作的可靠性。这两种槽形的槽壁都是平行的，称为平行槽。

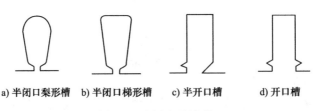

a) 半闭口梨形槽   b) 半闭口梯形槽   c) 半开口槽   d) 开口槽

图 4-5　常用定子槽形

(2) 槽满率的计算

定子槽必须有足够大的面积，使每槽所有导体不太困难地嵌入槽内。当采用圆导线时，用槽满率来表示槽内导线的填充程度。槽满率是绝缘导线所占面积与槽有效面积的比值。槽满率按下述方法计算（见图 4-6）。

1) 槽面积（mm²）

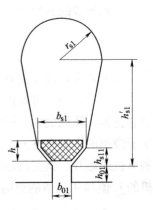

$$A_{s1} = \frac{2r_{s1} + b_{s1}}{2}(h'_{s1} - h) + \frac{\pi r_{s1}^2}{2} \tag{4-32}$$

2) 槽绝缘所占面积（mm²）

双层　　$A_i = \delta_i(2h'_{s1} + \pi r_{s1} + 2r_{s1} + b_{s1})$

单层　　$A_i = \delta_i(2h'_{s1} + \pi r_{s1})$ $\tag{4-33}$

图 4-6　槽满率的计算

3) 槽有效面积（mm²）

$$A_{sef} = A_{s1} - A_i \tag{4-34}$$

4) 槽满率

$$k_{cm} = \frac{N_{t1}N_{s1}d^2}{A_{sef}} \times 100\% \tag{4-35}$$

式中　d——绝缘导线外径（mm），绝缘厚度查相关线规；

　　　h——槽模厚度（mm），一般取 2.5~3mm；

　　　δ_i——槽绝缘厚度（mm），它与槽绝缘结构有关，见表 4-16。

表 4-16　小型异步电机（500V，E 级，半闭口槽）槽绝缘规范

绕组型式	槽绝缘规范	槽绝缘厚度/mm
单层	0.27mm 聚酯薄膜青壳纸复合绝缘一层，0.05mm 聚酯薄膜一层	0.32
双层	0.27mm 聚酯薄膜青壳纸复合绝缘一层，0.15mm 玻璃丝漆布一层，层间绝缘——0.27mm 复合绝缘一层	0.42

槽满率的高低对嵌线工艺和槽的利用都有影响。如果槽满率太高，则嵌线困难，而且会增加"破压"的可能性。如果槽满率太低，则槽的空间没有充分利用，浪费材料，而且经过浸渍后，由于漆的填充不良，影响导热，使电机的温升高。根据大量的实践经验总结，槽满率 k_{cm} 应控制在下列范围：

手工嵌线 $k_{cm} \leqslant 80\%$；

机械嵌线 $k_{cm} \leqslant 75\%$。

如果采用扁导线，在槽内可以排列整齐，因此将导线截面积和槽绝缘截面积之和，作为所要求的槽面积，不必再考虑槽满率问题。

电压为 500V，B 级绝缘电机的槽绝缘规范见表 4-17。

表 4-17　中型异步电动机（500V，B 级，半开口槽）槽绝缘规范　（单位：mm）

简图	项	名称	规格	绕法	宽度	深度
	1	浸漆量及铜线公差			0.2	0.05x
	2	无碱玻璃丝带	0.10×20	疏包	0.6	0.3
	绝缘厚度				0.8	0.3+0.05x
	3	线圈公差			0.2	0.4
	4	绝缘纸板	0.2	$1\frac{1}{4}$层	0.4	0.6
	5	柔软云母板	0.2	$1\frac{1}{4}$层	0.4	0.6
	6	绝缘纸板	0.2	$1\frac{1}{4}$层	0.4	0.6
	7	槽底垫条（绝缘板）	1.0			1.0
	8	层间垫条（胶木板）	2.0			2.0
	9	装配间隙			0.4	1.1
	10	槽允许差			0.4	0.4
	总绝缘厚				3.0	7.3+0.10x

注：表中 x 为每个线圈高度内的导体根数。

电压为 6000V 电机开口槽的绝缘规范（以单排线圈为例）见表 4-18。

表 4-18　异步电动机 6kV 级定子绝缘结构及槽形尺寸（单位：mm）

直线部分	项	名称	规格	绕法	宽度（双面）	高度
	1	对地绝缘	粉云母带 5442	半叠包 5 层	2.6	2.6
			粉云母带 5442			
	2	防晕层	0.08×25 低阻带	2mm 叠包 1 层	0.20	0.20
		线圈绝缘厚度			2.8	2×2.8
	3	槽底垫条	低阻层压板	1 层		0.5
	4	层间垫条	低阻层压板	不少于 3 层		2.5
	5	楔下垫条	低阻层压板	1 层		0.5
	6	嵌线间隙			0.20	0.30
	7	线圈公差			0.20	0.4
	8	槽形公差			0.3	0.3
		槽形尺寸计算			3.6	10.1
端部部分	项	名称	规格	绕法	宽度（双面）	高度
	8	匝间松散			0.3	0.03x
	9	端部绝缘	粉云母带 5442	半叠包 5 层	2.6	2.6
			0.1×25 高阻带	半叠包 1 层	0.40	0.40
	10	搭接、松散尺寸			1.0	1.0
		端部绝缘厚度			4.50	4.0+0.03x

（3）定子槽形尺寸的确定

在选定了槽形和槽满率后，便可以确定槽形尺寸。确定定子槽形尺寸主要考虑以下几点：

1）要有足够大的槽面积，满足槽内安放线圈和绝缘的需要。

2）齿部和轭部的磁通密度要适当。

3）齿部要有足够的机械强度，因此齿不要过于细长。

以半闭口梨形槽（见图 4-7）为例，确定槽形尺寸的步骤大致如下：

1）确定定子槽口部分的尺寸

槽口宽度 b_{01} 的设计是在便于嵌线的前提下，尽量取得小一些，一般取 $b_{01} = 2.5 \sim 4.0$mm。槽口高度 h_{01} 的大小与模具制造水平及槽漏抗大小有关，一般取 $h_{01} = 0.5 \sim 2$mm。齿靴角 α_1 按习惯取 30°、35° 或 22.5°。

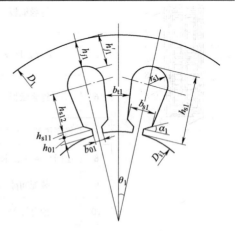

图 4-7　定子冲片的尺寸

2）估算齿的宽度 b_{t1}

因为齿磁通密度 $B_{t1} = K_T \dfrac{\Phi}{A_{t1}}$ ，所以一个极下齿的总截面积 A_{t1} 为：$A_{t1} = K_T \dfrac{\Phi}{B_{t1}}$

另一方面

$$A_{t1} = b_{t1} l_{Fe} Z_{p1}$$

所以

$$b_{t1} = \frac{K_T \Phi}{l_{Fe} Z_{p1} B_{t1}} \tag{4-36}$$

式中 Z_{p1}——定子每极槽数，$Z_{p1} = \dfrac{Z_1}{2p}$ ；

B_{t1}——定子齿磁通密度，初算时可选 $B_{t1} = 1.35 \sim 1.65\text{T}$ 。

对于非平行齿，b_{t1} 为靠近最狭处的 1/3 高度处的宽度。

3）确定槽部其他尺寸

$$h_{s11} = \frac{\dfrac{\pi(D_{i1} + 2h_{01})}{Z_1} - b_{01} - b_{t1}}{2} \text{tg}\alpha_1 \tag{4-37}$$

$$b_{s1} = \frac{\pi(D_{i1} + 2h_{01} + 2h_{s11})}{Z_1} - b_{t1} \tag{4-38}$$

先任意假设一个 h_{j1} 值，进行试算

$$r_{s1} = \frac{1}{2} b_{s1} + h_{s12} \text{tg} \frac{180°}{Z_1} \tag{4-39}$$

槽部尺寸确定之后，须按式（4-35）核算槽满率。如果槽满率太高或太低，应另设一个 h_{s12} 值重算，直到槽满率合适为止。

4）核算定子轭部磁通密度 B_{j1}

在槽形尺寸确定之后，轭部尺寸 h_{j1} 也确定了，这时可用下式近似地核算一个轭部磁通密度 B_{j1}，由此检查一下 h_{j1} 是否合适，以便适当调整。

$$B_{j1} \approx K_1 \frac{B_\delta}{h_{j1}} \tau \tag{4-40}$$

式中，K_1 为一系数，冲片不涂漆时 $K_1 = 0.358$，涂漆时 $K_1 = 0.37$。定子轭部磁通密度 B_{j1} 的范围一般为 $1.0 \sim 1.4\text{T}$。

4. 笼型转子绕组和冲片的计算

（1）转子槽数的选择

在异步电机的气隙磁场中，除基波磁场外，还有一系列高次谐波磁场，其中包括齿谐波磁场。这些高次谐波磁场在转子上会产生异步谐波转矩和同步谐波转矩。由于谐波转矩的存在，将严重影响电机的运行和起动性能。为了削弱这些谐波转矩，除了在定子侧采用合理的分布和短距绕组外，在转子上就是选择适合的槽数和采用斜槽。

在选择转子槽数 Z_2 时，必须注意定、转子槽数的配合（称为槽配合）。槽配合不适当，如按表 4-19 中某式确定转子槽数，将使电机出现起动困难，产生噪声、振动或杂散损耗增大等不良现象。

表 4-19　产生不良后果的槽配合

不良原因	产 生 原 因		
	定转子 1 次齿谐波相互作用	转子 1 次齿谐波和定子非齿谐波作用	定转子 2 次齿谐波相互作用
堵转时产生同步转矩	$Z_2 = Z_1$	$Z_2 = 2pmK$	
运转时产生同步转矩	$Z_2 = Z_1 + 2p$	$Z_2 = 2pmK + 2p$	$Z_2 = Z_1 + p$
电磁制动时产生同步转矩	$Z_2 = Z_1 - 2p$	$Z_2 = 2pmK - 2p$	$Z_2 = Z_1 - p$
可能出现电磁噪声和振动	$Z_2 = Z_1 \pm 1$ $Z_2 = Z_1 \pm 2$ $Z_2 = Z_1 \pm 2p \pm 1$ $Z_2 = Z_1 \pm 2p \pm 2$	$Z_2 = 2pmK \pm 1$ $Z_2 = pmK \pm 2$ $Z_2 = 2pmK \pm 2p \pm 1$ $Z_2 = 2pmK \pm 2p \pm 2$	$Z_2 = Z_1 \pm p \pm 1$ $Z_2 = Z_1 \pm p \pm 2$

通过理论分析和实践得出，当定、转子槽数接近时，由定子齿谐波磁通在转子导条中感应的电流较小，因而谐波转矩也较小，可见为了削弱谐波转矩，定、转子槽数应尽量接近（称为近槽配合）。在近槽配合中，如果采用 $Z_2 < Z_1$，对改善电机的起动性能有利。因此目前在笼型转子中普遍采用少槽近槽配合，即满足

$$Z_2 \leq 1.25(Z_1 + p) \tag{4-41}$$

上述原则只适用于 q_1 为整数的情形；若 q_1 等于分数，则规律不完全相同。

应该指出，定、转子槽配合的选择是一个相当复杂的问题。上述原则不是绝对的，有时虽然与上述原则不符，但起动、运行性能也较好，这是因为还有其他因素的影响，如电机的饱和度、气隙大小、斜槽情况和转子槽形等。

表 4-20 中列出了 YE3 系列异步电动机中使用的槽配合，在选择转子槽数时可供参考。

表 4-20　YE3 系列异步电动机定转子槽配合 (Z_1/Z_2)

极数	机 座 号								
	80	90	100	112	132	160	180	200	225
2	18/16	24/20	24/20	30/26	36/28	36/28	36/28	36/28	36/28
4	24/22	24/22	36/28	36/28	36/28	48/38	48/38	48/38	48/38
6	—	36/28	48/44	36/28	36/28	54/44	54/44	54/44	54/44

（2）转子槽形的选择

笼型转子的槽形和尺寸（特别是槽高与槽宽之比）显著影响转子漏抗的大小和起动时的饱和效应与挤流效应，也就是显著影响运行和起动时的电机参数，从而影响电机的最大转矩、功率因数，尤其是起动性能。因此在选择转子槽型和尺寸时，首先应考虑这些性能要求；此外还需考虑转子齿和轭的磁通密度和导条的电流密度应在允许范围内，以及考虑制造工艺的要求。

笼型转子槽型种类很多，目前中小型笼型异步电机常用的转子槽形如图 4-8 所示。图 4-8a 与图 4-8b 都是平行槽，由于槽形狭长，有利于改善电机的起动性能。图 4-8b 的槽上部为直线，冲模容易加工，但图 4-8a 槽的冲模寿命较长。图 4-8c 与图 4-8d 所示槽形均为平行齿。由于图 4-8d 槽形均为直线，模具加工方便，用得比较普遍。图 4-8e 槽的上部截面积较

小、下部较大，起动性能好。图 4-8f 为闭口槽，其优点是磁通波形较好、杂耗较小，有利于提高效率和降低温升；其缺点是漏抗较大，使功率因数、最大转矩和起动转矩下降。

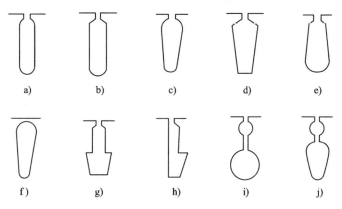

图 4-8　中小型笼型异步电机常用的转子槽形

图 4-8g 称为凸形槽，是一种新发展的转子槽形。它的上半部做成平行槽，下半部做成平行齿，其突出优点是起动性能好，而且上半部越高、起动性能越好。由于形状复杂，这种槽冲模加工较困难，因此又发展为把这种槽形的一边改为直线，形成一种如图 4-8h 所示的槽形。这两种槽形主要用于 2 极、4 极、6 极电机中。

图 4-8i 和图 4-8j 所示槽形用于小型电机的双笼型转子中，其中图 4-8i 用于铜条笼型转子，j 用于铸铝笼型转子。这种槽形的优点是起动性能好。改变上笼和下笼的几何尺寸或材料，便于得到所需的机械特性，但转子漏抗比一般笼型电机要大，所以功率因数及最大转矩稍低。

（3）转子槽形尺寸的确定

转子槽形尺寸的确定与定子相似。由于铸铝转子的槽面积与导条截面积近似相等，只要导条面积确定，转子槽面积也就确定了。

1）转子导条截面积的计算

从电机原理可知 $I_1 = I_0 - I_2'$，而 I_2' 在 I_1 中所占的比例是有规律的，故可写成：

$$I_2' = K_2 I_1$$

式中，K_2 是一个小于 1 的系数，其值可根据设计任务书给定的 $\cos\varphi$ 值按下式求出

$$K_2 = 0.95\cos\varphi + 0.06$$

根据转子电流的折算式得

$$I_2 = I_2' K_i = K_2 I_1 K_i = K_2 I_1 \frac{m_1 W_{\phi1} K_{dp1}}{m_2 W_{\phi2} K_{dp2}}$$

对于笼型转子来说，$K_{dp2} = 1$，$W_{\phi2} = \dfrac{1}{2}$，$m_2 = Z_2$，因此

$$I_2 = K_2 I_1 \frac{2m_1 W_{\phi1} K_{dp1}}{Z_2} = K_2 I_1 \frac{m_1 N_{\phi1} K_{dp1}}{Z_2} \tag{4-42}$$

转子导条的截面积为

$$A_B = \frac{I_2}{j_B} \tag{4-43}$$

式中　j_B——转子导条电流密度（A/m²）。

对于铸铝转子，$j_B = 2.0 \sim 4.5 \mathrm{MA/m^2}$。对于铜条转子，$j_B = 5.5 \sim 8.0 \mathrm{MA/m^2}$。

A_B 求出之后，对于铸铝转子，A_B 就是转子槽形面积；对于铜条转子，槽形面积要稍大于 A_B。

2）确定转子槽口部分的尺寸

（以图 4-9 所示梯形为例）

槽口宽度：在小机号座电机中，通常取 $b_{02} = 1 \sim 1.5 \mathrm{mm}$；在大号机座电机中，取 $b_{02} = 2 \sim 3 \mathrm{mm}$。

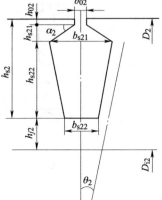

槽口高度：在小机号座电机中，通常取 $h_{02} = 0.5 \sim 1.5 \mathrm{mm}$。在大机号座电机中，取 $h_{02} = 1.5 \sim 3 \mathrm{mm}$，齿靴角 α_2 为 30° 或 40°。

3）选择转子齿磁通密度 B_{t2}，估算齿宽度 b_{t2}

估算齿的宽度 b_{t2}

$$b_{t2} = \frac{K_T \Phi}{l_{Fe} Z_{p2} B_{t2}} \qquad (4-44)$$

图 4-9 转子冲片尺寸

式中 B_{t2}——转子齿磁通密度，在初算时可取 $B_{t2} = 1.35 \sim 1.65 \mathrm{T}$。

对于非平行齿，b_{t2} 为靠近齿根最狭处 1/3 高度处的宽度。

4）确定槽的下部尺寸

$$h_{s21} = \frac{\dfrac{\pi(D_2 - 2h_{02})}{Z_2} - b_{02} - b_{t2}}{2} \mathrm{tg}\,\alpha_2 \qquad (4-45)$$

$$b_{s21} = \frac{\pi(D_2 - 2h_{02} - 2h_{s21})}{Z_2} - b_{t2} \qquad (4-46)$$

先任意假设一个 h_{s22} 值，进行试算

$$b_{s22} = b_{s21} - 2h_{s22} \mathrm{tg}\,\frac{180°}{Z_2} \qquad (4-47)$$

然后按下式计算转子槽面积

$$A_{s2} = \frac{h_{s21}}{2}(b_{02} + b_{s21}) + \frac{h_{s22}}{2}(b_{s21} + b_{s22}) \qquad (4-48)$$

这里算出的 A_{s2} 应稍大于导条截面积 A_B。如果不符，应另外假设一个 h_{s22} 值重算，直到基本相近为止。

为了保证铸铝质量，转子槽底宽度不应太小，h_{s22} 最好不要小于 2.5mm。

5）核算转子轭部磁通密度 B_{j2}

转子槽形尺寸确定之后，轭部尺寸 h_{j2} 就确定了，这时可用下式近似地核算一下轭部磁通密度 B_{j2}，由此检查一下 h_{j2} 是否合适，以便适当调整。

$$B_{j2} \approx K_1 \frac{B_\delta}{h_{j2}} \tau \qquad (4-49)$$

式中，K_1 为一系数，冲片不涂漆时 $K_1 = 0.358$，涂漆时 $K_1 = 0.37$。

由于小型电机的转子冲片直接套轴，除 2 极和部分 4 极电机外，轭部尺寸都比较大，故实际轭部磁通密度 B_{j2} 除 2 极、4 极的较高（$1.0 \sim 1.55 \mathrm{T}$）外，其余的一般都在 1.0T 以下。

在小型异步电动机中，由于铁心直接套在轴上，故转子内径 D_{i2} 通常不是按转子轭部允许磁通密度算出，而是按机械强度要求算出，并圆整到国产圆钢的标准直径。YE3 系列电机采用的 D_{i2} 值见表 4-21。

表 4-21　YE3 系列电机 D_{i2} 值

机座号	80	90	100	112	132	160	180	200	225	250	280	315	355
D_{i2}/mm	26	30	38	38	48	60	70	75	80	85	85/100	95/110	110/130/150/148

（4）端环尺寸的确定

端环电流为

$$I_R = \frac{I_2}{2\sin\dfrac{p\pi}{Z_2}} \approx I_2 \frac{Z_2}{2p\pi} \tag{4-50}$$

端环截面积为

$$A_R = \frac{I_R}{j_R} \tag{4-51}$$

式中　j_R——端环电流密度（A/m²）。

由于端环截面积的大小不会影响磁路，为了导热和减少损耗，并保证端环有足够的机械强度，所以端环电流密度的可取值低于导条电流密度。低的程度与极数有关，极数少的电机，由于 I_R 较大，端环截面积已足够大，j_R 可取得接近 j_B。极数多的电机，j_R 比 j_B 小得多，大多数情况下，$j_R = (0.45 \sim 0.85)j_B$。表 4-22 中列出了 Y 系列异步电机的端环电流密度。其中小值一般属于极数较多的电机。

表 4-22　Y 系列异步电机的端环电流密度 j_R 值

机座号	80~180	200~280	315~355
j_R/（MA/m²）	1.7~3.3	1.0~2.8	0.55~1.8

根据端环截面积，即可确定端环的具体尺寸。为了使铸铝时上、下模能压住铁心，端环的外径 D_{R1} 要比转子外径小，如图 4-10 所示。D_{R1} 值可近似地用下式计算

$$D_{R1} \approx D_{i1} - 2(\delta + h_{02}) \tag{4-52}$$

端环内径 D_{R2} 一般接近于转子槽底处。为便于脱模，端环的外圆和内圆表面沿轴向要有 3°~5° 的脱模斜度。小号机座电机多采用平端面端环，即 $b_{R1} = b_{R2}$。而较大号机座电机由于容量较大，为了加强散热作用，要求转子风叶能将风打向定子槽口附近，所以 b_{R2} 一般比 b_{R1} 大 4~6mm。

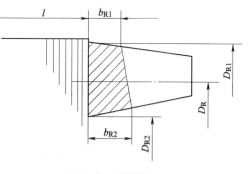

图 4-10　端环尺寸

4.2.3　磁路计算

1. 磁路计算的目的和方法

异步电机磁路计算的目的是：①计算电动机在额定电压和额定负载时的磁化电流，以便

计算电动机的效率和功率因数；②校核电机磁路系统的尺寸，例如齿部和轭部的尺寸是否合适；是否会引起这两部分磁路过分饱和。

异步电机的磁路计算是对主磁场进行的。当电机定子三相绕组通入三相电流时，电机气隙中建立一系列旋转磁动势，其中基波旋转磁动势是主要的，它建立异步电机气隙主磁场。图 4-11 是一个四极三相异步电动机通入三相交流电流，在某一瞬间的主磁场概况。

由图 4-11 可见，主磁场的分布是很复杂的。为便于工程运算，通常把这种在空间不均匀分布的磁场化成磁通沿截面和长度均匀分布的磁路，并通过各种系数进行校正。在一般情况下，这样简化计算的结果与客观实际还是比较接近的，而计算则要方便得多。

由于电机磁路是对称的，所以只要研究相邻一对磁极的磁路就可以了。图 4-12 中示出四极异步电机的一条典型磁路，这条闭合磁路串联着空气隙、定子齿、定子轭、转子齿、转子轭五部分。由于一对磁极的磁路对于中心线（图中 A-A 线）是对称的，还可以只进行一个极的磁路计算，即取图 4-12 中粗黑线所示的半条磁路。这半条磁路即一个极所需磁动势 F，它等于各段磁路所需磁动势之和，即

$$F = F_\delta + F_{t1} + F_{t2} + F_{j1} + F_{j2} \tag{4-53}$$

式中 F_δ——空气隙所需磁动势（A）；

F_{t1}——定子齿所需磁动势（A）；

F_{t2}——转子齿所需磁动势（A）；

F_{j1}——定子轭所需磁动势（A）；

F_{j2}——转子轭所需磁动势（A）。

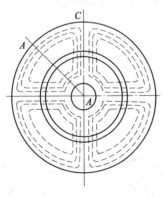

图 4-11　四极异步电机的磁场

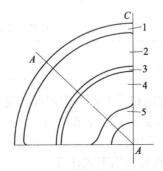

图 4-12　四极异步电机的磁路

1—定子轭　2—定子齿　3—空气隙　4—转子齿　5—转子轭

由于磁路各段的截面积大小和材料不同，磁路各段的磁通密度和磁场强度也不同，求取整个磁路所需磁动势时，必须每段分别计算。具体步骤如下：

（1）根据定子绕组满载时的相电动势 E_1 求出每极磁通 Φ。

（2）确定通过各段磁路的磁通 Φ_x。

（3）根据电机的尺寸，确定各段磁路的截面积 A_x 和相应的磁通密度 B_x。

（4）根据 B_x 值，从所用材料的磁化曲线上查得相应的磁场强度 H_x。

（5）确定各段磁路的计算长度 L_x。

（6）根据各段磁路的 H_x 及 L_x，求出各段磁路所需磁动势 F_x，$F_x = H_x L_x$。

（7）将各段所需磁动势相加，即得到一个极所需的总磁动势 F。最后根据总磁动势和

定子绕组每相串联匝数求出磁化电流。

2. 空气隙磁动势的计算

由于空气的磁导系数 μ_0（$\mu_0 = 4\pi \times 10^{-7} \mathrm{H/m}$）比硅钢片的磁导系数要低得多（例如国产 DW315-50 硅钢片在 1T 时的磁导系数为 $\mu_0 = 8.71 \times 10^{-3} \mathrm{H/m}$），所以空气隙的磁阻比铁心的磁阻大很多，空气隙所需的磁动势也就远比铁心部分为大。总磁动势中空气隙磁动势通常占 60% 以上。因此，较准确地计算空气隙所需磁动势很重要。

（1）每极磁通的计算

因为

$$E_1 = K_E U_1 = 2.22 f N_{\phi 1} K_{dp1} \phi \tag{4-54}$$

所以产生满载电动势 E_1 所需的每极磁通 ϕ 为

$$\phi = \frac{K_E U_1}{2.22 f N_{\phi 1} K_{dp1}} \tag{4-55}$$

式中　K_E——满载电动势与额定电压之比，也就是满载电动势的标幺值。$K_E = 1 - \varepsilon_L$ 从 4.2.5 节可知

$$1 - \varepsilon_L = 1 - (i_p^* r_1^* + i_Q^* x_1^*) \tag{4-56}$$

在计算时，$1 - \varepsilon_L$ 是个未知数。通常根据经验先假定一个 $1 - \varepsilon_L$ 值（约为 $0.85 \sim 0.95$，功率大和极数少的电机用较大值），以后计算出的 $1 - \varepsilon_L$ 值应和假定值相符（一般可差 $\pm 1\%$），否则还需再作假定，重新计算（为了避免返工的麻烦，可按 4.2.5 节介绍的方法，先估算出 $1 - \varepsilon_L$ 的值）。

（2）空气隙磁通密度的计算

要计算空气隙磁通密度，须先求出空气隙每极截面积 A_δ。

$$A_\delta = \tau l_{ef} \tag{4-57}$$

式中　τ——极距（m）；

　　l_{ef}——铁心的有效长度（m）。

由式（4-55）求得的每极磁通 Φ 除以空气隙每极截面积，得到空气隙中平均磁通密度 B_{av}，即

$$B_{av} = \frac{\Phi}{A_\delta} \tag{4-58}$$

这是假定每极磁通在一个极距内均匀分布时的平均磁通密度。但是，实际上气隙磁场在空间分布是不均匀的。由于磁路计算途径是沿"磁极"中心线取的（见图 4-11 和图 4-12），即取极下最大磁通密度路径计算的，所以在计算空气隙、定子齿和转子齿所需磁动势时应选用最大磁通密度。因此，在计算中引用波幅系数 K_T。

波幅系数是空气隙中最大磁通密度 B_δ 和平均磁通密度 B_{av} 之比，即

$$K_T = \frac{B_\delta}{B_{av}}$$

所以

$$B_\delta = K_T \frac{\Phi}{A_\delta} \tag{4-59}$$

对于不饱和电机，气隙中磁通密度分布为正弦波形，则 $K_T = \pi/2 = 1.57$。但对于饱和电机，气隙磁通密度分布的波形不再为正弦波，一般为平顶波，则 $K_T < 1.57$。气隙中的最大

磁通密度 B_δ 是随着电机的饱和程度而变化的，因此在实际计算中，波幅系数 K_T 是饱和系数，K_s 由图 4-13 查得。

饱和系数 K_s 是指在电机额定运行情况下，空气隙、定子齿、转子齿所需磁动势之和与空气隙所需磁动势之比。即

$$K_s = \frac{F_\delta + F_{t1} + F_{t2}}{F_\delta} \qquad (4\text{-}60)$$

由此可知，如果定、转子的磁动势较高，也就是饱和程度较高，则定、转子齿部所需磁动势 F_{t1} 和 F_{t2} 相对较大，于是饱和系数 K_s 也就较大。这时气隙磁通密度分布的波形也较扁平，波幅系数 K_T 也就较小。

设计电机时，磁路设计既不可太饱和，也不可太不饱和。因为太饱和时很难满足性能要求，太不饱和时则费材料。对于一定型号的电机，K_T 有一个合适的范围，如普通的小型三相异步电动机，K_T 一般取 1.25～1.45 范围内。

在磁路计算开始时，饱和系数 K_s 尚不知道，故波幅系数 K_T 也是未知数，空气隙磁通

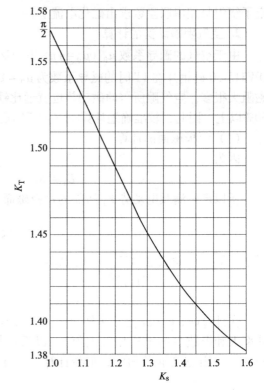

图 4-13 $K_T = f(K_s)$ 曲线

密度最大值 B_δ 也无法求得。这时需参考已有电机的数据或根据经验先假定一个 K_s 值进行计算。计算完 F_δ、F_{t1} 与 F_{t2} 后须核算 K_s 值与假定值是否相符，如果相差在 1% 以内，说明假定的波形与实际波形相近，磁路计算所得结果是正确的；如果算的 K_s 值与定值相差太大，则说明磁路的实际饱和情况与假定情况不符，这样所得的 B_δ 及以后各部分磁通密度值都是与实际情况不符的，计算所得的磁动势当然也不符合实际情况。此时应重新定 K_s 值再进行计算，直到合乎要求为止。

对于空气隙，磁导系数 μ_0 是个常数，故可用下式计算相应的磁场强度（即每米长磁路所需磁动势）H_δ

$$H_\delta = \frac{B_\delta}{\mu_0} = \frac{B_\delta}{4\pi \times 10^{-7}} = 0.8 \times 10^6 B_\delta \qquad (4\text{-}61)$$

所以只要再算出空气隙有效长度，便可求出空气隙所需磁动势。

（3）空气隙系数和空气隙有效长度的计算

在气隙均匀且不考虑齿槽影响（即假设电机定转子表面都是光滑的）的情况下，空气隙所需磁动势就是空气隙每米长所需磁动势 $0.8 \times 10^6 B_\delta (\text{A/m})$，与空气隙长度 $\delta (\text{m})$ 的乘积，即

$$F_\delta = 0.8 \times 10^6 B_\delta \delta$$

实践中，人们发现这样计算出的空气隙所需磁动势比实际的偏小，这是因为当电机定、转子表面有齿和槽时，气隙磁通密度在空间的周向分布不均匀的，有疏有密，槽口附近疏些，如图 4-14 所示。可见空气隙磁通密度比不考虑齿槽影响时要高一些，因此空气隙所需

磁动势应该大些。

在工程计算中，通常把空气隙磁通密度 B_δ 的增大等效看作空气隙长度的增加。这时空气隙磁通密度仍采用定、转子表面光滑时的空气隙磁通密度 B_δ 而空气隙长度由 δ 增加到 δ_{ef}，即

$$\delta_{ef} = K_\delta \delta \tag{4-62}$$

式中　δ_{ef}——空气隙有效长度；

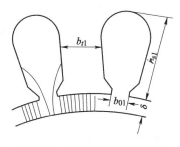

图4-14　齿槽部分的气隙磁场

　　K_δ——空气隙系数（也叫卡氏系数），$K_\delta > 1$。

根据理论分析和实践经验，计算 K_δ 的公式如下：

半闭口槽和半开口槽

$$K_\delta = \frac{t(4.4\delta + 0.75b_0)}{t(4.4\delta + 0.75b_0) - b_0^2} \tag{4-63}$$

开口槽

$$K_\delta = \frac{t(5\delta + b_0)}{t(5\delta + b_0) - b_0^2} \tag{4-64}$$

式中　t——齿距；

　　b_0——槽口宽。

转子表面光滑，定子有槽时的空气隙系数叫定子空气隙系数，以 $K_{\delta 1}$ 表示，计算 K_δ 的公式中，t 和 b_0 分别以定子齿距 t_1 和定子槽口宽 b_{01} 代入；同样，把定子表面光滑、转子有槽时的空气隙系数叫转子空气隙系数，以 $K_{\delta 2}$ 表示，计算 K_δ 的公式中，t 和 b_0 分别以 t_2 和 b_{02} 代入。

当定、转子都开槽时，空气隙系数为

$$K_\delta = K_{\delta 1} K_{\delta 2} \tag{4-65}$$

这样，空气隙有效长度 δ_{ef}，为

$$\delta_{ef} = \delta K_{\delta 1} K_{\delta 2} \tag{4-66}$$

空气隙有效长度 δ_{ef} 乘以空气隙每米长所需磁动势即为空气隙所需磁动势（A）

$$F_\delta = 0.8 \times 10^6 B_\delta \delta_{ef} \tag{4-67}$$

3. 齿部磁动势的计算

（1）齿部磁通密度的计算

异步电机齿部磁通密度一般在 1.8T 以下时，齿部饱和程度不高，可认为每极磁通全部从齿内通过。但每一瞬间各齿中磁通密度是不同的，处于气隙磁通密度最大值 B_δ 处的齿中磁通密度值也最大，其他各齿中磁通密度值则较小，通常沿磁极轴线取回路进行计算。此处齿部磁通密度具有最大值。

定子齿磁通密度

$$B_{t1} = K_T \frac{\Phi}{A_{t1}} \tag{4-68}$$

转子齿磁通密度

$$B_{t2} = K_T \frac{\Phi}{A_{t2}} \tag{4-69}$$

式中　A_{t1}——单个极的定子齿截面积；

　　　A_{t2}——单个极的转子齿截面积。

$$A_{t1} = b_{t1}l_{\text{Fe}}Z_{\text{p1}} = b_{t1}l_{\text{Fe}}\frac{Z_1}{2p} \tag{4-70}$$

$$A_{t2} = b_{t2}l_{\text{Fe}}Z_{\text{p2}} = b_{t2}l_{\text{Fe}}\frac{Z_2}{2p} \tag{4-71}$$

对于非平行齿，由于各处齿宽不等，计算时 b_{t1}、b_{t2} 应取靠近齿最狭处的 1/3 高度处的宽度。

（2）齿部磁动势的计算

先根据齿部磁通密度 B_{t1}、B_{t2} 之值，按实际采用的硅钢片磁化曲线查出定、转子齿部磁路每米长所需安匝数（磁场强度）H_{t1} 和 H_{t2}，然后按下式计算定、转子齿部所需磁动势（A）。

定子

$$F_{t1} = H_{t1}L'_{t1} \tag{4-72}$$

转子

$$F_{t2} = H_{t2}L'_{t2} \tag{4-73}$$

式中　L'_{t1}——定子齿部磁路计算长度；

　　　L'_{t2}——转子齿部磁路计算长度。

齿部磁路计算长度一般取等于槽高。但考虑到半闭口槽的槽口部分一段的齿较宽，此处的磁通密度值低很多，而且这一段很短，因此该段所需磁动势很小，可以忽略不计。另外，对于圆底槽，因其槽底 r_{s1} 和 r_{s2} 一段的齿较宽，磁通密度值也比较低，所以在计算段的磁路长度时只取 $r_{s1}/3$ 或 $r_{s2}/3$。这样定、转子齿部磁路计算长度为

定子：

圆底槽

$$L'_{t1} = h_{s11} + h_{s12} + \frac{1}{3}r_{s1} \tag{4-74}$$

半开口平底槽

$$L'_{t1} = h_{s11} + h_{s12} \tag{4-75}$$

开口平底槽

$$L'_{t1} = h_{s1} \tag{4-76}$$

转子：

圆底槽

$$L'_{t2} = h_{s21} + h_{s22} + \frac{1}{3}r_{s2} \tag{4-77}$$

平底槽

$$L'_{t2} = h_{s21} + h_{s22} \tag{4-78}$$

式中　r_{s1}、r_{s2}——圆底槽槽底圆弧半径。

对凸形槽和双笼型电机，齿部磁路上、下两部分的磁通密度和计算长度不同，因此要分两段进行计算，齿部所需磁动势是这两部分所需磁动势之和。在空气隙磁动势和定、转子齿

部磁动势算出以后，应按式（4-60）校核饱
和系数 K_s 的值。

4. 轭部磁动势的计算

（1）轭部磁通密度的计算

由图4-15可见，异步电机轭部不同截面
上的磁通密度是不相等的，大体上是在磁极
中心线空气隙磁通密度、定子齿磁通密度和
转子齿磁通密度最大处，轭部磁通密度为
零。而在极间中心线的截面上轭部磁通密度
最高。

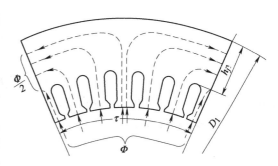

图 4-15　轭部磁通的分布

通常所谓轭部磁通密度即指此处的磁通密度而言。因为每极磁通经过齿部分两路进入轭
部，轭部磁通仅为每极磁通的一半，所以定转子轭部磁通密度分别为

$$B_{j1} = \frac{\Phi}{2A_{j1}} \tag{4-79}$$

$$B_{j2} = \frac{\Phi}{2A_{j2}} \tag{4-80}$$

式中　A_{j1}——定子轭部截面积；

A_{j2}——转子轭部截面积，且

$$A_{j1} = h'_{j1}l_{Fe} \tag{4-81}$$

$$A_{j2} = h'_{j2}l_{Fe} \tag{4-82}$$

式中　h'_{j1}——定子轭部计算高度；

h'_{j2}——转子轭部计算高度。

圆底槽

$$h'_{j1} = \frac{D_1 - D_{i1}}{2} - h_{s1} + \frac{1}{3}r_{s1} \tag{4-83}$$

$$h'_{j2} = \frac{D_2 - D_{i2}}{2} - h_{s2} + \frac{1}{3}r_{s2} - \frac{2}{3}d_{v2} \tag{4-84}$$

平底槽

$$h'_{j1} = \frac{D_1 - D_{i1}}{2} - h_{s1} \tag{4-85}$$

$$h'_{j2} = \frac{D_2 - D_{i2}}{2} - h_{s2} - \frac{2}{3}d_{v2} \tag{4-86}$$

式中　d_{v2}——转子轴向通风孔的直径，如无轴向通风孔时 $d_{v2}=0$。

有数排轴向通风孔时，在公式中要用所有各排轴向通风孔直径的总和作为轴向通风孔
直径。

对于转子直接套在轴上的2极电机，应以 $D_{i2}/3$ 代替 D_{i2}。

（2）轭部磁动势的计算

先根据轭部磁通密度 B_{j1} 和 B_{j2} 的值，按实际采用的硅钢片磁化曲线查出定、转子轭部磁
路每米长所需安匝数（磁场强度）H_{j1} 和 H_{j2}，然后按下式计算定、转子轭部磁动势（A）。

定子

$$F_{j1} = C_1 H_{j1} L'_{j1} \qquad\qquad (4-87)$$

转子

$$F_{j2} = C_2 H_{j2} L'_{j2} \qquad\qquad (4-88)$$

式中　L'_{j1}——定子轭部磁路计算长度;

　　　L'_{j2}——转子轭部磁路计算长度,且

$$L'_{j1} = \frac{\pi(D_1 - h'_{j1})}{4p} \qquad\qquad (4-89)$$

$$L'_{j2} = \frac{\pi(D_{i2} + h'_{j2})}{4p} \qquad\qquad (4-90)$$

式 (4-87) 和式 (4-88) 中的 C_1、C_2 为定、转子轭部磁路长度校正系数。在沿定转子轭部磁路长度 L'_{j1}、L'_{j2} 上,不同位置的磁通度不同,轭部中间处最大,两边逐渐减小,在磁极轴线处的轭部磁通密度为零,而由式 (4-79) 和式 (4-80) 求得的 B_{j1} 和 B_{j2} 是定转子轭部磁通密度的最大值。同时轭部各处磁路实际长度也不相等,在计算中是将定、转子轭部各处磁通密度看作相等,取其最大值 B_{j1} 和 B_{j2},按轭部磁路平均长度 L'_{j1} 和 L'_{j2} 来计算的。这样求得的轭部磁动势将比实际值偏大,因此要分别乘以一个小于 1 的校正系数 C_1 和 C_2。C_1 和 C_2 的大小与轭部磁通密度、极数及轭部计算高度同极距的比值 h'_j/τ 等有关,可由图 4-16～图 4-18 查得。

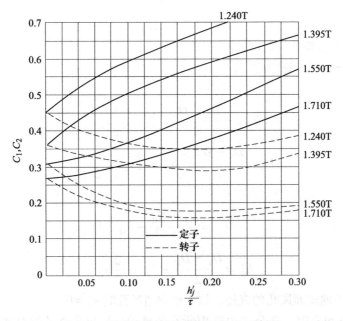

图 4-16　轭部磁路校正系数 C_1 和 C_2 (2 极)

5. 满载磁化电流和励磁电抗的计算

(1) 满载磁化电流的计算

根据前面所求出的定、转子各段路的磁动势,可求出电机每极磁路所需要的总磁动势 (A) 为

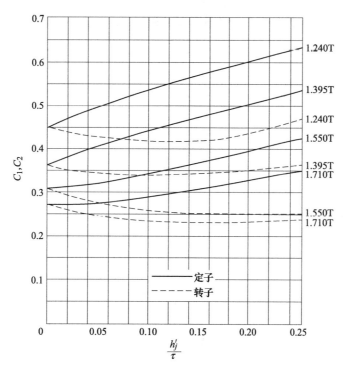

图 4-17 轭部磁路校正系数 C_1 和 C_2（4 极）

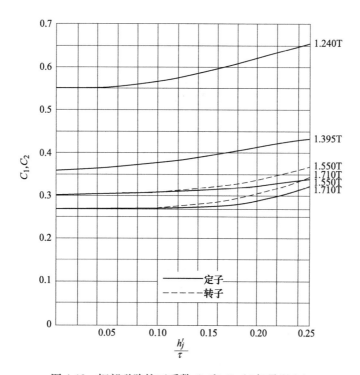

图 4-18 轭部磁路校正系数 C_1 和 C_2（6 极及以上）

$$F = F_\delta + F_{t1} + F_{t2} + F_{j1} + F_{j2}$$

从电机原理可知，异步电机的每极基波磁动势幅值为

$$F = 0.45 m_1 K_{dp1} \frac{I_m N_{\phi 1}}{2p}$$

所以，满载磁化电流为

$$I_m = \frac{1}{0.45} \frac{2pF}{m_1 N_{\phi 1} K_{dp1}} = \frac{2.22 \times 2pF}{m_1 N_{\phi 1} K_{dp1}} \tag{4-91}$$

满载磁化电流标幺值为

$$i_m^* = \frac{I_m}{I_{KW}} \tag{4-92}$$

（2）励磁电抗的计算

对于异步电机，磁化电流 I_m 建立空气隙中的主磁通 Φ，Φ 在定子绕组中感应电动势 E_1。从电路观点，可以写成 $E_1 = I_m X_m$，就是用励磁电抗来表示主磁通 Φ 的作用。由此

$$X_m = \frac{E_1}{I_m} \approx \frac{U_1}{I_m} \tag{4-93}$$

其标幺值为

$$X_m^* = \frac{X_m I_{KW}}{U_1} = \frac{I_{KW}}{I_m} = \frac{1}{i_m^*} \tag{4-94}$$

异步电动机的励磁电抗一般在 1~4 之间，其中小值属于极数较多的电机。

（3）磁化电流和电磁负荷的关系

F 中的主要成分是 F_δ，为了便于分析，认为 $F = KF_\delta$，K 是反映电机饱和程度的一个系数。于是

$$
\begin{aligned}
i_m^* &= \frac{I_m}{I_{KW}} = \frac{2.22 \times 2pF}{m_1 N_{\phi 1} K_{dp1} I_{KW}} \\
&= \frac{2.22 \times 2pK \times 0.8 \times 10^6 B_\delta \delta K_\delta}{m_1 N_{\phi 1} K_{dp1} I_{KW}}
\end{aligned}
\tag{4-95}
$$

$$= 1.78 \times 10^6 \times \frac{KK_\delta}{K_{dp1}} \frac{\delta}{\tau} \frac{B_\delta}{A_{KW}}$$

其中

$$A_{KW} = \frac{m_1 N_{\phi 1} I_{KW}}{\pi D_{i1}}$$

$$\tau = \frac{\pi D_{i1}}{2p}$$

由于 $A_{KW} \propto A_s$，所以式（4-95）可写成

$$i_m^* \propto K \frac{\delta}{\tau} \frac{B_\delta}{A_s} \tag{4-96}$$

从上式可知，电机愈饱和，空气隙长度与极距之比 δ/τ 愈大（极数多的）；磁负荷高而

线负荷低的电机，磁化电流较大，功率因数较低。

4.2.4　参数计算

电机的参数主要指定子绕组电阻 R_1、转子绕组电阻 R_2、定子绕组漏抗 $X_{\sigma1}$ 和转子绕组漏抗 $X_{\sigma2}$。有了这四个数值，加上磁路计算结果，就可以计算出电机的性能。

下面对各个参数的计算方法分别进行讨论。

1. 定子绕组的电阻计算

定子绕组每相电阻的计算公式为

$$R_1 = \frac{\rho l_c N_{\phi1}}{\alpha_1 N_{t1} A_0} \tag{4-97}$$

其标幺值为

$$r_1^* = R_1 \frac{I_{KW}}{U_1} \tag{4-98}$$

式中　ρ——导线电阻系数（$\Omega \cdot m$）；

l_c——线圈平均半匝长；

$N_{\phi1}$——每相串联导体数；

α_1——绕组并联路数；

A_0——每根导线截面积；

N_{t1}——导线并绕根数。

双层绕组线圈平均半匝长（见图 4-19）为

$$l_c = l_B + 2l_{ce} \tag{4-99}$$

其中

$$l_B = l + 2l_{ae} \tag{4-100}$$

式中　l_B——线圈直线部分长度；

l_{ce}——线圈端部长度；

l——铁心长度；

$2l_{ae}$——线圈直线部分两端伸出铁心的长度。

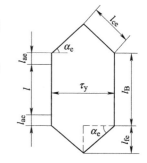

图 4-19　定子线圈尺寸

低压（380V）的小型电机一般取 $l_{ae} = 1 \sim 3\text{cm}$，极数少、容量大的电机取较大值。

线圈端部长度 l_{ce} 按下式计算：

$$l_{ce} = \frac{\tau_y}{2\cos\alpha_e} \tag{4-101}$$

式中，τ_y 为定子线圈的跨距，即线圈两个有效边沿圆弧方向所跨的平均距离，见图 4-20，且

$$\tau_y = \frac{\pi\left[D_{i1} + 2(h_{01} + h_{s11}) + h_{s12} + r_{s1}\right]}{2p}\beta \tag{4-102}$$

式中　β——短距比。

应该指出，在计算绕组的磁动势和电动势时，单层绕组从电磁本质来看一般都是整距绕组，故取 $\beta = 1$。但在计算线圈的平均宽度时，就要用 β 的实际值，即以槽数表示的实际跨

距与极距之比。在计算单层同心式或交叉式绕组的线圈尺寸时，β 取平均值。

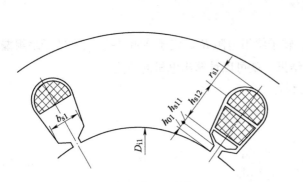

图 4-20 线圈所在位置

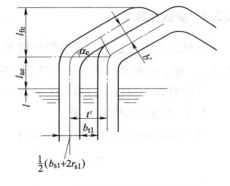

图 4-21 定子线圈端部尺寸的计算

线圈嵌入槽中以后，端部自然形成一个角度 α_e（见图 4-21）。若端部伸出部分长，形成的角度 α_e 大，以致费导线、损耗大、效率低、温升高。因此在端部安排时要尽可能使角 α_e 小一些。但角 α_e 太小则线圈端部弯曲程度大，嵌线比较困难，且费工时。所以在嵌线方便的条件下，角 α_e 应尽量小一些。应根据第一槽线圈端部占据的位置不能将第二个槽口封住、各槽线圈端部间排列紧密无间隙的原则来确定角 α_e。

由图 4-21 可知

$$\sin\alpha_e = \frac{b'}{t'}$$

其中

$$b' = \frac{1}{2}(b_{s1} + 2r_{s1}) \tag{4-103}$$

$$t' = b_{t1} + \frac{1}{2}(b_{s1} + 2r_{s1}) \tag{4-104}$$

所以

$$\sin\alpha_e = \frac{b_{s1} + 2r_{s1}}{b_{s1} + 2r_{s1} + 2b_{t1}} \tag{4-105}$$

$$\cos\alpha_e = \sqrt{1 - \sin^2\alpha_e} \tag{4-106}$$

在计算线圈端部长度 l_{ce} 时应直接将 $\cos\alpha_e$ 值代入，而不必求出 α_e。

单层线圈平均半匝长的计算公式为

$$l_c = l_B + K_c\tau_y \tag{4-107}$$

式中，K_c 为经验值，随电机极数不同而不同，两极取 1.16；4 极、6 极取 1.20；8 极取 1.25。

对于采用扁线绕制的硬绕组，计算 l_c 时还须特别考虑线圈鼻端，用做图或计算方法求出。

在计算端部漏抗时，要用到双层线圈端部轴向投影长 l_{fe} 和单层线圈端部平均长 l_e。从图 4-19 可知

$$l_{fe} = l_{ce}\sin\alpha_e \tag{4-108}$$

$$l_e = 2l_{ae} + K_c\tau_y \tag{4-109}$$

2. 转子绕组的电阻计算

笼型三相异步电动机转子绕组电阻包括导条电阻和端环电阻两部分。

每根导条的电阻为

$$R_B = \frac{K_B l_B \rho_B}{A_B} \tag{4-110}$$

式中 l_B——转子导条长度;

A_B——转子导条截面积;

K_B——考虑由于转子叠片不齐使转子槽有效面积减小而引起导条电阻增加的系数,铸铝转子取 $K_B = 1.04$,铜条转子取 $K_B = 1$;

ρ_B——导条材料的电阻系数($\Omega \cdot m$)。

每根导条有两个端环段与之相接,这两段端环的电阻为

$$R_R = \frac{2\pi D_R \rho_R}{Z_2 A_R} \tag{4-111}$$

式中 D_R——端环平均直径;

A_R——端环截面积;

ρ_R——端环材料的电阻系数($\Omega \cdot m$),见表4-23。

表 4-23 转子导条和端环的电阻系数　　　　　（单位: $\mu\Omega \cdot m$）

绝缘等级	材　料				
	紫铜	黄铜	硬紫铜杆	铸铜	硅铝
A、E、B	0.0217	0.0804	0.0278	0.0434	0.062~0.0727
F、H	0.0245	0.0908	0.0314	0.0491	0.070~0.0816

在等效电路中,转子电流是指折算到定子侧的转子导条电流,而折算后的转子电阻,应包括导条电阻和端环电阻两部分。由于端环流过的电流和导条电流不一样,这两部分电阻不能简单相加,所以计算时要先把端坏电阻折算到导条边,再由导条边折算到定子侧。

把端环电阻折算到导条边的原则,与定转子之间的折算原则相同,即折算前后的电阻损耗不变。为此首先须找出端环电流和导条电流的关系。

从图4-22可见,相邻两根导条中的电动势在时间上相差的相位角恰好等于槽距电角 α。由于对称关系,相邻两导条中电流的相位差和相邻两段端环中电流的相位差(rad)均为

$$\alpha = \frac{2p\pi}{Z_2} \tag{4-112}$$

根据节点电流定律,对节点 A 来说,导条电流 I_{B1} 等于相邻两段端环电流 I_{R2} 和 I_{R1} 的矢量差,如图4-22所示。

按相量图的几何关系得到端环电流为

$$I_R = \frac{1}{2} \frac{I_B}{\sin\frac{\alpha}{2}} = I_B \frac{1}{2\sin\frac{p\pi}{Z_2}} \approx I_B \frac{1}{\frac{2p\pi}{Z_2}} = I_B \frac{Z_2}{2p\pi} \tag{4-113}$$

式中,因 $\frac{p\pi}{Z_2}$ 值很小,所以 $\sin\frac{p\pi}{Z_2} \approx \frac{p\pi}{Z_2}$。

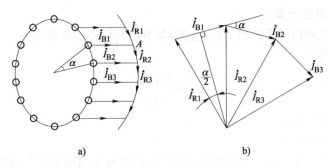

图 4-22 笼型转子中的电流关系

根据折算前后损耗不变的原则

$$I_B^2 R_R' = I_R^2 R_R$$

故端环电阻折算到导条边的折算电阻为

$$R_R' = \left(\frac{I_R}{I_B}\right)^2 R_R = \left(\frac{Z_2}{2p\pi}\right)^2 R_R \tag{4-114}$$

笼型转子绕组为一多相对称绕组，每根导条为一相，相数 $m_2 = Z_2$；每相串联的导体数 $N_{\phi2} = 1$；绕组系数 $K_{dp2} = 1$，故转子参数折算到定子侧的折算系数为

$$K_R = \frac{m_1(N_{\phi1}K_{dp1})^2}{m_2(N_{\phi2}K_{dp2})^2} = \frac{m_1(N_{\phi1}K_{dp1})^2}{Z_2} \tag{4-115}$$

因此，折算到定子侧的转子导条电阻为

$$R_B' = \frac{m_1(N_{\phi1}K_{dp1})^2}{Z_2}\frac{K_B l_B \rho_B}{A_B} = m_1(N_{\phi1}K_{dp1})^2 \frac{K_B l_B \rho_B}{A_B Z_2}$$

$$= K \frac{K_B l_B \rho_B}{A_B Z_2} \tag{4-116}$$

其中

$$K = m_1(N_{\phi1}K_{dp1})^2 \tag{4-117}$$

其标幺值为

$$r_B^* = R_B' \frac{I_{KW}}{U_1} \tag{4-118}$$

折算到定子侧的端环电阻为

$$R_R'' = K_R R_R' = \frac{m_1(N_{\phi1}K_{dp1})^2}{Z_2}\left(\frac{Z_2}{2p\pi}\right)^2 \frac{2\pi D_R \rho_R}{Z_2 A_R}$$

$$= m_1(N_{\phi1}K_{dp1})^2 \frac{D_R \rho_R}{2p^2\pi A_R} = K \frac{D_R \rho_R}{2p^2\pi A_R} \tag{4-119}$$

其标幺值为

$$r_R^* = R_R'' \frac{I_{KW}}{U_1} \tag{4-120}$$

转子每相电阻的标幺值为

$$r_2^* = r_B^* + r_R^* \tag{4-121}$$

3. 定子绕组漏抗的计算

定子绕组中的电流除建立气隙基波磁场（主磁场）外，还建立漏磁场。在槽的周围建立的磁场，称为槽漏磁场；在端部周围建立的磁场，称为端部漏磁场（见图4-23）；而气隙中一系列谐波磁场，由于不参与定、转子之间的能量转换，所以称为具有漏磁性质的谐波磁扬。对应于上述三种漏磁场，就存在着三部分漏抗：槽漏抗$X_{\sigma s1}$、端部漏抗$X_{\sigma e1}$和谐波漏抗$X_{\sigma d1}$。

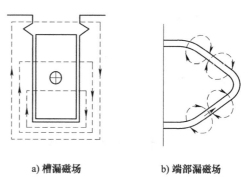

a) 槽漏磁场　　　b) 端部漏磁场

图 4-23　定子漏磁通

（1）定子槽漏抗的计算

由电工基础可知，任何一根导线或线圈的电抗为

$$X = 2\pi f L \tag{4-122}$$

式中　L——导线或线圈的电感。

在计算槽漏磁回路中，因为磁通要通过很大一段空气磁路，而空气比铁磁材料导磁能力低很多，可以认为励磁磁动势全部降落在空气磁路上，于是漏磁通与电流成正比。

单位电流所产生的磁链数就是电感L

$$L = \frac{\Psi}{I} = \frac{W\phi}{I} = \frac{WIW}{IR_m} = \frac{W^2}{R_m} \tag{4-123}$$

式中　R_m——漏磁路的磁阻（A/Wb）。

因此漏磁回路的漏抗为

$$X = 2\pi f L = 2\pi f \frac{W^2}{R_m} \tag{4-124}$$

由上式可知，漏抗的大小与导线或线圈的匝数平方成正比，与漏磁路的磁阻成反比。

1）定子槽单位漏磁导的计算

下面以图4-24所示的开口槽为例来具体分析一下槽漏抗的计算。假设槽中放的是双层整距绕组，每槽导体数为N_{s1}，铁心长度为l_1。

计算时将槽分为两部分：槽口部分和槽内导体部分。

根据全电流定律，在某一高度内的磁通是由它以下的全电流所建立的，且仅与该部分导体自链。因此在不同高度上的导体数、磁通量和磁链情况是变化的。

在槽口部分h_{01}高度范围内，因为通过这个齿槽高度内的磁通是槽内总电流I_1建立的，且它与全部槽导体N_{s1}交链，其磁动势为$I_1 N_{s1}$，磁阻为$R_m = \dfrac{b_{01}}{\mu_0 h_{01} l_1}$（A/Wb），故其漏磁通为

$$\Phi_U = \frac{I_1 N_{s1}}{\dfrac{b_{01}}{\mu_0 h_{01} l_1}} \tag{4-125}$$

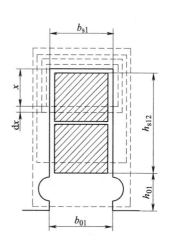

图 4-24　槽漏磁及其磁链

其磁链数为

$$\varPsi_{\mathrm{U}} = N_{\mathrm{s1}}\varPhi_{\mathrm{U}} = \frac{\mu_0 h_{01} l_1 N_{\mathrm{s1}}^2 I_1}{b_{01}} \tag{4-126}$$

其漏电感为

$$L_{\mathrm{U}} = \frac{\varPsi_{\mathrm{U}}}{I_1} = N_{\mathrm{s1}}^2 \mu_0 l_1 \frac{h_{01}}{b_{01}} \tag{4-127}$$

槽内导体部分的漏磁通是由槽内一部分导体的磁动势产生的,这部分导体在 h_{s12} 高度范围内沿着槽底到槽口的方向逐渐增加,且与这部分导体产生的磁通交链,这部分磁链需用积分法求得。

在距槽底高度 x 处取一很小的高度 $\mathrm{d}x$,则通过 $\mathrm{d}x$ 宽截面的磁通 $\mathrm{d}\varPhi_x$ 为

$$\mathrm{d}\varPhi_x = \frac{N_{\mathrm{s1}}\dfrac{xI_1}{h_{\mathrm{s12}}}}{\dfrac{b_{\mathrm{s1}}}{\mu_0 \mathrm{d}x l_1}} \tag{4-128}$$

其磁链为

$$\mathrm{d}\psi_x = N_{\mathrm{s1}} \frac{x}{h_{\mathrm{s12}}} \mathrm{d}\varPhi_x = \left(N_{\mathrm{s1}} \frac{x}{h_{\mathrm{s12}}}\right)^2 I_1 \frac{\mu_0 l_1}{b_{\mathrm{s1}}} \mathrm{d}x \tag{4-129}$$

因此,在 h_{s12} 高度范围内的全部漏磁链为

$$\varPsi_{\mathrm{L}} = \int_0^{h_{\mathrm{s12}}} \mathrm{d}\varPsi_{\mathrm{L}} = \frac{N_{\mathrm{s1}}^2 \mu_0 l_1 I_1}{h_{\mathrm{s12}}^2 b_{\mathrm{s1}}} \int_0^{h_{\mathrm{s12}}} x^2 \mathrm{d}x = N_{\mathrm{s1}}^2 \mu_0 l_1 I_1 \frac{h_{\mathrm{s12}}}{3b_{\mathrm{s1}}} \tag{4-130}$$

其漏电感 L_{L} 为

$$L_{\mathrm{L}} = \frac{\varPsi_{\mathrm{L}}}{I_1} = N_{\mathrm{s1}}^2 \mu_0 l_1 \frac{h_{\mathrm{s12}}}{3b_{\mathrm{s1}}} \tag{4-131}$$

则这个槽的总漏电感 L_{s1} 为

$$L_{\mathrm{s1}} = L_{\mathrm{U1}} + L_{\mathrm{L1}} = N_{\mathrm{s1}}^2 \mu_0 l_1 \left(\frac{h_{01}}{b_{01}} + \frac{h_{\mathrm{s12}}}{3b_{\mathrm{s1}}}\right) = N_{\mathrm{s1}}^2 \mu_0 l_1 \lambda_{\mathrm{s1}} \tag{4-132}$$

式中　λ_{s1}——定子槽单位漏磁导。

由式(4-132)得 $\lambda_{\mathrm{s1}} = \dfrac{L_{\mathrm{s1}}}{N_{\mathrm{s1}}^2 \mu_0 l_1}$。

所以,λ_{s1} 的物理意义是轴向单位长度上槽内一根导体内流过单位电流所产生的槽漏磁链。令 $\lambda_{\mathrm{U1}} = \dfrac{h_{01}}{b_{01}}$,称为定子槽上部漏磁导;令 $\lambda_{\mathrm{L1}} = \dfrac{h_{\mathrm{s12}}}{3b_{\mathrm{s1}}}$,称为定子槽下部漏磁导,显然

$$\lambda_{\mathrm{s1}} = \lambda_{\mathrm{U1}} + \lambda_{\mathrm{L1}} \tag{4-133}$$

槽单位漏磁导是与槽的几何形状及尺寸有关的一个没有单位的量。对于相同槽面积的槽来说,槽形深而窄的比浅而宽的 λ_{s1} 要大,因而漏抗也大。对应于不同的槽形,λ_{U1} 和 λ_{L1} 有不同的数值。

上面讨论的定子槽单位漏磁导 λ_{s1} 的计算是在整距绕组时的情况,对于短距双层绕组来说,由于绕组是短距的,每相的各个槽中的上下两层线圈边有的是不属于同一相的,这时槽

内总电流就等于两层导体电流的相量和。因此，与属于同一相的相比，其槽内总电流要小，磁动势要小，槽漏磁通及对应的槽漏抗也要小，减少多少与短距比 β 有关。为了计算方便，工程上把 β 对槽漏抗的影响归结为在槽单位漏磁导上乘以小于 1 的系数，则式（4-133）写成一般形式为

$$\lambda_{s1} = K_{U1}\lambda_{U1} + K_{L1}\lambda_{L1} \tag{4-134}$$

式中，K_{U1}、K_{L1} 为节距漏抗系数，可从图 4-33 查出。当绕组是整距时，$\beta = 1$，K_{U1} 和 K_{L1} 都等于 1。λ_{L1} 可查阅图 4-28~图 4-30。

2）定子槽漏抗的计算

现在具体计算一下定子每相绕组的槽漏抗 $X_{\sigma s1}$。

定子每相绕组由 $2pq_1$ 个槽组成，若并联路数为 a_1 时，则每个支路由 $2pq_1/a_1$ 个槽的导体串联，所以每个支路的槽漏电感为 $2pq_1L_{s1}/a_1$。每相绕组有 a_1 个支路并联，则一相槽漏电感为 $\dfrac{1}{a_1}\dfrac{2pq_1}{a_1}L_{s1}$，因而每相绕组的槽漏抗为

$$X_{\sigma s1} = 2\pi f \frac{2pq_1}{a_1^2}L_{s1} \tag{4-135}$$

槽漏抗的标幺值为

$$x_{\sigma s1}^* = \frac{X_{\sigma s1}}{\dfrac{m_1 U_1^2}{P_2 \times 10^3}} = \frac{2\pi f \dfrac{2pq_1}{a_1^2} N_{s1}^2 \mu_0 l_1 \lambda_{s1}}{\dfrac{m_1 U_1^2}{P_2 \times 10^3}} = \frac{2\pi\mu_0 \times 10^3}{m_1} \frac{fP_2 N_{\phi1}^2 l_1}{2pq_1 U_1^2}\lambda_{s1}$$

$$= \frac{l_1 m_1(2p)\lambda_{s1}}{l_{ef}K_{dp1}^2 Z_1} \frac{2\pi\mu_0 \times 10^3 fP_2(N_{\phi1}K_{dp1})^2 l_{ef}}{m_1(2p)U_1^2}$$

式中

$$N_{\phi1} = \frac{2pq_1}{a_1}N_{s1}$$

以 $\mu_0 = 4\pi \times 10^{-7}\text{H/m}$，$m_1 = 3$ 代入上式，得

$$X_{\sigma s1}^* = \frac{l_1 m_1(2p)\lambda_{s1}}{l_{ef}K_{dp1}^2 Z_1} \frac{2.63fP_2 l_{ef}(N_{\phi1}K_{dp1})^2}{2pU_1^2 \times 10^3} = \frac{l_1 m_1(2p)\lambda_{s1}}{l_{ef}K_{dp1}^2 Z_1}C_x \tag{4-136}$$

式中

$$C_x = \frac{2.63fP_2 l_{ef}(N_{\phi1}K_{dp1})^2}{2pU_1^2 \times 10^3} \tag{4-137}$$

$l_1 = l$（无径向通风道时）；

$l_1 = l - N_{v1}b_{v1}''$（有径向通风道时）。

式中 C_x——漏抗系数；

N_{v1}——定子径向通风道数；

b_{v1}''——通风道损失宽度，查图 4-34。

3）漏抗系数 C_x 的讨论

漏抗系数 C_x 集中了所有定、转子漏抗计算中的共同部分。引用了漏抗系数 C_x 后，把

定、转子漏抗都分成两部分：一部分是用 C_x 表示的定、转子漏抗的共同部分，另一部分则随着漏抗性质不同而以不同形式表示。这样既简化了计算，也便于分析、区别各种漏抗的主要影响因素。例如定子槽形变化只影响 λ_{s1}，故只影响 $X^*_{\sigma s1}$。而 $N_{\phi 1}$ 的变化影响共同部分 C_x，换句话说，不仅影响 $X^*_{\sigma s1}$ 的大小，对定转子其他漏抗也同样有影响。这就更便于以后的方案调整工作。

漏抗系数 C_x 还反映了电磁负荷 A_S、B_δ 对漏抗的影响。因为

$$P_2 = m_1 U_1 I_1 \eta \cos\varphi \times 10^{-8}$$

$$E_1 = 2.22 f N_{\phi 1} K_{dp1} \Phi$$

$$U_1 = \frac{E_1}{1 - \varepsilon_L} = \frac{2.22 f N_{\phi 1} K_{dp1} \Phi}{1 - \varepsilon_L}$$

$$\Phi = \frac{1}{K_T} B_\delta \tau l_{ef} = \frac{1}{K_T} B_\delta \frac{\pi D_{i1}}{2p} l_{ef}$$

把这些关系式代入漏抗系数 C_x 中化简得

$$C_x = 1.18 K_T (1 - \varepsilon_L) K_{dp1} \eta \cos\varphi \frac{A_S}{B_\delta} \times 10^{-8} \tag{4-138}$$

因为漏抗正比于 C_x，所以漏抗也正比于 A_S/B_δ。可见电磁负荷不但单个数值的选取对电机性能有重要影响，而且它们的比值对电机性能也有重要影响。

（2）定子端部漏抗的计算

绕组端部漏抗与绕组型式，端部结构、端接部分伸出长度及倾斜角等许多因素有关，由于电机端部结构和磁场分布比较复杂，一般都用经验公式计算。

1）双层迭绕组

$$x^*_{\sigma e1} = \frac{1.2(l_{ae} + 0.5 l_{fe})}{l_{ef}} C_x \tag{4-139}$$

2）单层同心式绕组（二平面）

$$x^*_{\sigma e1} = \frac{0.67(l_e - 0.64 \tau_y)}{l_{ef} K^2_{dp1}} C_x \tag{4-140}$$

3）单层同心式（三平面）、交叉式绕组

$$x^*_{\sigma e1} = \frac{0.47(l_e - 0.64 \tau_y)}{l_{ef} K^2_{dp1}} C_x \tag{4-141}$$

4）单层链式绕组

$$x^*_{\sigma e1} = \frac{0.2 l_e}{l_{ef} K^2_{dp1}} C_x \tag{4-142}$$

式中，τ_y、l_{ef}、l_e 见式（4-102）、式（4-108）和式（4-109）。

各种型式绕组的端部漏抗同槽漏抗一样，也与 $N^2_{\phi 1}$ 成正比。此外端部漏抗还与端部长度成正比，这是因为端部越长，端部漏磁通越大，端部漏抗也就越大。

（3）定子谐波漏抗的计算

当定子绕组中通入三相电流时，除了产生基波旋转磁动势外，还产生一系列的高次谐波旋转磁动势，例如 5、7…ν 次谐波磁动势。它们的极数为 $\nu(2p)$，转速为 n_1/ν，因而在定

子绕组中感应电动势的频率也是基波频率 $(\nu p \times n_1/\nu)/60 = pn_1/60 = f_1$。这些谐波磁通虽然和主磁通有着共同的路径，即也通过气隙进入转子，但不会产生有用的转矩，因为它们在转子绕组中产生的感应电动势的频率和转子电流的频率不同。

定子电流高次谐波磁场在定子绕组中产生的感应电动势与定子电流频率相同，且滞后于定子电流 90°，因此可作为一个感抗压降处理，这个感抗压降称为谐波漏抗压降 $I_1 x^*_{\sigma d1}$，$x_{\sigma d1}$ 称为定子谐波漏抗。

经分析推导，可以求得定子谐波漏抗的标幺值为

$$x^*_{\sigma d1} = \frac{m_1 \tau}{\pi^2 \delta_{ef}} \frac{\sum \lambda_{d1}}{K^2_{dp1} K_s} C_x \tag{4-143}$$

下面讨论一下这一公式的物意义。

（1）谐波漏抗也与槽漏抗一样与 $N^2_{\phi1}$ 成正比（$C_x \propto N^2_{\phi1}$）。

（2）谐波磁通的磁路是经空气隙与定、转子齿体而闭合。所以气隙磁阻对谐波漏抗将发生影响，气隙大、磁阻大，则谐波磁通、磁链和谐波漏抗都变小。即谐波漏抗与空气隙有效长度成反比。

（3）式中 $\sum \lambda_{d1} = \sum \left(\dfrac{K_{dp\nu}}{\nu}\right)^2$ 称为定子谐波单位漏磁导（见图 4-35 ~ 图 4-37）。不同的 q_1 值有不同的曲线，从这些曲线可以看出，$\sum \lambda_{d1}$ 是随着 q_1 值的增加而减少，q_1 值越大，绕组的磁动势波形和正弦形之差（即各高次谐波的总和）就越小。谐波磁动势小了，谐波磁通、磁链、漏抗也就小了。

（4）绕组节距的选择对削弱谐波磁动势有很大影响，故在某一 q_1 值时，$\sum \lambda_{d1}$ 是随着绕组的 β 值不同而变化。从电机原理可知，对三相 60° 相带的整数槽绕组，当短距比 $\beta = 0.80 \sim 0.86$ 时，5 次和 7 次谐波磁动势得到显著削弱，所以从图 4-35 中看出，q_1 为不同的整数值时，在 $\beta = 0.8$ 左右都会出现 $\sum \lambda_{d1}$ 的最小值。

（5）电机齿部饱和程度影响着 $x^*_{\sigma d1}$。齿部越饱和，相对来讲同样磁动势产生的漏磁通就少，漏抗也就小。所以 $x^*_{\sigma d1}$ 与饱和系数 K_s 成反比。

定子绕组的总漏抗等于定子槽漏抗、端部漏抗和谐波漏抗之和，即

$$x^*_{\sigma1} = x^*_{\sigma s1} + x^*_{\sigma e1} + x^*_{\sigma d1} \tag{4-144}$$

4. 转子绕组漏抗的计算

与分析定子绕组的漏抗一样，在异步电机的转子绕组里同样存在着槽漏磁通，端部漏磁通和谐波漏磁通以及对应这些漏磁通的转子槽漏抗 $x^*_{\sigma s2}$、转子端部漏抗 $x^*_{\sigma e2}$ 和转子谐波漏抗 $x^*_{\sigma d2}$。为了计算方便，转子绕组的漏抗均已折算到定子侧。

（1）转子槽漏抗的计算

根据笼型转子的特点，相数 $m_2 = Z_2$，每槽导体数 $N_{s2} = 1$，每相有效串联导体数 $N_{\phi2} K_{dp2} = 1$，可参照定子绕组槽漏抗计算公式得出笼型转子槽漏抗的计算公式如下：

$$x^*_{\sigma s2} = \frac{l_2 m_1 (2p) \lambda_{s2}}{l_{ef} Z_2} C_x \tag{4-145}$$

式中　λ_{s2}——转子槽单位漏磁导；

无径向通风道时：$l_2 = l$；

有径向通风道时：$l_2 = l - N_{v2}b''_{v2}$；

N_{v2}——转子径向通风道数；

b''_{v2}——通风道损失宽度，从图4-34中查出。

同定子一样，λ_{s2}分为槽口和槽下部两部分，即

$$\lambda_{s2} = \lambda_{U2} + \lambda_{L2} \tag{4-146}$$

λ_{U2}和λ_{L2}可从附录一中查得。图4-32是转子闭口槽时的λ_{U2}情况。

（2）转子端部漏抗的计算

笼型转子端部漏抗也是采用经验公式计算（见图4-25）。

$$x^*_{\sigma e2} = \frac{0.757}{l_{ef}}\left(\frac{l_B - l}{1.13} + \frac{D_R}{2p}\right)C_x \tag{4-147}$$

式中　l——转子铁心长度；

D_R——端环平均直径；

l_B——转子导条长度。

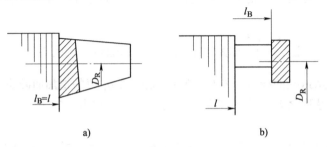

图4-25　笼型转子的端部

对铸铝转子，端环紧靠铁心端面，这时 $l_B = l$。

（3）转子谐波漏抗的计算

笼型转子谐波漏抗可参照定子谐波漏抗的计算公式写出

$$x^*_{\sigma d2} = \frac{m_1\tau}{\pi^2\delta_{ef}}\frac{\sum\lambda_{d2}}{K_s}C_x \tag{4-148}$$

式中$\sum\lambda_{d2}$为转子谐波单位漏磁导，其值由图4-38查出。$\sum\lambda_{d2}$与转子槽数和极数有关。由图4-38中曲线可以看出，极数一定时，转子槽数Z_2越多，$\sum\lambda_{d2}$越小。这是因为转子谐波只含有齿谐波，当Z_2越多时，齿谐波次数越高，其磁动势幅值越小，谐波漏抗越小。

（4）转子斜槽漏抗的计算

为了减少噪声及振动和起动过程中的谐波转矩，可将转子槽斜过0.75~1.25个定子齿距，一般斜过一个定子齿距，如图4-26所示。当转子槽斜过一个定子齿距（$b_{sk} = t_1$）以后，则导条AB两半中所感应的齿谐波电动势大小近似相等而方向相反，因此有削弱齿谐波的作用。但是当转子采用斜槽时，电机的参数就发生了变化，漏抗变大了。这是因为当转子导条斜过一定角度后，定子流产生的基波旋转磁场与转子绕组交链的磁通比转子直槽时少一些，如图4-27所示。

同理，转子电流产生的基波旋转磁场与定子绕组交链的磁通也比转子直槽时少一些。这就是说主磁通减少了，主磁通减少的部分就变成了漏磁通增加的部分。为了计算方便，把斜槽后全部漏磁通的增加都归结为转子漏抗的增加，于是就增加了一项转子斜槽漏抗$x_{\sigma sk}$。

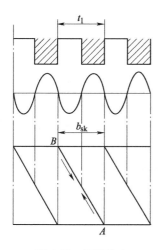

图 4-26　斜槽效应

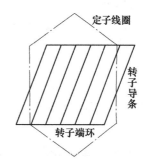

图 4-27　斜槽对磁通交链的影响

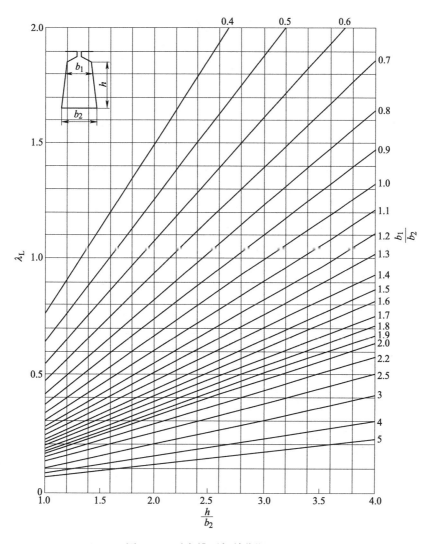

图 4-28　平底槽下部单位漏磁导 λ_L

$$x_{\sigma sk}^* = 0.5\left(\frac{b_{sk}}{t_2}\right)^2 x_{\sigma d2}^* \qquad (4\text{-}149)$$

式中 t_2——转子齿距；

b_{sk}——转子斜槽宽。

斜槽宽 b_{sk} 大，则定转子交链程度越小，漏磁通增加越多，$x_{\sigma sk}^*$ 越大。

转子绕组的总漏抗等于转子槽漏抗，转子端部漏抗、转子谐波漏抗及转子斜槽漏抗之和，即

$$x_{\sigma 2}^* = x_{\sigma s2}^* + x_{\sigma e2}^* + x_{\sigma d2}^* + x_{\sigma sk}^* \qquad (4\text{-}150)$$

电机的总漏抗为定子漏抗与转子漏抗之和，即

$$x_\sigma^* = x_{\sigma 1}^* + x_{\sigma 2}^* \qquad (4\text{-}151)$$

图 4-29～图 4-38 为一些常用电机特性图。

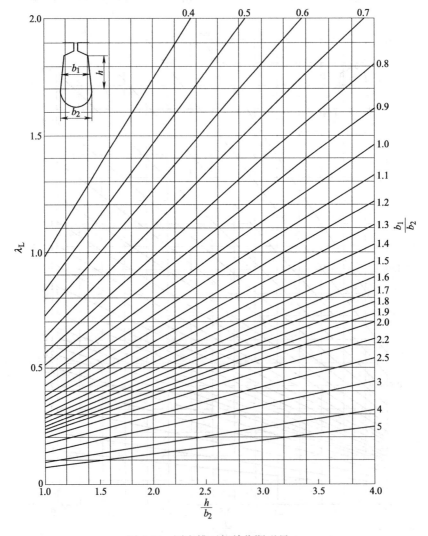

图 4-29   圆底槽下部单位漏磁导 λ_L

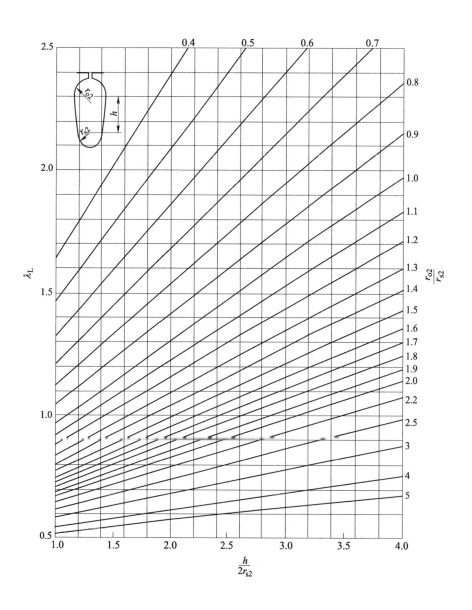

图 4-30 梨形槽下部单位漏磁导 λ_L

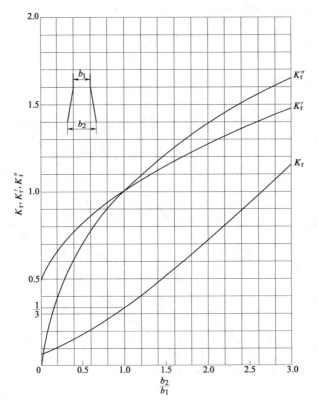

图 4-31 凸形槽下部单位漏磁导系数 K_r、K_r'、K_r''

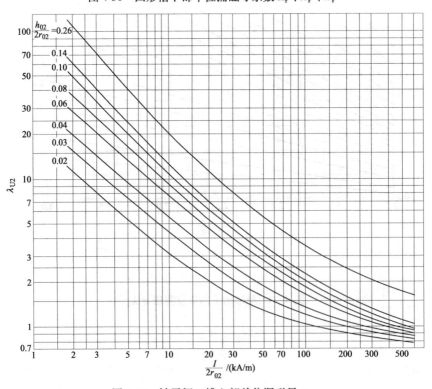

图 4-32 转子闭口槽上部单位漏磁导 λ_{U2}

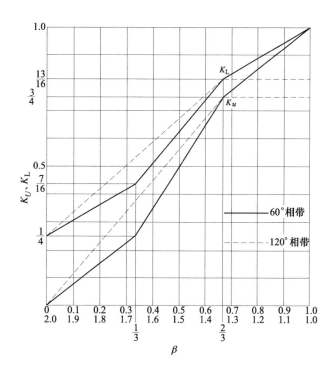

图 4-33 节距漏抗系数 K_U、K_L

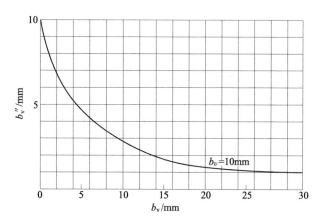

图 4-34 槽漏抗计算中径向通风道损失宽度 b''_v

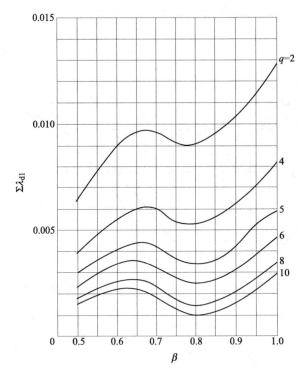

图 4-35　三相 60° 相带谐波单位漏磁导 $\sum\lambda_{d1}$（q 为整数）

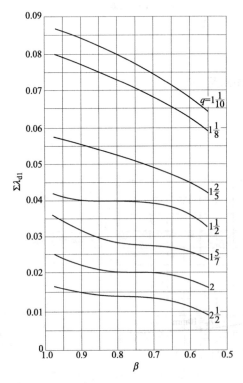

图 4-36　三相 60° 相带谐波单位
漏磁导 $\sum\lambda_{d1}$（q 为分数）

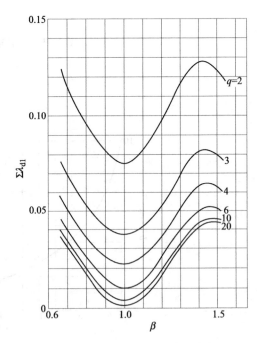

图 4-37　三相 120° 相带谐波单位
漏磁导 $\sum\lambda_{d1}$

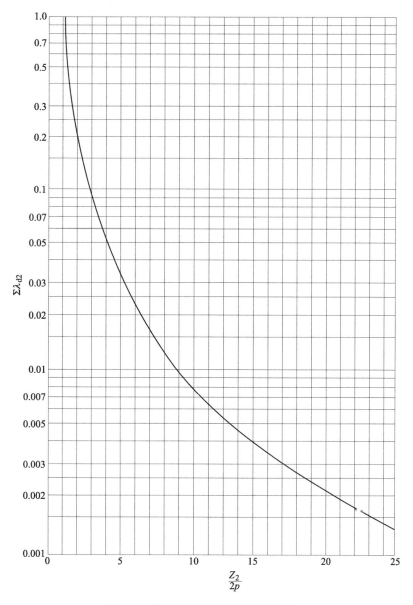

图4-38 笼型转子谐波单位漏磁导 $\Sigma\lambda_{d2}$

4.2.5 运行性能的计算

运行性能计算是指电机在额定运行状态下的效率 η，功率因数 $\cos\varphi$，转差率 S_N 和最大转距 T_M^* 的计算。国家标准对 η、$\cos\varphi$、T_M^* 指标都有具体规定。在电机的参数计算以后，可利用等值电路来计算分析异步电机的运行性能。

1. 额定负载时的定、转子电流计算

在电磁计算开始时，曾经根据设计任务书给定的有关数据估算了定子电流，那只是初值。在电机参数求出之后，还要根据这些数据计算定、转子电流的终值，以便计算损耗和效率，检验电机性能是否符合标准。

在计算定、转子电流时，通常是应用简化等值电路，如图 4-39 所示。在异步电机中，空载电流的有功分量很小，可将其忽略，即认为励磁支路只有励磁电抗 x_m^*，电流完全是无功的磁化电流 i_m^*。为了简化计算，电路中各量均以标幺值表示。

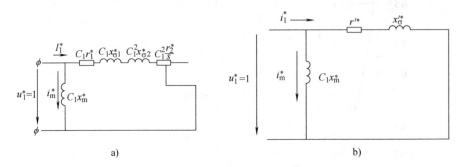

图 4-39 异步电机的简化等效电路

为了分析方便，将图 4-39a 所示的等效电路中的电阻和漏抗分别合并，如图 4-39b 所示

$$r'^* = C_1 r_1^* + C_1^2 \frac{r_2^*}{s}$$

$$x'^*_\sigma = C_1 x_{\sigma1}^* + C_1^2 x_{\sigma2}^*$$

（1）定子满载电流的计算

异步电动机在满载时各部分的电流，可以通过简化圆图来表示。当忽略空载电流的有功分量时，简化圆图如图 4-40 所示。

因此，电机的空载运行点为 O 点，令电机在额定负载时运行于 P 点，则定子满载电流 i_1^* 由两个分量组成，有功分量 i_P^* 和无功分量 i_Q^*。显然

$$i_1^* = \sqrt{i_P^{*2} + i_Q^{*2}} \tag{4-152}$$

其中无功电流 i_Q^* 为

$$i_Q^* = i_m^* + i_x^* \tag{4-153}$$

式中 i_x^*——满载电抗电流。

同样转子满载电流为

$$i_2^* = \sqrt{i_P^{*2} + i_x^{*2}} \tag{4-154}$$

由图 4-40 可知，各部分电流的关系如图 4-41 所示。

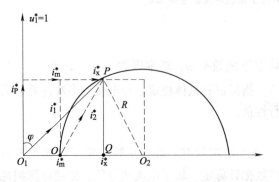

图 4-40 异步电动机的简化圆图

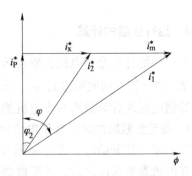

图 4-41 异步电动机的电流相量图

从图 4-41 可知，要求出 i_1^* 和 i_2^* 必须求出 i_P^* 和 i_Q^*，而 i_Q^* 中的 i_m^* 在磁路计算时已求出，所以只要求得 i_P^* 和 i_x^* 即可求出 i_1^* 和 i_2^*。

1）满载有功电流 i_P^*

因为

$$P_1 = m_1 U_1 I_1 \cos\varphi = m_1 U_1 I_P$$

$$P_2 = m_1 U_1 I_{KW}$$

$$\eta' = \frac{P_2}{P_1} = \frac{I_{KW}}{I_P} = \frac{1}{\dfrac{I_P}{I_{KW}}} = \frac{1}{i_P^*}$$

所以

$$i_P^* = \frac{1}{\eta'} \tag{4-155}$$

式中，η' 由于电机的损耗尚未算出，故满载时效率尚不知道，这里可根据设计任务书给定的效率值作为试算值。

2）满载电抗电流 i_x^* 可按下式计算：

$$i_x^* = \overline{OO_2^*} - \overline{QO_2^*} = R^* - \sqrt{R^{*2} - i_P^{*2}} \tag{4-156}$$

根据图 4-39 可写出电机的总漏抗为

$$x_K^* = K_m x_{\sigma1}^* + K_m^2 x_{\sigma2}^*$$

式中，$K_m = C_1$ 为 T 形等效电路转换成 Γ 形等效电路的附加系数，可表述为

$$K_m \approx 1 + \frac{x_{\sigma1}^*}{x_m^*} = 1 + i_m^* x_{\sigma1}^* \tag{4-157}$$

因此

$$x_K^* = K_m\left[x_{\sigma1}^* + \left(1 + \frac{x_{\sigma1}^*}{x_m^*}\right) x_{\sigma2}^*\right] = K_m\left(x_{\sigma1}^* + x_{\sigma2}^* + \frac{x_{\sigma1}^* x_{\sigma2}^*}{x_m^*}\right)$$

$$\approx K_m(x_{\sigma1}^* + x_{\sigma2}^*) = K_m x_\sigma^* \tag{4-158}$$

因此，圆图半径可表示为

$$R^* = \frac{u_1^*}{2K_m x_\sigma^*} = \frac{1}{2K_m x_\sigma^*} \tag{4-159}$$

代入式（4-156）得

$$i_x^* = \frac{1}{2K_m x_\sigma^*} - \sqrt{\left(\frac{1}{2K_m x_\sigma^*}\right)^2 - i_P^{*2}}$$

$$= \frac{1}{2K_m x_\sigma^*}\left\{1 - \left[1 - 4(K_m x_\sigma^* i_P^*)^2\right]^{\frac{1}{2}}\right\} \tag{4-160}$$

把根式部分进行二项式展开，忽略第四项以后的高次项，则式（4-160）可整理为

$$i_x^* = \frac{1}{2K_m x_\sigma^*}\left[2(K_m x_\sigma^* i_P^*)^2 + 2(K_m x_\sigma^* i_P^*)^4\right] = K_m x_\sigma^* i_P^{*2}\left[1 + (K_m x_\sigma^* i_P^*)^2\right] \tag{4-161}$$

3）满载电动势 $1-\varepsilon_L$ 的核算

在求出 i_P^* 和 i_x^* 之后，应核算开始设计时所选取的 $1-\varepsilon_L$ 是否符合实际情况。

图 4-42 为异步电机定子侧的相量图，图中各量均用标幺值表示。因为 $E_1 = (1 - \varepsilon_L)U_1$，

则 $1-\varepsilon_{\mathrm{L}}=\dfrac{E_1}{U_1}=e_1^*$，可见（$1-\varepsilon_{\mathrm{L}}$）就是定子电动势的标幺值。从图中可以看出：

$$1-\varepsilon_{\mathrm{L}}=e_1^*=\overline{OC}\approx\overline{OD}=\overline{OA}-(\overline{DR}+\overline{RA})$$

因为

$$\overline{OA}=u_1^*=1$$

$$\overline{DR}=i_1^*r_1^*\cos\varphi=i_{\mathrm{p}}^*r_1^*$$

$$\overline{RA}=i_1^*x_{\sigma1}^*\sin\varphi=i_{\mathrm{Q}}^*x_{\sigma1}^*$$

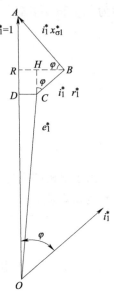

图 4-42 异步电机定子侧相量图

所以

$$1-\varepsilon_{\mathrm{L}}=1-(i_{\mathrm{p}}^*r_1^*+i_{\mathrm{Q}}^*x_{\sigma1}^*)\qquad(4\text{-}162)$$

这里的计算值必须与开始选取的 $1-\varepsilon_{\mathrm{L}}'$ 值相符（可相差 1%），否则应另选 $1-\varepsilon_{\mathrm{L}}'$ 值重算。为了避免反复计算的麻烦，开始选取的 $1-\varepsilon_{\mathrm{L}}'$ 值建议按下式计算，这样可使一次计算误小于 0.5%。

$$1-\varepsilon_{\mathrm{L}}'=1-(i_{\mathrm{p}}'^*r_1'^*+i_0'^*x_{\sigma1}'^*)$$

式中　$i_{\mathrm{p}}'^*=i_{\mathrm{p}}^*=\dfrac{1}{\eta}$（$\eta$ 为技术条件上效率的保证值）；

$r_1'^*=r_1^*$，按式（4-97）和式（4-98）计算；

$i_{\mathrm{Q}}'^*=\sqrt{i_1'^{*2}-i_{\mathrm{p}}'^{*2}}$（其中 $i_1'^*=\dfrac{1}{\eta\cos\varphi}$，$\eta$ 和 $\cos\varphi$ 为技术条件上效率和功率因数的保证值）；

$x_{\sigma1}'^*=x_{\sigma s1}'^*+x_{\sigma d1}'^*+x_{\sigma e1}'^*$，

[其中：$x_{\sigma s1}'^*$ 按式（4-136）计算，$x_{\sigma d1}'^*=\dfrac{m_1\tau}{\pi^2\delta_{\mathrm{ef}}}\dfrac{\sum\lambda_{\mathrm{d1}}}{K_{\mathrm{dp1}}^2K_{\mathrm{s}}'}C_x$；当 $2p=2$ 时 $K_{\mathrm{s}}'=1.20$；当 $2p=4$ 极、6 极、8 极时 $K_{\mathrm{s}}'=1.25$；$x_{\sigma e1}'^*$ 按式（4-139）～式（4-142）计算]。

4）定子满载电流的计算。从图 4-41 可以看出，定子满载电流的标幺值为

$$i_1^*=\sqrt{i_{\mathrm{p}}^{*2}+i_{\mathrm{Q}}^{*2}}\qquad(4\text{-}163)$$

定子满载电流的实际值为

$$I_1=i_1^*I_{\mathrm{KW}}\qquad(4\text{-}164)$$

（2）转子满载电流的计算

从图 4-41 可以看出，转子满载电流的标幺值为

$$i_2^*=\sqrt{i_{\mathrm{p}}^{*2}+i_{\mathrm{x}}^{*2}}\qquad(4\text{-}165)$$

因为转子电流折算值为

$$I_2'=\dfrac{I_2}{K_{\mathrm{i}}},i_2^*=\dfrac{I_2'}{I_{\mathrm{KW}}}$$

所以导条电流的实际值为

$$I_2=K_{\mathrm{i}}I_2'=i_2^*I_{\mathrm{KW}}\dfrac{m_1N_{\phi1}K_{\mathrm{dp1}}}{Z_2}\qquad(4\text{-}166)$$

端环电流的实际值 I_R 可按式（4-50）求出，即：

$$I_R = I_2 \frac{Z_2}{2p\pi}$$

2. 空载磁化电流的计算

在计算空载磁化电流时，可近似地认为空载时定子绕组中的感应电动势为

$$E_{10} \approx U_1 - I_m x_{\sigma 1} = U_1 \left(1 - \frac{I_m x_{\sigma 1}}{U_1} \frac{I_{KW}}{I_{KW}} \right) = U_1 (1 - i_m^* x_{\sigma 1}^*) \qquad (4\text{-}167)$$

空载电动势标幺值为

$$1 - \varepsilon_0 = \frac{E_{10}}{U_1} = 1 - i_m^* x_{\sigma 1}^* \qquad (4\text{-}168)$$

由于每极磁通与定子相电动势成正比，因此空载时每极磁通为

$$\phi_0 = \frac{1 - \varepsilon_0}{1 - \varepsilon_L} \phi \qquad (4\text{-}169)$$

则空载时气隙磁通密度为

$$B_{\delta 0} = \frac{1 - \varepsilon_0}{1 - \varepsilon_L} B_\delta \qquad (4\text{-}170)$$

为了简化计算，可以假定空载时饱和系数不变，则磁路各部分的空载磁通密度都可求出

$$B_{t10} = \frac{1 - \varepsilon_0}{1 - \varepsilon_L} B_{t1} \qquad (4\text{-}171)$$

$$B_{t20} = \frac{1 - \varepsilon_0}{1 - \varepsilon_L} B_{t2} \qquad (4\text{-}172)$$

$$B_{j10} = \frac{1 - \varepsilon_0}{1 - \varepsilon_L} B_{j1} \qquad (4\text{-}173)$$

$$B_{j20} = \frac{1 - \varepsilon_0}{1 - \varepsilon_L} B_{j2} \qquad (4\text{-}174)$$

根据 B_{t10}、B_{t20}、B_{j10}、B_{j20} 值按实际采用的硅钢片磁化曲线查出定转子齿部、轭部磁路的磁场强度 H_{t10}、H_{t20}、H_{j10}、H_{j20} 值，按下列公式计算出空载时各段磁路的磁动势（A）为

$$F_{t10} = H_{t10} L'_{t1} \qquad (4\text{-}175)$$
$$F_{t20} = H_{t20} L'_{t2} \qquad (4\text{-}176)$$
$$F_{j10} = C_1 H_{j10} L'_{j1} \qquad (4\text{-}177)$$
$$F_{j20} = C_2 H_{j20} L'_{j2} \qquad (4\text{-}178)$$
$$F_{\delta 0} = 0.8 B_{\delta 0} \delta_{ef} \times 10^6 \qquad (4\text{-}179)$$

空载总磁动势为

$$F_0 = F_{t10} + F_{t20} + F_{j10} + F_{j20} + F_{\delta 0} \qquad (4\text{-}180)$$

空载磁化电流为

$$I_{m0} = \frac{2.22 F_0 (2p)}{m_1 N_{\phi 1} K_{dp1}} \qquad (4\text{-}181)$$

3. 异步电机的损耗计算

异步电机在运行时，本身总要消耗一定的能量，电机消耗的这部分能量称为损耗。异步

电机的损耗包括：①定转子绕组中的基本铜（铝）损耗；②铁心损耗；③机械损耗；④负载时的杂散损耗（又称附加损耗）。

（1）铜（铝）损耗

1）定子铜（铝）损耗

$$p_{Cu1}^* = \frac{p_{Cu1}}{p_2} = \frac{m_1 I_1^2 r_1}{m_1 U_1 I_{KW}} = i_1^{*2} r_1^* \tag{4-182}$$

$$P_{Cu1} = p_{Cu1}^* P_2 \times 10^3 \tag{4-183}$$

2）转子铝损耗

$$p_{Al2}^* = i_2^{*2} r_2^* \tag{4-184}$$

$$P_{Al2} = p_{Al2}^* \times P_2 \times 10^3 \tag{4-185}$$

（2）铁心损耗

异步电机的铁耗包括基本铁耗和旋转铁耗两部分。基本铁耗是指主磁通在铁心中交变所引起的涡流损耗与磁滞损耗。

旋转铁耗是指由于定、转子铁心有齿、槽存在，当转子旋转时使转子齿体内和齿表面的磁通分别产生纵向脉动和横向脉动，从而引起铁耗的增大。旋转铁耗包括表面损耗和脉动损耗两部分：当转子旋转时，转子齿有时对准定子齿，有时对准定子槽，使转子齿表面的磁通分布不断发生变化（称为横向脉动），于是在转子表面要产生涡流，由此而引起的损耗称为表面损耗；在转子齿表面磁通发生横向脉动的同时，转子齿体内部磁通也要发生纵向脉动，从而在齿内产生涡流，由此而引起的损耗称为脉动损耗。

在计算铁耗时，一般都是采用硅钢片制造厂对不同牌号的材料按额定频率，在不同磁通密度下实测的单位重量的铁耗作为依据。计算时先根据空载时（因为铁耗一般是在空载时测定的）的定子齿部，轭部磁通密度 B_{t10}、B_{j10}。按实际采用的硅钢片损耗曲线查出单位铁耗 p_{t1} 和 p_{j1}（W/m³），然后按下列公式进行计算：

定子齿损耗 $\qquad P_{t1} = p_{t1} V_{t1} \tag{4-186}$

定子轭损耗 $\qquad P_{j1} = p_{j1} V_{j1} \tag{4-187}$

式中 V_{t1}、V_{j1}——分别为定子齿和定子轭体积。

$$V_{t1} = 2p A_{t1} L'_{t1} \tag{4-188}$$

$$V_{j1} = 4p A_{j1} L'_{j1} \tag{4-189}$$

总铁耗为

$$P_{Fe} = K_1 P_{t1} + K_2 P_{j1} \tag{4-190}$$

$$p_{Fe}^* = \frac{P_{Fe}}{P_2 \times 10^3} \tag{4-191}$$

式中 K_1、K_2 为铁耗校正系数，是考虑到旋转铁耗及冲剪加工造成硅钢片金属组织变化与毛刺等因素引起铁耗增加而引入的。对半闭口槽 $K_1 = 2.5$、$K_2 = 2$；对开口槽 $K_1 = 3$、$K_2 = 2.5$。

旋转铁耗标幺值

$$p_{Fer}^* = p_{Fe}^* - (p_{t1}^* + p_{j1}^*) \tag{4-192}$$

其中，齿部铁耗标幺值

$$p_{t1}^* = \frac{P_{t1}}{P_2 \times 10^3} \tag{4-193}$$

轭部铁耗标幺值

$$p_{j1}^* = \frac{P_{j1}}{P_2 \times 10^3} \tag{4-194}$$

（3）机械损耗的计算

机械损耗是由于转子旋转时克服轴承摩擦和风阻所消耗的能量。其中，风阻损耗包括转子旋转时与空气摩擦产生的风摩擦损耗和通风用的风扇所产生的通风损耗。由于电机结构型式多样和通风系统的不同，加上加工质量、装配质量和轴承润滑的影响，使机械损耗很难用公式准确计算。设计时可参考容量、结构及转速相近的电机的试验值，或用下列公式进行估算。

2 极防护式

$$P_m = 5.5 \times \left(\frac{3}{p}\right)^2 D_2^3 \times 10^3 \tag{4-195}$$

4 极及以上防护式

$$P_m = 6.5 \times \left(\frac{3}{p}\right)^2 D_2^3 \times 10^3 \tag{4-196}$$

2 极封闭型自扇冷式

$$P_m = 1.3 \times (1 - D_1)\left(\frac{3}{p}\right)^2 D_1^4 \times 10^4 \tag{4-197}$$

4 极及以上封闭型自扇冷式

$$P_m = \left(\frac{3}{p}\right)^2 D_1^4 \times 10^4 \tag{4-198}$$

机械损耗标幺值为

$$p_m^* = \frac{P_m}{P_2 \times 10^3} \tag{4-199}$$

异步电机机械损耗与材料、结构、工艺等有关，不同企业的产品亦不同。

（4）杂散（附加）损耗

杂散（附加）损耗是指电机上除上述三部分损耗之外的所有损耗。它包括以下几个部分：

1）由于趋肤效应使定子绕组的有效电阻大于直流电阻而引起的定子附加电阻损耗。

2）基频杂散损耗。当定、转子绕组中通过电流时，产生随电流频率而交变的漏磁通，它在导线、铁心、机座及端盖等金属构件中会引起涡流，从而产生能量损耗，称为基频杂散损耗。在小型异步电机中这部分损耗通常是很小的。

3）高频杂散损耗，当定、转子绕组通过电流时，还会产生一系列高次谐波磁场，它们在定转子铁心及笼型绕组中感应出高频电动势和电流，并引起损耗；另外，由齿谐波磁场在导条中感应的谐波电动势会产生从一根导条经过转子铁心到达另一导条，然后通过端环形成通路的横向电流，如图 4-43 所示。横向电流在铁心中引起的能量损耗称为横向电流损耗。这两部分损耗总称为高频杂散损耗。

由于杂散损耗的大小不仅与电机的电磁参数及定、转子槽数有关，而且与制造工艺有关，因此，精确计算杂散损耗是极为困难的。设计时一般是根据实测统计经验按输出功率 P_2 的某一百分数进行估算。笼型转子中小型三相异步电动机的杂散损耗可参考下列数值：

铸铝转子：$p_s^* = 0.01 \sim 0.03$（极数少者取较大值）；

铜条转子：$p_s^* = 0.005$。

目前铸铝转子三相异步电动机常用的杂散损耗估算值见表 4-24。

杂散损耗的实际值为

$$P_s = p_s^* P_2 \times 10^3 \qquad (4\text{-}200)$$

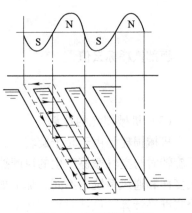

图 4-43　转子横向电流

表 4-24　常用的杂散损耗估算值

极数	2	4	6	8	10
p_s^*	0.025	0.020	0.015	0.01	0.01

（5）电机的总损耗

$$\sum p^* = p_{Cu1}^* + p_{Al2}^* + p_{Fe}^* + p_m^* + p_s^* \qquad (4\text{-}201)$$

4. 运行性能计算

（1）额定负载时的效率

电机的效率 η 等于输出功率 P_2 与输入功率 P_1 之比，由此可得

$$\eta = \frac{P_2}{P_1} = \frac{P_1 - \sum P}{P_1} = \frac{p_1^* - \sum p^*}{p_1^*} = 1 - \frac{\sum p^*}{p_1^*} \qquad (4\text{-}202)$$

式中，$\dfrac{\sum p^*}{p_1^*}$ 称为总损耗百分率。

算得的 η 值应与前面预先假定的 η' 值相符，必须符合技术条件规定的指标要求，否则将重算。

（2）额定负载时的功率因数

从图 4-41 所示的简化电流相量图可知

$$i_p^* = i_1^* \cos\varphi$$

所以

$$\cos\varphi = \frac{i_p^*}{i_1^*} = \frac{1}{i_1^* \eta} \qquad (4\text{-}203)$$

计算得到的 $\cos\varphi$ 值必须符合技术条件规定的指标要求。

（3）额定负载时的转差率与转速

由电机原理可知，转子铝损耗等于转差率 S_N 与电磁功率 P_M 的乘积，即

$$S_N = \frac{P_{Al2}}{P_M} = \frac{p_{Al2}^*}{p_M^*}$$

在计算时近似地认为总铁耗 P_{Fe} 中的基本铁耗消耗在定子上，而旋转铁耗消耗在转子上。因此

$$P_M = P_2 \times 10^3 + P_{Al2} + P_{Fer} + P_s + P_m$$

$$p_m^* = 1 + p_{Al2}^* + p_{Fer}^* + p_s^* + p_m^*$$

所以

$$S_N = \frac{p_{Al2}^*}{1 + p_{Al2}^* + p_{Fer}^* + p_s^* + p_m^*} \tag{4-204}$$

$$n_N = \frac{60f}{p}(1 - S_N) \tag{4-205}$$

（4）最大转矩

由电机学可知，当 $C_1 \approx 1$ 考虑时，最大转矩为

$$T_{max} = \frac{m_1 p U_1^2}{4\pi f\left[r_1 + \sqrt{r_1^2 + X_\sigma^2}\right]}$$

额定转矩为

$$T_N = \frac{P_2 \times 10^3}{\Omega} = \frac{m_1 U_1 I_{KW}}{\Omega}$$

式中 Ω——额定负载时机械角速度（rad/s），且

$$\Omega = \Omega_s(1 - S_N) = \frac{2\pi n_s}{60}(1 - S_N) = \frac{2\pi f}{p}(1 - S_N)$$

所以

$$T_N = \frac{m_1 U_1 I_{KW} p}{2\pi f(1 - S_N)} \tag{4-206}$$

故最大转矩倍数为

$$T_M = \frac{T_{max}}{T_N} = \frac{1 - S_N}{2\left(r_1^* + \sqrt{r_1^{*2} + x_\sigma^{*2}}\right)} \tag{4-207}$$

在一般电机中，由于 $x_\sigma^* \gg r_1^*$，且 $1-S_N$ 变化不大，所以影响最大转矩 T_M 的因素主要是漏抗 x_σ^*。

计算得到的最大转矩倍数必须符合技术条件规定的指标要求。

5. 电机有效材料的计算

有效材料是指每台电机所消耗的导线重量和硅钢片重量。

每台电机定子绕组导线（铜或铝）重量为

$$G = C l_c N_{s1} Z_1 A_0 N_{t1} \gamma \tag{4-208}$$

式中 C——考虑导线绝缘和引线重量的系数，漆包圆铜线取 $C = 1.05$，漆包圆铝线取 $C = 1.1$；

γ——导线密度，铜为 $8.9 \times 10^3 kg/m^3$，铝为 $2.7 \times 10^3 kg/m^3$；

A_0——每根导线截面积；

l_c——定子绕组半匝平均长度。

每台电机硅钢片重量为

$$G_{Fe} = K_{Fe}l_1(D_1 + \Delta)^2\gamma_{Fe} \tag{4-209}$$

式中　K_{Fe}——铁心压装系数；

　　　l_1——定子铁心长度；

　　　D_1——定子铁心外径；

　　　Δ——冲剪余量，一般取 $\Delta = 5 \sim 7mm$；

　　　γ_{Fe}——硅钢片密度，$\gamma_{Fe} = 7.8 \times 10^3 kg/m^3$。

4.2.6　起动性能的计算

三相异步电机的起动性能主要是指起动转矩和起动电流。为了满足使用要求，笼型三相异步电动机必须具有足够大的起动转矩和限制在一定范围内的起动电流。起动计算就是要对所设计的电机的起动性能进行量的分析，以便采取改进措施来满足国家标准的规定或用户要求（绕线式异步电动机起动时转子电路可以外接起动电阻，以限制起动电流和增大起动转矩，故不进行起动计算）。

异步电动机起动时与正常运行时比较有两点显著不同：①起动电流很大，使得定转子漏磁磁路饱和；②转子电流频率等于电网频率，比正常运行时高许多，致使转子导条中的挤流效应显著。这两个特点使起动时电机的参数与正常运行时有很大不同，因此在讨论起动性能计算时，需要首先讨论饱和效应和挤流效应的影响。

1. 饱和效应及其对漏抗的影响

电动机在起动时电流很大，使每槽磁动势也很大。这样，漏磁磁路的铁心部分（见图 4-44）出现了饱和现象。

漏磁磁路的饱和主要引起定、转子漏抗的减小，这是因为当磁路出现饱和时，铁心

图 4-44　$q_1 = 4$ 漏磁通回路

磁阻大大增加，这时铁心磁阻相对于空气隙磁阻来讲，不能像正常运行时那样忽略不计。换句话说，漏抗计算中不能再认为全部磁动势都落在漏磁磁路的空气隙磁阻上，漏抗不再是一个常数。

随着饱和程度的增大，漏磁链增加的倍数要比电流增加的倍数越来越小，相应地漏抗也就随电流的增加而逐渐减小。这就是饱和效应引起定、转子漏抗减小的原因。

在实际电机中，因为电机绕组是采用分布式绕组，每极每相槽数 $q \neq 1$。例如图 4-44 中所示为 $q_1 = 4$ 的漏磁通回路，从图中可以看出，齿的中间部分漏磁通方向相反，相互抵消，磁通密度是不大的，饱和现象主要出现在齿顶部分。

绕组端部漏抗可以认为不受饱和效应的影响，这是因为端部漏磁通主要通过绕组端部周围的空气而不通过齿部。准确地计算饱和效应对漏抗的影响有一定困难，工程上采用的是近似的计算方法。由于漏抗的变化大小与电机漏磁磁路的饱和程度有关，在开始进行起动计算时，还不知道起动电流的大小，所以只能根据生产实践经验，先假定一个起动电流值 $I'_{(st)}$，根据这个假定电流值的饱和程度进行计算。如果计算结果与假定值不符，就要重新假定起动电流值进行计算，直至相符为止。起动电流的假设值为

$$I'_{(st)} = (2.5 \sim 3.5)T_M^* I_{KW} \tag{4-210}$$

式中，T_M^* 为最大转矩倍数。因为它约与漏抗成反比，而漏抗的大小又直接影响起动电流，

所以可以借助于 T_M^* 值来估算起动电流的假设值。系数 2.5~3.5 与定子槽形（主要是槽口）有关，槽口大者取小值。

根据此假设值求出定子平均每槽磁动势

$$F_{(st)} = 0.707 I'_{(st)} \frac{N_{s1}}{a_1}\left(K_{u1} + K_{d1}^2 K_{p1} \frac{Z_1}{Z_2}\right)\sqrt{1-\varepsilon_0} \tag{4-211}$$

式（4-211）导出过程如下：

起动时建立漏磁通的每槽磁动势的幅值为

定子
$$F_{s1} = \sqrt{2}\frac{I'_{(st)}}{a_1}N_{s1}K_{u1} \tag{4-212}$$

转子
$$F_{s2} = \sqrt{2}I_{2(st)}N_{s2} = \sqrt{2}I_{2(st)} \tag{4-213}$$

在式（4-212）中，乘以节距漏抗系数 K_{u1} 是考虑绕组短距时，某些槽上、下层导体中的电流不同相，每槽平均磁动势的幅值要减小。

在式（4-213）中

$$I_{2(st)} = I'_{(st)}\frac{m_1 N_{\phi1}K_{dp1}}{Z_2}$$

忽略磁化电流，则起动时的转子电流的折算值 $I'_{2(st)}$ 等于起动电流 $I'_{(st)}$，所以

$$F_{s2} = \sqrt{2}I'_{(st)}\frac{m_1 N_{\phi1}K_{dp1}}{Z_2}$$

在定子一个相带范围内，转子槽电流或槽磁动势不同相，而是正弦分布，要计算其幅值的平均值，还需要乘以分布系数 K_{d1}，得

$$F_{s2} = \sqrt{2}I'_{(st)}\frac{m_1 N_{\phi1}K_{dp1}}{Z_2}K_{d1} \tag{4-214}$$

因此起动时建立越过气隙的槽磁动势平均值为

$$\begin{aligned}F_{(st)} &= \frac{1}{2}(F_{s1}+F_{s2})\sqrt{1-\varepsilon_0}\\ &= \frac{\sqrt{2}}{2}I'_{(st)}\frac{N_{s1}}{a_1}\left(K_{u1}+K_{dp1}K_{d1}\frac{a_1 m_1 N_{\phi1}}{N_{s1}Z_2}\right)\sqrt{1-\varepsilon_0}\\ &= 0.707 I'_{(st)}\frac{N_{s1}}{a_1}\left(K_{u1}+K_{d1}^2 K_{p1}\frac{Z_1}{Z_2}\right)\sqrt{1-\varepsilon_0}\end{aligned}$$

式中 $\sqrt{1-\varepsilon_0}$ 是考虑到定、转子两个槽磁动势之间不是刚好180°（反相）的一个校正系数。

由 $F_{(st)}$ 产生的气隙漏磁的虚构磁通密度 B_L 为

$$B_L = \frac{F_{(st)}}{1.6\delta\beta_c}\times 10^{-6} \tag{4-215}$$

式中　δ——空气隙长度；

　　β_c——系数，且

$$\beta_c = 0.64 + 0.25\sqrt{\frac{\delta}{t_1+t_2}}$$

虚构磁通密度 B_L 反映图 4-44 所示的漏磁磁路的饱和程度，B_L 值越大漏磁磁路越饱和，漏抗减小得也越多。对于槽漏抗的减小，通常是等效地看作定、转子槽口加宽来进行计算的，即将齿顶部分铁心饱和引起磁阻增加导致槽漏磁通的减小等值为槽口的扩大，认为槽口宽度由原来的 b_{01} 扩大到 $b_{01}+C_{s1}$（以定子为例），那么它的齿顶宽度由原来的 $t_1 - b_{01}$ 减少到 $t_1 - (b_{01} + C_{s1})$（见图 4-45）。

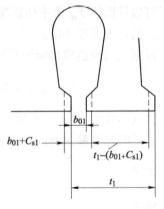

用 K_z 表示饱和后的齿顶宽度与原齿顶宽度之比，即

$$K_z = \frac{t_1 - (b_{01} + C_{s1})}{t_1 - b_{01}} = 1 - \frac{C_{s1}}{t_1 - b_{01}}$$

则齿顶宽度的减少为

图 4-45　齿顶饱和引起齿顶宽度减少

$$C_{s1} = (t_1 - b_{01})(1 - K_z) \tag{4-216}$$

式中，K_z 为起动时漏磁磁路饱和引起漏抗变化的系数，它随着漏磁磁路饱和程度而变化。K_z 与虚构磁通密度 B_L 的关系可由图 4-46 查出。

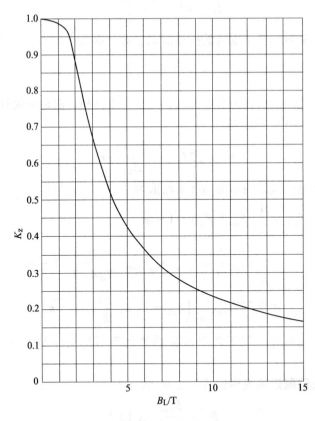

图 4-46　起动时漏抗饱和系数 K_z

同样，齿顶漏磁饱和引起转子齿顶宽度的减少为

$$C_{s2} = (t_2 - b_{02})(1 - K_z) \tag{4-217}$$

由于定转子齿顶宽度减少，起动时定转子槽上部单位漏磁导也将分别减少 $\Delta\lambda_{U1}$ 和 $\Delta\lambda_{U2}$，

根据不同槽形从图 4-28 中查取 $\Delta\lambda_{u1}$ 和 $\Delta\lambda_{u2}$。

起动时定子槽单位漏磁导为

$$\lambda_{s1(st)} = K_{U1}(\lambda_{U1} - \Delta\lambda_{U1}) + K_{L1}\lambda_{L1} \tag{4-218}$$

起动时转子槽单位漏磁导为

$$\lambda_{s2(st)} = (\lambda_{U2} - \Delta\lambda_{U2}) + \frac{x_{\sim}}{x_0}\lambda_{L2} \tag{4-219}$$

式中，$\dfrac{x_{\sim}}{x_0}$ 是考虑挤流效应引起转子槽下部漏磁导变化而乘的系数。

起动时定子槽漏抗为

$$x_{\sigma s1(st)}^* = \frac{\lambda_{s1(st)}}{\lambda_{s1}}x_{\sigma s1}^* \tag{4-220}$$

起动时转子槽漏抗为

$$x_{\sigma s2(st)}^* = \frac{\lambda_{s2(st)}}{\lambda_{s2}}x_{\sigma s2}^* \tag{4-221}$$

由于起动时定、转子齿顶的饱和可以看成齿顶宽度只剩下原齿顶宽度的 K_z 倍，所以凡是通过齿顶的其他漏磁通均应减少为原值的 K_z 倍，高次谐波磁通（和主磁通有共同的路径，因而通过齿顶）也要减少到原值的 K_z 倍，因而谐波漏抗也要减小到原值的 K_z 倍。

起动时定子谐波漏抗为

$$x_{\sigma d1(st)}^* = K_z x_{\sigma d1}^* \tag{4-222}$$

起动时转子谐波漏抗为

$$x_{\sigma d2(st)}^* = K_z x_{\sigma d2}^* \tag{4-223}$$

起动时转子斜槽漏抗为

$$x_{\sigma sk(st)}^* = K_z x_{\sigma sk}^* \tag{4-224}$$

起动时定子漏抗为

$$x_{\sigma 1(st)}^* = x_{\sigma s1(st)}^* + x_{\sigma d1(st)}^* + x_{\sigma e1(st)}^* \tag{4-225}$$

起动时转子漏抗为

$$x_{\sigma 2(st)}^* = x_{\sigma s2(st)}^* + x_{\sigma d2(st)}^* + x_{\sigma e2(st)}^* + x_{\sigma sk(st)}^* \tag{4-226}$$

在式（4-225）和式（4-226）中，起动时端部漏抗不变，即

$$x_{\sigma e1(st)}^* = x_{\sigma e1}^*$$
$$x_{\sigma e2(st)}^* = x_{\sigma e2}^*$$

2. 挤流效应及其对转子参数的影响

笼型异步电动机在起动时，转子尚未转动，转子电流频率与电网频率相同，漏磁通也以此频率交变。但是转子导条各部分所链漏磁通的数量是不同的，从图 4-47a 可以看出，导条下部所链漏磁通比上部多，因此导条越往下所产生的反电动势越大，即漏抗越大电流就越小。沿导条高度电流分布如图 4-47b 所示，电流向槽口方面集中，好像是被挤上去似的，所以这种现象称为挤流效应。正常运行时导条中电流频率很低，导条下部和上部漏抗的变化不大，所以基本上没有挤流效应。

由于挤流效应，可看做导条的高度和有效截面积变小了，如图 4-47c 所示，其结果是起动时转子导条电阻要比正常运行时大。此外，由于导条下部电流很小，转子槽下部漏磁通也

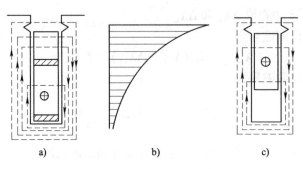

图 4-47　转子导条挤流效应

很小，使转子槽总的漏磁通减小，因而引起起动时转子槽漏抗减小。可见挤流效应的影响是增加了转子电阻和减少了转子槽漏抗。

导条高度的变化可以反映挤流效应的强弱，导条高度变得越小，就说明挤流效应越显著。因此，在计算中采用导条相对高度来表示挤流效应的程度。

考虑到挤流效应的转子导条相对高度为

$$\xi = 0.1987 \times 10^{-2} h_{\mathrm{B}} \sqrt{\frac{b_{\mathrm{B}} f}{b_{\mathrm{s}} \rho_{\mathrm{B}}}} \tag{4-227}$$

式中　h_{B}——转子导条高度，对于铸铝转子，导条高度不包括槽口高 h_{02}；

　　　$\dfrac{b_{\mathrm{B}}}{b_{\mathrm{s}}}$——转子导条宽对槽宽的比值，对于铸铝转子 $\dfrac{b_{\mathrm{B}}}{b_{\mathrm{s}}} = 1$；

　　　ρ_{B}——导条电阻系数（$\mu\Omega \cdot m$），采用 A、E、B 级绝缘时铝为 $0.043\mu\Omega \cdot m$，铜为 $0.0217\mu\Omega \cdot m$，采用 F、H 级绝缘时铝为 $0.0491\mu\Omega \cdot m$，铜为 $0.0245\mu\Omega \cdot m$；

　　　f——起动时转子电流频率，$f = 50\mathrm{Hz}$。

挤流效应使导条高度由原来的 h_{B} 减少到 h_{B}/ξ，一方面使转子导条电阻增大，另一方面使转子槽漏抗减小。转子槽形不同，在起动时由于挤流效应而使导条电阻变化程度不同，在这里引入挤流效应系数 $r_{\sim}/r_0$，$r_{\sim}$ 为起动时考虑挤流效应的导条电阻，r_0 为正常运行时认为电流均匀分布的导条电阻。在计算起动时的转子电阻时，应先根据 ξ 值从图 4-48 或图 4-49 查出挤流效应系数 $r_{\sim}/r_0$。

ξ 的物理意义是：考虑挤流影响的电阻 $r_{\sim}$ 与 h_{B}/ξ 成反比，而正常运行时电阻 r_0 与 h_{B} 成反比，即

$$\frac{r_{\sim}}{r_0} \propto \frac{h_{\mathrm{B}}}{\dfrac{h_{\mathrm{B}}}{\xi}} = \xi > 1$$

$r_{\sim}/r_0$ 表示起动时导条电阻增大的倍数，它与 ξ 成正比。ξ 越大，挤流效应越显著，则导条电阻增大的越多。

挤流效应主要是作用于槽内部分的导条，伸出铁心两端的导条和端环则不受挤流效应的影响。因此，起动时转子电阻按下式计算：

无径向通风道时

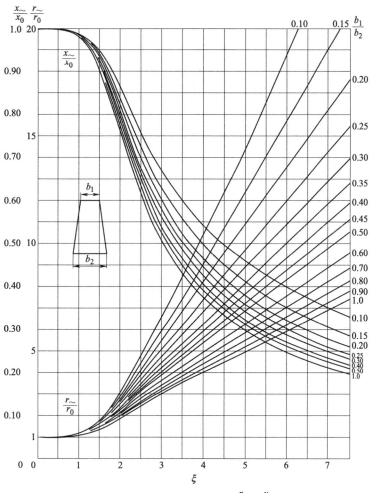

图 4-48 转子挤流效应系数 $\dfrac{r_{\sim}}{r_0}$、$\dfrac{x_{\sim}}{x_0}$

$$r_{2(\text{st})}^* = \left(\frac{r_{\sim}}{r_0} \frac{l}{l_{\text{B}}} + \frac{l_{\text{B}} - l}{l_{\text{B}}} \right) r_{\text{B}}^* + r_{\text{R}}^* \tag{4-228}$$

有径向通风道时

$$r_{2(\text{st})}^* = \left(\frac{r_{\sim}}{r_0} \frac{l - N_{\text{v}} b_{\text{v}}}{l_{\text{B}}} + \frac{l_{\text{s}} - l + N_{\text{v}} b_{\text{v}}}{l_{\text{B}}} \right) r_{\text{B}}^* + r_{\text{R}}^* \tag{4-229}$$

转子槽形不同,在起动时由于挤流效应而使槽漏抗变化程度不同,引入挤流效应系数 $x_{\sim}/x_0$,$x_{\sim}$ 为起动时考虑挤流效应时的转子槽漏抗,x_0 为正常运行时的转子槽漏抗。起动时转子槽漏抗的计算,应先根据 ξ 值从图 4-48 和图 4-49 查出挤流效应系数 $x_{\sim}/x_0$。

不论导条电流在槽内怎样分布;转子槽口部分的漏磁通总是交链全部的导条电流,不受挤流效应的影响。但是槽口以下部分的漏磁通在起动时比正常运行时减小,此时转子槽口以下部分的单位漏磁通减少为正常运行时的 $x_{\sim}/x_0$ 倍,即

$$\lambda_{\text{L2(st)}} = \frac{x_{\sim}}{x_0} \lambda_{\text{L2}} \tag{4-230}$$

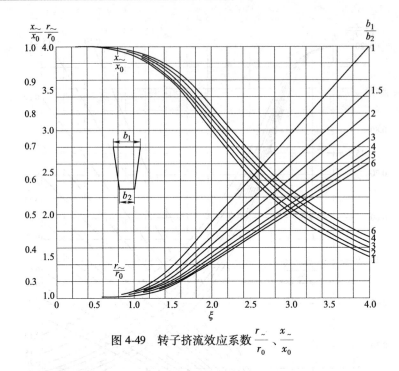

图 4-49 转子挤流效应系数 $\dfrac{r_\sim}{r_0}$、$\dfrac{x_\sim}{x_0}$

综合考虑饱和效应和挤流效应的影响，起动时转子槽单位漏磁导按式（4-219）计算，起动时转子槽漏抗可按式（4-221）计算。

计算起动电阻电抗时要用到的截面积宽度突变修正系数见图4-50。

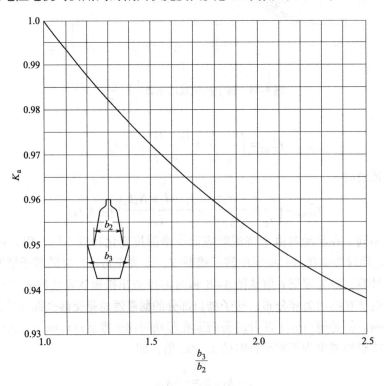

图 4-50 截面积宽度突变修正系数 K_a

3. 起动性能的计算

考虑了饱和效应和挤流效应对电机参数的影响后，便可进行起动电流和起动转矩的计算。

（1）起动电流的计算

电机起动时定子电流很大，而磁化电流只占起动电流中的很小一部分，可以忽略不计，因此可以画出起动时电机的等效电路如图 4-51 所示。

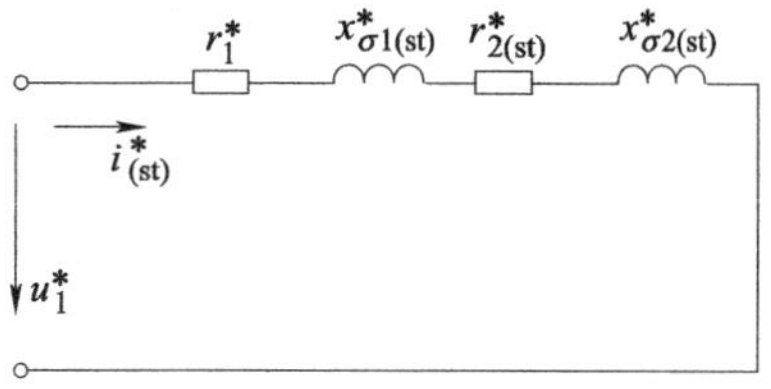

从等效电路可以看出：

起动时总电阻

$$r_{(st)}^* = r_1^* + r_{2(st)}^* \tag{4-231}$$

起动时总漏抗

$$x_{\sigma(st)}^* = x_{\sigma1(st)}^* + x_{\sigma2(st)}^* \tag{4-232}$$

起动时总阻抗

$$z_{(st)}^* = \sqrt{r_{(st)}^{*2} + x_{\sigma(st)}^{*2}} \tag{4-233}$$

起动电流为

$$I_{(st)} = \frac{U_1}{Z_{(st)}} = \frac{U_1}{Z_{(st)}} \frac{I_{KW}}{I_{KW}} = \frac{I_{KW}}{z_{(st)}^*} \tag{4-234}$$

这里算出的 $I_{(st)}$ 值应与起动电流开始假定值相符，否则需另设 $I'_{(st)}$ 值重算。

起动电流倍数为

$$i_{(st)}^* = \frac{I_{(st)}}{I_{1N}} \tag{4-235}$$

式中 I_{1N}——额定电流，按技术条件上效率和功率因数的保证值算得。

计算得到的起动电流倍数必须符合技术条件规定的指标要求。

（2）起动转矩的计算

由电机原理可知，起动转矩为

$$T_{(st)} = \frac{m_1 p U_1^2 r_{2(st)}}{2\pi f Z_{(st)}^2} \tag{4-236}$$

在设计中，起动转矩是用对额定转矩的倍数表示。根据式（4-236）和式（4-206）可得

$$T_{(st)}^* = \frac{T_{(st)}}{T_N} = \frac{r_{2(st)}^*}{z_{(st)}^{*2}}(1 - S_N) \tag{4-237}$$

计算得到的起动转矩倍数必须符合技术条件规定的指标要求。

4.3 电磁计算例题

1. 额定数据与性能指标

1）电机型式：三相封闭型笼型异步电机。

2）额定功率 $P_2 = 5.5\text{kW}$。

3）额定线电压及接法 $U_N = 380\text{V}$；△联结。

图 4-51 起动时等效电路

4）额定功率 $f_N = f_1 = 50\text{Hz}$。

5）同步转速 $n_s = 1500\text{r/min}$。

6）绝缘等级 F 级（铜线）$\theta_{\text{Cu}} = 100℃$；$\theta_{\text{Fe}} = 100℃$。

7）力能指标效率 $\eta = 90\%$。

　功率因数 $\cos\varphi = 0.86$。

8）过载能力 $T_M^* = 2.0$。

9）起动性能指标 $i_{(\text{st})}^* = 7.0$ 倍；$T_{(\text{st})}^* = 1.8$。

2. 主要尺寸

10）功电流 $U_1 = U_N = 380\text{V}$,

$$I_{\text{KW}} = \frac{P_2 \times 10^3}{m_1 U_1} = \frac{5.5 \times 10^3 \text{A}}{3 \times 380} = 4.82\text{A}。$$

11）极数 $2p = \frac{120 f_1}{n_s} = \frac{120 \times 50}{1500} = 4$。

12）预计满载电动势压降系数 $K_E = 1 - \varepsilon_L = 0.915$。

13）电机常数

$$C_A = \frac{5.5 K_T (1 - \varepsilon_L) \times 10^3}{K_{\text{dp1}} \eta \cos\varphi} = \frac{5.5 \times 1.53 \times 0.915 \times 10^3}{0.96 \times 0.9 \times 0.86} = 1.04 \times 10^4$$

式中，预选波幅系数 $K_T = 1.53$；预选绕组系数 $K_{\text{dp1}} = 0.96$。

14）选择电磁负荷 $B_\delta = 0.7\text{T}$,

$A_S = (19 + 6.51 g P_2)\text{kA/m} = (19 + 6.51 g 5.5)\text{kA/m} = 23.8\text{kA/m}$，取 $A_S = 23\text{kA/m}$。

15）电机体积计算

$$D_{\text{i1}}^2 l_{\text{ef}} = C_A \frac{P_2}{n_s A_S B_\delta} = 1.04 \times 10^4 \times \frac{5.5 \text{m}^3}{1500 \times 23 \times 10^3 \times 0.7} = 2.28 \times 10^{-3} \text{m}^3。$$

16）定子内径范围 $D_{\text{i1}} = \sqrt[3]{\dfrac{D_{\text{i1}}^2 l_{\text{ef}}}{\lambda}} = \sqrt[3]{\dfrac{2.28 \times 10^{-3}}{1.3 \sim 0.7}}\text{m} = 0.121 \sim 0.148\text{m}。$

17）定子铁心外径初选值

$$D_1 = \frac{D_{\text{i1}}}{\lambda_D} = \frac{0.121 \sim 0.148\text{m}}{0.64} = 0.189 \sim 0.231\text{m}，选定 D_1 = 210\text{mm}。$$

18）选定定子铁心内径 $D_{\text{i1}} = D_1 \lambda_D = 0.21 \times 0.64\text{m} = 0.135\text{m}$。

19）铁心长度 $l = \dfrac{D_{\text{i1}}^2 l_{\text{ef}}}{D_{\text{i1}}^2} = \dfrac{2.28 \times 10^{-3}\text{m}}{0.135^2} = 0.125\text{m}$，取 $l = 0.134\text{m}$。

20）空气气隙长度 $\delta = \dfrac{1}{10^2}\left(0.02 + \dfrac{D_{\text{i1}}}{10}\right)\text{m} = \dfrac{1}{10^2}\left(0.02 + \dfrac{0.135}{10}\right)\text{m} = 0.033 \times 10^{-2}\text{m}$，取 $\delta = 0.35\text{mm}$。

21）铁心有效长度 $l_{\text{ef}} = l + 2\delta = 0.134\text{m} + 2 \times 0.35 \times 10^{-3}\text{m} = 0.135\text{m}$。

22）铁心净铁长 $l_{\text{Fe}} = l K_{\text{Fe}} = 0.134 \times 0.95\text{m} = 0.127\text{m}$，式中因为定子冲片不涂漆，所以 $K_{\text{Fe}} = 0.95$。

3. 定子绕组与槽形尺寸

23) 定子绕组型式单层交叉式。

24) 每极每组槽数 $q_1 = 3$。

25) 定子槽数 $Z_1 = 2pm_1q_1 = 4 \times 3 \times 3 = 36$；

定子每极槽数 $Z_{p1} = m_1q_1 = 3 \times 3 = 9$。

26) 绕组节距 2/1-9；1/1-8。

27) 绕组系数 $K_{d1} = 0.96$；$K_{p1} = 1.0$；

$K_{dp1} = K_{d1}K_{p1} = 0.96$。

28) 极距 $\tau = \dfrac{\pi D_{i1}}{2p} = \dfrac{\pi \times 0.135\text{m}}{4} = 0.106\text{m}$。

29) 预计每极磁通 $\phi = \dfrac{B_\delta}{K_T}\tau l_{ef} = \dfrac{0.7}{1.53} \times 0.106 \times 0.135\text{Wb} = 6.55 \times 10^{-3}\text{ Wb}$。

30) 每相串联匝数初值 $W_{\phi1} = \dfrac{K_E U_1}{4.44fK_{dp1}\phi} = \dfrac{0.92 \times 380 \times 10^3}{4.44 \times 50 \times 0.96 \times 6.55} = 250$。

31) 每槽导体数取并联支路数 $a_1 = 1$，$N_{s1} = \dfrac{2a_1 m_1 W_{\phi1}}{Z_1} = \dfrac{2 \times 1 \times 3 \times 250}{36} = 41.67$，取

$N_{s1} = 41$。

32) 每相串联导体数（或匝数）$N_{\phi1} = \dfrac{Z_1 N_{s1}}{m_1} = \dfrac{36 \times 41}{3} = 492$，$W_{\phi1} = \dfrac{N_{\phi1}}{2} = \dfrac{492}{2} = 246$。

33) 初选定子电流密度：

热负荷 $A_{Sj1} = (96 \sim 150) \times 10^9 \text{A}^2/\text{m}^3$；

电流密度范围 $j_1 = \dfrac{A_{Sj1}}{A_S} = \dfrac{(96 \sim 150) \times 10^9 \text{A}^2/\text{m}^3}{23 \times 10^3 \text{A/m}} = 4.17 \sim 6.52\text{MA/m}^2$，

初选电流密度 $j_1 = 5.75\text{MA/m}^2$。

34) 定子相电流初值 $I_1 = \dfrac{P_2 \times 10^3}{m_1 U_1 \eta \cos\varphi} = \dfrac{3.3 \times 10^3 \text{A}}{3 \times 380 \times 0.9 \times 0.86} = 6.23\text{A}$。

35) 导线截面初值 $N_{t1}A_0 = \dfrac{I_1}{a_1 j_1} = \dfrac{6.23\text{m}^2}{1 \times 5.75 \times 10^6} = 1.083 \times 10^{-6}\text{m}^2$，

取 $N_{t1} = 1$，则 $A_0 = 1.083\text{mm}^2$

36) 线规 $d_0 = \sqrt{\dfrac{A_0}{0.785}} = \sqrt{\dfrac{1.083}{0.785}}\text{mm} = 1.175\text{mm}$；

按标准线规选用 $QZ \dfrac{1 - \phi1.18}{1 - \phi1.26}$，即导体标称直径 1.18mm，加上绝缘漆膜后

为 1.26mm。

37) 槽口尺寸：$b_{01} = 3.0\text{mm}$，$h_{01} = 1.0\text{mm}$。

38) 定子齿距 $t_1 = \dfrac{\pi D_{i1}}{Z_1} = \dfrac{\pi \times 0.135\text{m}}{36} = 0.0118\text{m}$。

39) 定子齿宽 $b_{t1} = \dfrac{K_T\phi}{Z_{p1}l_{Fe}B_{t1}} = \dfrac{1.53 \times 6.55 \times 10^{-8}\text{m}}{9 \times 0.127 \times (1.65 \sim 1.35)} = (5.3 \sim 6.5) \times 10^{-3}\text{m}$，

取 $b_{t1} = 6.1\mathrm{mm}$。

40）槽形尺寸取 $a_1 = 30°$

$$h_{s11} = \frac{\dfrac{\pi(D_{i1} + 2h_{01})}{Z_1} - b_{01} - b_{t1}}{2} \mathrm{tg}a_1 = \frac{\dfrac{\pi(135 + 2 \times 1)}{36} - 3 - 6.1}{2} \mathrm{tg}30°\mathrm{mm} = 0.82\mathrm{mm},$$

取 $h_{s11} = 0.88\mathrm{mm}$；

$$b_{s1} = \frac{\pi(D_{i1} + 2h_{01} + 2h_{s11})}{Z_1} - b_{t1} = \frac{\pi(135 + 2 + 1.6)\mathrm{mm}}{36} - 6.1\mathrm{mm} = 5.98\mathrm{mm},$$

取 $b_{s1} = 6.0\mathrm{mm}$；

取 $h_{s12} = 11.8\mathrm{mm}$；

$$r_{s1} = \frac{b_{s1}}{2} + h_{s12}\mathrm{tg}\frac{180°}{Z_1} = \left(\frac{6}{2} + 11.8\mathrm{tg}5°\right)\mathrm{mm} = 4.03\mathrm{mm},$$

取 $r_{s1} = 4.0\mathrm{mm}$。

槽形尺寸已全部算出，作槽形如图 4-52 所示。

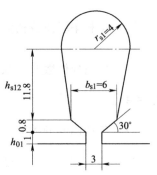

图 4-52 定子槽形尺寸

41）槽面积取槽楔厚 $h = 2.5\mathrm{mm}$，

$$A_{S1} = \frac{2r_{s1} + b_{s1}}{2}(h'_{s1} - h) + \frac{\pi r_{s1}^2}{2} = \frac{2 \times 4 + 6}{2}(11.8 +$$

$$0.8 - 2.5)\mathrm{mm}^2 + \frac{\pi \times 4^2 \mathrm{mm}^2}{2} = 95.8 \ \mathrm{mm}^2。$$

42）槽绝缘面积绝缘厚度 $\delta_i = 0.32\mathrm{mm}$，

$$A_i = \delta_i(2h'_{s1} + \pi r_{s1}) = 0.32 \times (2 \times 12.6 + 4\pi)\mathrm{mm}^2 =$$

$12.1 \ \mathrm{mm}^2$；

槽有效面积 $A_{\mathrm{sef}} = A_{S1} - A_i = (95.8 - 12.1)\mathrm{mm}^2 = 83.7\mathrm{mm}^2$。

43）槽满率 $k_{\mathrm{cm}} = \dfrac{N_{t1}N_{s1}d^2}{A_{\mathrm{sef}}} \times 100\% = \dfrac{1 \times 41 \times 1.26^2}{83.7} \times 100\% = 77.8\%$，$k_{\mathrm{cm}}$ 合格。

上述槽形尺寸合适。

44）轭高及轭部磁通密度校核 $h_{j1} = \dfrac{D_1 - D_{i1}}{2} - h_{s1} = \dfrac{(0.21 - 0.135)\mathrm{m}}{2} - 0.0176\mathrm{m} = 0.02\mathrm{m}$，

磁通密度校核 $B_{j1} = K_1 \dfrac{B_\delta}{h_{j1}}\tau = 0.358 \times \dfrac{0.7}{0.02} \times 0.106\mathrm{T} = 1.33\mathrm{T}$。

B_{j1} 在允许范围内。

4. 转子绕组与槽形尺寸

45）转子槽数 $Z_2 = 26$。

46）槽形选择采用槽底带圆弧的平行槽。

47）转子电流初值 $I_2 = K_2 I_1 \dfrac{m_1 N_{\phi1} K_{dp1}}{Z_2} = 0.878 \times 6.23 \times \dfrac{3 \times 492 \times 0.96\mathrm{A}}{26} = 298\mathrm{A}$，

式中 $K_2 = 0.95\cos\varphi + 0.06 = 0.878$。

48）初选转子电流密度 $j_B = 3.74 \ \mathrm{MA/m}^2$。

49）需要的转子槽面积 $A_B = \dfrac{I_2}{j_B} = \dfrac{298\mathrm{m}^2}{3.74 \times 10^6} = 79.6 \times 10^{-6}\mathrm{m}^2$

50）转子齿宽初值 $b_{t2} = \dfrac{K_T\phi}{Z_{p2}l_{Fe}B_{t2}} = \dfrac{1.53 \times 6.55 \times 10^{-3}\mathrm{m}}{\dfrac{26}{4} \times 0.127 \times (1.65 \sim 1.35)} = (7.36 \sim 8.99) \times$

$10^{-3}\mathrm{m}$，

取 $b'_{t2} = 9.0\mathrm{mm}$。

51）转子内径 $D_{i2} = 48\mathrm{mm}$。

52）槽口尺寸 $b_{02} = 1.0\mathrm{mm}$；$h_{02} = 1.0\mathrm{mm}$。

53）转子外径 $D_2 = D_{i1} - 2\delta = (0.135 - 0.0007)\mathrm{m} = 0.1343\mathrm{m}$。

54）槽宽设 $h_{s21} + h_{s22} = 17.6\mathrm{mm}$；

$$b_{s2} = \frac{\pi\left[D_2 - 2h_{02} - \dfrac{4}{3}(h_{s21} - h_{s22})\right]}{Z_2} - b'_{t2} = \frac{\pi\left[134.3 - 2 - \dfrac{4}{3} \times 17.6\right]\mathrm{mm}}{26} - 9.0\mathrm{mm}$$

$$= 4.4\mathrm{mm}$$

55）取 $a_2 = 40°$，

$$h_{s21} = \frac{b_{s2} - b_{02}}{2}\mathrm{tg}a_2 = \frac{4.4 - 1}{2} \times 0.84\mathrm{mm} = 1.43\mathrm{mm}$$

取 $h_{s21} = 1.4\mathrm{mm}$，则 $h_{s22} = 16.2\mathrm{mm}$。

槽形尺寸已全部确定，槽形如图 4-53 所示。

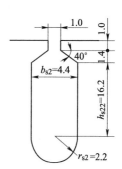

图 4-53 转子槽形尺寸

56）实际转子齿宽

$$b_{t2} = \frac{\pi\left(D_2 - 2h_{02} - 2h_{s21} - \dfrac{4}{3}h_{s22}\right)}{Z_2} - b_{s2}$$

$$= \frac{\pi\left(134.3 - 2 - 2.8 - \dfrac{4}{3} \times 16.2\right)\mathrm{mm}}{26} - 4.4\mathrm{mm}$$

$$= 8.7\mathrm{mm}$$。

57）槽面积

$$A_{s2} = \frac{b_{s2} + b_{02}}{2}h_{s21} + b_{s2}h_{s22} + \frac{\pi}{2}r_{s2}^2 = \left(\frac{4.4 + 1}{2} \times 1.4 + 4.4 \times 16.2 + \frac{\pi}{2} \times 2.2^2\right)\mathrm{mm}^2 =$$

$82.6\mathrm{mm}^2$。

A_{s2} 与需要值接近，故槽形尺寸合适。

58）轭部高度 $h_{j2} = \dfrac{D_2 - D_{i2}}{2} - h_{s2} = \dfrac{(0.1343 - 0.048)\mathrm{mm}}{2} - 0.0208\mathrm{mm} = 0.02235\mathrm{mm}$，

轭部磁通密度校核 $B_{j2} = K_1\dfrac{B_\delta}{h_{j2}}\tau = 0.358 \times \dfrac{0.7}{0.0224} \times 0.106\mathrm{T} = 1.19\mathrm{T}$，$B_{j2}$ 在允许范围内。

59）转子齿距 $t_2 = \dfrac{\pi D_2}{Z_2} = \dfrac{\pi \times 0.1343\mathrm{m}}{26} = 0.01625\mathrm{m}$。

60）端环电流 $I_R = \dfrac{I_2 Z_2}{2p\pi} = \dfrac{298 \times 26\text{A}}{4\pi} = 616\text{A}$

61）选取端环电流密度 $j_R = 2.51\text{MA/m}^2$。

62）端环截面积 $A_R = \dfrac{I_R}{j_R} = \dfrac{616\text{m}^2}{2.51 \times 10^6} = 245 \times 10^{-6}\text{m}^2$。

63）端环尺寸 $D_{R1} = 0.131\text{m}$，$D_{R2} = 0.087\text{m}$，

$$D_R = \frac{D_{R1} + D_{R2}}{2} = 0.109\text{m}，$$

$$b_R = \frac{2A_R}{D_{R1} - D_{R2}} = 0.0112\text{m}。$$

端环尺寸如图 4-54 所示。

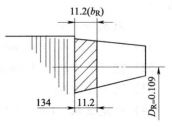

图 4-54　端环尺寸

5. 磁路计算

64）每极磁通

$$\Phi = \frac{K_E U_1}{4.44 f W_{\phi 1} K_{dp1}} = \frac{0.915 \times 380\text{Wb}}{4.44 \times 50 \times 246 \times 0.96} = 6.63 \times 10^{-3}\text{Wb}。$$

65）空气隙截面积 $A_\delta = \tau l_{ef} = 0.106 \times 0.1347\text{m}^2 = 0.0143\text{m}^2$。

66）齿部截面积

定子：$A_{t1} = b_{t1} l_{Fe} Z_{p1} = 6.1 \times 10^{-3} \times 0.127 \times 9\text{m}^2 = 69.7 \times 10^{-4}\text{m}^2$；

转子：$A_{t2} = b_{t2} l_{Fe} Z_{p2} = 8.7 \times 10^{-3} \times 0.127 \times \dfrac{26}{4}\text{m}^2 = 72 \times 10^{-4}\text{m}^2$。

67）轭部磁路计算高度

定子：$h'_{j1} = \dfrac{D_1 - D_{i1}}{2} - h_{s1} + \dfrac{r_{s1}}{3} = \dfrac{(0.21 - 0.135)\text{m}}{2} - 0.0176\text{m} + \dfrac{4}{3} \times 10^{-8}\text{m} = $

0.02123m；

转子：$h'_{j2} = \dfrac{D_2 - D_{i2}}{2} - h_{s2} + \dfrac{r_{s2}}{3} = \dfrac{(0.1343 - 0.048)\text{m}}{2} - 0.0208\text{m} + \dfrac{2.2}{3} \times 10^{-3}\text{m} = $

0.023m。

68）轭部截面积

定子：$A_{j1} = h'_{j1} l_{Fe} = (0.02123 \times 0.127)\text{m}^2 = 27 \times 10^{-4}\text{m}^2$；

转子：$A_{j2} = h'_{j2} l_{Fe} = (0.023 \times 0.127)\text{m}^2 = 29.2 \times 10^{-4}\text{m}^2$。

69）卡氏系数

$$K_{\delta 1} = \frac{t_1(4.4\delta + 0.75 b_{01})}{t_1(4.4\delta + 0.75 b_{01}) - b_{01}^2} = \frac{11.8(4.4 \times 0.35 \times 0.75 \times 3)}{11.8(4.4 \times 0.35 \times 0.75 \times 3) - 3^2} = 1.25；$$

$$K_{\delta 2} = \frac{t_2(4.4\delta + 0.75 b_{02})}{t_2(4.4\delta + 0.75 b_{02}) - b_{02}^2} = \frac{16.25(4.4 \times 0.35 \times 0.75 \times 1)}{16.25(4.4 \times 0.35 \times 0.75 \times 1) - 1} = 1.03；$$

$$K_\delta = K_{\delta 1} K_{\delta 2} = 1.25 \times 1.03 = 1.285。$$

70）气隙有效长度 $\delta_{ef} = \delta K_\delta = 0.35 \times 10^{-3} \times 1.285\text{m} = 0.449 \times 10^{-3}\text{m}$

71）齿部磁路长度

定子：$L'_{t1} = h_{s11} + h_{s12} + \dfrac{r_{s1}}{3} = \left(0.8 + 11.8 + \dfrac{4}{3}\right) \times 10^{-3}\text{m} = 0.0139\text{m}$；

转子：$L'_{t2} = h_{s21} + h_{s22} + \dfrac{r_{s2}}{3} - \left(1.4 + 16.2 + \dfrac{2.2}{3}\right) \times 10^{-3}\text{m} = 0.0183\text{m}$。

72）轭部磁路长度

定子：$L'_{j1} = \dfrac{\pi(D_{i1} - h'_{j1})}{4p} = \dfrac{\pi(0.21 - 0.02123)}{8} = 0.074\text{m}$；

转子：$L'_{j2} = \dfrac{\pi(D_{i2} + h'_{j2})}{4p} = \dfrac{\pi(0.048 + 0.023)}{8} = 0.0279\text{m}$。

73）假设饱和系数设 $K_s = 1.1$，则 $K_T = 1.53$。

74）气隙磁通密度 $B_\delta = K_T \dfrac{\phi}{A_\delta} = 1.53 \times \dfrac{6.63 \times 10^{-3}\text{T}}{0.0143} = 0.71\text{T}$

75）齿磁通密度

定子：$B_{t1} = K_T \dfrac{\phi}{A_{t1}} = 1.53 \times \dfrac{6.63 \times 10^{-3}\text{T}}{69.7 \times 10^{-4}} = 1.46\text{T}$

转子：$B_{t2} = K_T \dfrac{\phi}{A_{t2}} = 1.53 \times \dfrac{6.63 \times 10^{-3}\text{T}}{72 \times 10^{-4}} = 1.41\text{T}$

76）轭磁通密度

定子：$B_{j1} = \dfrac{\phi}{2A_{j1}} = \dfrac{6.63 \times 10^{-3}\text{T}}{2 \times 27 \times 10^{-4}} = 1.23\text{T}$

转子：$B_{j2} = \dfrac{\phi}{2A_{j2}} = \dfrac{6.63 \times 10^{-3}\text{T}}{2 \times 29.2 \times 10^{-4}} = 1.14\text{T}$

77）磁路各部分磁场强度，采用 DW315 硅钢片：
$H_{t1} = 0.86 \times 10^3 \text{A/m}$，$H_{t2} = 0.557 \times 10^3 \text{A/m}$；
$H_{j1} = 0.215 \times 10^3 \text{A/m}$，$H_{j2} = 0.155 \times 10^3 \text{A/m}$。

78）磁路各部分磁动势
$F_\delta = 0.8 B_\delta \delta_{ef} \times 10^6 = 0.8 \times 0.71 \times 0.449 \times 10^3 \text{A} = 255\text{A}$；
$F_{t1} = H_{t1} L'_{t1} = 0.86 \times 10^3 \times 0.0139\text{A} = 12.0\text{A}$；
$F_{t2} = H_{t2} L'_{t2} = 0.557 \times 10^3 \times 0.0183\text{A} = 10.2\text{A}$；
$F_{j1} = C_1 H_{j1} L'_{j1} = 0.61 \times 0.215 \times 10^3 \times 0.074\text{A} = 9.71\text{A}$；
$F_{j2} = C_2 H_{j2} L'_{j2} = 0.55 \times 0.155 \times 10^3 \times 0.0279\text{A} = 2.38\text{A}$。

79）饱和系数 $K_s = \dfrac{F_\delta + F_{t1} + F_{t2}}{F_\delta} = \dfrac{255 + 12.0 + 10.2}{255} = 1.09$。

80）每极总磁动势
$F = F_\delta + F_{t1} + F_{t2} + F_{j1} + F_{j2} = (255 + 12.0 + 10.2 + 9.71 + 2.38)\text{A} = 289\text{A}$。

81）满载磁化电流 $I_m = \dfrac{2.22 F(2p)}{m_1 N_{\phi1} K_{dp1}} = \dfrac{2.22 \times 289 \times 4}{3 \times 492 \times 0.96}\text{A} = 1.81\text{A}$，

$i_m^* = \dfrac{I_m}{I_{KW}} = \dfrac{1.81}{4.82} = 0.376$。

6. 参数计算

82）线圈跨距

$$\tau_{y1} = \frac{\pi \left[D_{i1} + 2(h_{01} + h_{s11}) + h_{s12} + r_{s1} \right]}{2p} \frac{y_1}{Z_{p1}}$$

$$= \frac{\pi \left[0.135 + 2 \times 1.8 \times 10^{-3} + (11.8 + 4) \times 10^{-3} \right] \text{m}}{4} \times \frac{8}{9} = 0.108 \text{m};$$

$$\tau_{y2} = \frac{\pi \left[0.135 + 2 \times 1.8 \times 10^{-3} + (11.8 + 4) \times 10^{-3} \right] \text{m}}{4} \times \frac{7}{9} = 0.094 \text{m};$$

$$\tau_y = \frac{2\tau_{y1} + \tau_{y2}}{3} = \frac{2 \times 0.108 \times 0.094 \text{m}}{3} = 0.103 \text{m}_\circ$$

83）线圈平均半匝长

$$l_c = l + 2l_{ae} + K_c\tau_y = (0.134 + 2 \times 1.5 \times 10^{-2} + 1.2 \times 0.103)\text{m} = 0.288\text{m}$$

84）线圈端部平均长

$$l_e = 2l_{ae} + K_c\tau_y = (2 \times 1.5 \times 10^{-2} + 1.2 \times 0.103)\text{m} = 0.154\text{m}$$

85）定子电阻 $R_1 = \dfrac{\rho l_c N_{\phi1}}{a_1 N_{t1} A_0} = \dfrac{0.0217 \times 10^{-6} \times 0.288 \times 492 \Omega}{1 \times 1 \times 1.084 \times 10^{-6}} = 2.83\Omega$

$$r_1^* = R_1 \frac{I_{KW}}{U_1} = 2.83 \times \frac{4.82}{380} = 0.0359$$

86）转子电阻折算系数

$$K = m_1 (N_{\phi1} K_{dp1})^2 = 3 \times (492 \times 0.96)^2 = 67 \times 10^4_\circ$$

87）导条电阻

$$R_B' = K \frac{K_B l_B \rho_B}{A_B Z_2} = 67 \times 10^4 \times \frac{1 \times 0.134 \times 0.0245 \times 10^{-6} \Omega}{82.6 \times 10^{-6} \times 26} = 1.02\Omega,$$

$$r_B^* = R_B' \frac{I_{KW}}{U_1} = 1.02 \times \frac{4.82}{380} = 0.0129_\circ$$

88）端环电阻

$$R_R'' = K \frac{D_R \rho_R}{2\pi p^2 A_R} = 67 \times 10^4 \times \frac{0.109 \times 0.0245 \times 10^{-6} \Omega}{2\pi \times 4 \times 245 \times 10^{-6}} = 0.3\Omega,$$

$$r_R^* = R_R'' \frac{I_{KW}}{U_1} = 0.3 \times \frac{4.82}{380} = 0.00381_\circ$$

89）转子电阻

$$r_2^* = r_B^* + r_R^* = 0.0129 + 0.00381 = 0.01671_\circ$$

90）漏抗系数

$$C_x = \frac{2.63 f P_2 l_{ef} (N_{\phi1} K_{dp1})^2}{2p U_1^2 \times 10^3} = \frac{2.63 \times 50 \times 5.5 \times 0.1347 \times (492 \times 0.96)^2}{4 \times 380^2 \times 10^3} = 0.0376$$

91）定子单位漏磁导

$$\lambda_{U1} = \frac{h_{01}}{b_{01}} + \frac{2 \times h_{s11}}{b_{01} + b_{s1}} = \frac{1}{3} + \frac{2 \times 0.8}{3 + 6} = 0.51,$$

$$\lambda_{L1} = 0.81,$$

$$\lambda_{s1} = \lambda_{U1} + \lambda_{L1} = 0.51 + 0.81 = 1.32_\circ$$

92）转子单位漏磁导

$$\lambda_{U2} = \frac{h_{02}}{b_{02}} = \frac{1}{1} = 1,$$

$$\lambda_{L2} = \frac{2h_{SZ1}}{b_{02} + b_{s2}} + \lambda_L = \frac{2 \times 1.4}{1 + 4.4} + 1.36 = 1.87,$$

$$\lambda_{s2} = \lambda_{U2} + \lambda_{L2} = 1 + 1.87 = 2.87_\circ$$

93）定子槽漏抗

$$x_{\sigma s1}^* = \frac{l_1 \lambda_{s1} C_x}{l_{ef} K_{dp1}^2 q_1} = \frac{0.134 \times 1.32}{0.1347 \times 0.96^2 \times 3} C_x = 0.472 C_{x\circ}$$

94）转子槽漏抗

$$x_{\sigma s2}^* = \frac{2pm_1 l_2 \lambda_{s2} C_x}{l_{ef} Z_2} = \frac{4 \times 3 \times 0.134 \times 2.87}{0.1347 \times 26} C_x = 1.32 C_{x\circ}$$

95）定子端部漏抗

$$x_{\sigma e1}^* = 0.47 \left(\frac{l_e - 0.64\tau_y}{l_{ef} K_{dp1}^2} \right) C_x = 0.47 \times \frac{0.154 - 0.64 \times 0.103}{0.1347 \times 0.96^2} = 0.334 C_{x\circ}$$

96）转子端部漏抗

$$x_{\sigma e2}^* = \frac{0.757 D_R}{l_{ef}(2p)} C_x = \frac{0.757 \times 0.109}{0.1347 \times 4} C_x = 0.153 C_{x\circ}$$

97）定子谐波漏抗 $\sum \lambda_{d1} = 0.0129$,

$$x_{\sigma d1}^* = \frac{m_1 \tau C_x \sum \lambda_{d1}}{\pi^2 \delta_{ef} K_{dp1}^2 K_s} = \frac{3 \times 0.106 \times 0.0129}{\pi^2 \times 0.449 \times 10^{-3} \times 0.96^2 \times 1.09} C_x = 0.92 C_{x\circ}$$

98）转子谐波漏抗 $\sum \lambda_{d2} = 0.02$,

$$x_{\sigma d2}^* = \frac{m_1 \tau C_x \sum \lambda_{d2}}{\pi^2 \delta_{ef} K_s} = \frac{3 \times 0.106 \times 0.02}{\pi^2 \times 0.449 \times 10^{-3} \times 1.09} C_x = 1.32 C_{x\circ}$$

99）斜槽漏抗槽斜度取

$$b_{sk} = \frac{t_1}{2} \approx 0.6 \text{cm},$$

$$x_{\sigma sk}^* = 0.5 \left(\frac{b_{sk}}{t_2} \right)^2 x_{\sigma d2}^* = 0.5 \times \left(\frac{0.6}{1.625} \right)^2 \times 1.32 C_x = 0.090 C_{x\circ}$$

100）定子漏抗

$$x_{\sigma 1}^* = x_{\sigma s1}^* + x_{\sigma e1}^* + x_{\sigma d1}^*$$
$$= (0.472 + 0.334 + 0.92) C_x$$
$$= 1.73 C_x$$
$$= 1.73 \times 0.0376$$
$$= 0.065$$

101）转子漏抗

$$x_{\sigma2}^* = x_{\sigma s2}^* + x_{\sigma e2}^* + x_{\sigma d2}^* + x_{\sigma sk}^*$$
$$= (1.32 + 0.153 + 1.32 + 0.090)C_x$$
$$= 2.883C_x$$
$$= 2.883 \times 0.0376$$
$$= 0.1084$$

102) 总漏抗

$$x_\sigma^* = x_{\sigma1}^* + x_{\sigma2}^* = 0.065 + 0.1084 = 0.173_\circ$$

7. 运行性能计算

103) 满载电流有功分量假设 $\eta' = 0.9$

$$i_P^* = \frac{1}{\eta'} = \frac{1}{0.9} = 1.111$$

104) 电抗电流

$$K_m = 1 + i_m^* x_{\sigma1}^* = 1 + 0.376 \times 0.0651 = 1.024$$

$$i_x^* = K_m x_\sigma^* i_P^{*2} [1 + (K_m x_\sigma^* i_P^*)^2]$$

$$= 1.024 \times 0.173 \times 1.111^2 [1 + (1.024 \times 0.173 \times 1.111)^2] = 0.228_\circ$$

105) 满载电流无功分量

$$i_Q^* = i_m^* + i_x^* = 0.376 + 0.228 = 0.604_\circ$$

106) 满载电动势系数

$$K_E = 1 - \varepsilon_L = 1 - (i_P^* r_1^* + i_Q^* x_{\sigma1}^*) = 1 - (1.111 \times 0.0359 + 0.604 \times 0.0651) = 0.9208_\circ$$

107) 空载电动势

$$1 - \varepsilon_0 = 1 - i_m^* x_{\sigma1}^* = 1 - (0.376 \times 0.0651) = 0.976_\circ$$

108) 定子电流

$$i_1^* = \sqrt{i_P^{*2} + i_Q^{*2}} = \sqrt{1.111^2 + 0.604^2} = 1.265,$$

$$I_1 = i_1^* I_{KW} = 1.265 \times 4.82 = 6.10\text{A}_\circ$$

109) 转子电流

$$i_2^* = \sqrt{i_P^{*2} + i_x^{*2}} = \sqrt{1.111^2 + 0.228^2} = 1.13,$$

$$I_2 = i_2^* I_{KW} \frac{m_1 N_{\phi1} K_{dp1}}{Z_2} = 1.13 \times 4.82 \times \frac{3 \times 492 \times 0.96\text{A}}{26} = 297\text{A};$$

端环电流

$$I_R = I_2 \frac{Z_2}{\pi(2p)} = 297 \times \frac{26\text{A}}{4\pi} = 614\text{A}_\circ$$

110) 定子电流密度 $j_1 = \dfrac{I_1}{a_1 N_{t1} A_0} = \dfrac{6.10}{1 \times 1 \times 1.08 \times 10^{-6}} = 5.65\text{ MA/m}^2_\circ$

转子电流密度 $j_2 = \dfrac{I_2}{A_{s2}} = \dfrac{297\text{A/m}^2}{82.6 \times 10^{-6}} = 3.60\text{ MA/m}^2_\circ$

端环电流密度 $j_R = \dfrac{I_R}{A_R} = \dfrac{614\text{A/m}^2}{245 \times 10^{-6}} = 2.51\text{ MA/m}^2_\circ$

111) 定子铜耗

$$p_{Cu1}^* = i_1^{*2} r_1^* = 1.265^2 \times 0.0359 = 0.0574。$$

$$P_{Cu1} = p_{Cu1}^* P_2 \times 10^3 = 0.0574 \times 5500W = 316W。$$

112）转子铜耗

$$p_{Cu2}^* = i_2^{*2} r_2^* = 1.13^2 \times 0.01671 = 0.0213$$

$$P_{Cu2} = p_{Cu2}^* P_2 \times 10^3 = 0.0213 \times 5500W = 117W$$

113）定子铁心空载磁通密度

$$B_{t10} = \frac{1 - \varepsilon_0}{1 - \varepsilon_L} B_{t1} = \frac{0.976}{0.9208} \times 1.46 = 1.55T,$$

$$B_{j10} = \frac{1 - \varepsilon_0}{1 - \varepsilon_L} B_{j1} = \frac{0.976}{0.9208} \times 1.23 = 1.3T。$$

114）铁心体积

$$V_{t1} = 2p A_{t1} L_{t1}' = 4 \times 69.7 \times 10^{-4} \times 0.0139m^2 = 388 \times 10^{-6} m^2,$$

$$V_{j1} = 4p A_{j1} L_{j1}' = 8 \times 27 \times 10^{-4} \times 0.074m^2 = 1600 \times 10^{-6} m^2。$$

115）按 DW315 损耗曲线，单位铁损，则

$$p_{t1} = 22.1 \times 10^3 \ W/m^3, \ p_{j1} = 15.0 \times 10^3 \ W/m^3。$$

116）铁耗

$$P_{t1} = p_{t1} V_{t1} = 22.1 \times 10^3 \times 388 \times 10^{-6} = 8.57W,$$

$$P_{j1} = p_{j1} V_{j1} = 15.0 \times 10^3 \times 1600 \times 10^{-6} = 24.0W,$$

$$P_{Fe} = K_1 P_{t1} + K_2 P_{j1} = 2.5 \times 8.57 + 2 \times 24.0 = 69.4W;$$

$$p_{Fe}^* = \frac{P_{Fe}}{P_2 \times 10^3} = \frac{69.4}{5500} = 0.0126。$$

117）机械损耗

$$P_m = 45W, \ p_m^* = \frac{45}{5500} = 0.0082。$$

110）附加耗

$$p_s^* = 0.005。$$

119）总损耗

$$\sum p^* = p_{Cu1}^* + p_{Cu2}^* + p_{Fe}^* + p_m^* + p_s^* = 0.0574 + 0.0213 + 0.0126 + 0.0082 + 0.005 = 0.1045;$$

$$\sum P = \sum p^* P_2 \times 10^3 = 0.1045 \times 5500W = 575W。$$

120）输入 $p_1^* = 1 + \sum p^* = 1 + 0.1045 = 1.1045;$

损耗比 $\dfrac{\sum p^*}{p_1^*} = \dfrac{0.1045}{1.1045} = 9.46\%。$

121）效率

$$\eta = 1 - \frac{\sum p^*}{p_1^*} = 1 - 0.0946 = 0.9054。$$

122）功率因数

$$\cos\varphi = \frac{1}{i_1^* \eta} = \frac{1}{1.265 \times 0.9054} = 0.873。$$

$\cos\varphi$ 符合技术条件规定的指标

123) 旋转铁耗

$$p_{t1}^* + p_{j1}^* = \frac{p_{t1} + p_{j1}}{P_2 \times 10^3} = \frac{8.57 + 24.0}{5500} = 0.00592,$$

$$p_{\text{Fer}}^* = p_{\text{Fe}}^* - (p_{t1}^* + p_{j1}^*) = 0.0126 - 0.00592 = 0.00668_{\circ}$$

124) 转速差及额定转速

$$S_{\text{N}} = \frac{p_{\text{Cu2}}^*}{1 + p_{\text{Cu2}}^* + p_{\text{Fer}}^* + p_{\text{m}}^* + p_{\text{s}}^*} = \frac{0.0213}{1 + 0.0213 + 0.00668 + 0.0082 + 0.005} = 0.0205,$$

$$n_{\text{N}} = \frac{60f}{p}(1 - S_{\text{N}}) = \frac{60 \times 50}{2} \times (1 - 0.0205)\text{r/min} = 1469\text{r/min}_{\circ}$$

125) 最大转矩倍数

$$T_{\text{M}}^* = \frac{1 - S_{\text{N}}}{2(r_1^* + \sqrt{r_1^{*2} + x_\sigma^{*2}})} = \frac{1 - 0.0205}{2 \times (0.0359 + \sqrt{0.0359^2 + 0.1735^2})} = 2.30_{\circ}$$

8. 起动性能计算

126) 导条折合高度

$$\xi = 0.1987 \times 10^{-2} h_{\text{B}} \sqrt{\frac{f}{\rho_{\text{B}}}} = 0.1987 \times 10^{-2} \times 0.0198 \times \sqrt{\frac{50}{0.0245 \times 10^{-6}}} = 1.78_{\circ}$$

127) 挤流效应系数 $\dfrac{r_\sim}{r_o} = 1.9$；$\dfrac{x_\sim}{x_o} = 0.8_{\circ}$

128) 假设起动电流 $I'_{(\text{st})} = 40\text{A}_{\circ}$

129) 每槽平均磁动势

$$F_{(\text{st})} = 0.707 I'_{(\text{st})} \frac{N_{\text{s1}}}{a_1}\left[K_{\text{U1}} + K_{\text{d1}}^2 K_{\text{p1}} \frac{Z_1}{Z_2}\right]\sqrt{1 - \varepsilon_0}$$

$$= 0.707 \times 40 \times 41 \times \left[1 + 0.96^2 \times \frac{36}{26}\right]\sqrt{0.976}\,\text{A} = 2607\text{A}$$

130) 气隙假想磁通密度

$$\beta_{\text{c}} = 0.64 + 2.5\sqrt{\frac{\delta}{t_1 + t_2}} = 0.64 + 2.5\sqrt{\frac{0.35}{11.8 + 16.25}} = 0.92,$$

$$B_{\text{L}} = \frac{F_{(\text{st})} \times 10^{-6}}{1.6\delta\beta_{\text{c}}} = \frac{2607 \times 10^{-6}\text{T}}{1.6 \times 0.35 \times 10^{-3} \times 0.92} = 5.06\text{T}_{\circ}$$

131) 起动时漏抗饱和系数 $K_{\text{Z}} = 0.42$；$1 - K_{\text{Z}} = 0.58_{\circ}$

132) 齿顶宽减少量

$$C_{\text{s1}} = (t_1 - b_{01})(1 - K_{\text{Z}}) = (11.8 - 3) \times 0.58\text{mm} = 5.1\text{mm},$$

$$C_{\text{s2}} = (t_2 - b_{02})(1 - K_{\text{Z}}) = (16.25 - 1) \times 0.58\text{mm} = 8.85\text{mm}_{\circ}$$

133) 起动时单位漏磁导变化

$$\Delta\lambda_{\text{U1}} = \frac{h_{01} + 0.58h_{\text{s11}}}{b_{01}}\left(\frac{C_{\text{s1}}}{C_{\text{s1}} + 1.5b_{01}}\right) = \frac{1 + 0.58 \times 0.8}{3}\left(\frac{5.1}{5.1 + 1.5 \times 3}\right) = 0.249,$$

$$\Delta\lambda_{U2} = \frac{h_{02}}{b_{02}}\left(\frac{C_{s2}}{C_{s2} + b_{02}}\right) = \frac{1}{1}\left(\frac{8.85}{8.85 + 1}\right) = 0.898_{\circ}$$

134）起动时槽单位漏磁导

$$\lambda_{s1(st)} = K_{U1}(\lambda_{U1} - \Delta\lambda_{U1}) + K_{L1}\lambda_{L1} = 1 \times (0.51 - 0.249) + 1 \times 0.81 = 1.071,$$

$$\lambda_{s2(st)} = (\lambda_{U2} - \Delta\lambda_{U2}) + \frac{x_{\sim}}{x_0}\lambda_{L2} = (1 - 0.898) + 0.8 \times 1.87 = 1.60_{\circ}$$

135）定子起动漏抗

$$\begin{aligned}
x_{\sigma1(st)}^* &= \frac{\lambda_{s1(st)}}{\lambda_{s1}}x_{\sigma s1}^* + K_Z x_{\sigma d1}^* + x_{\sigma e1}^* \\
&= \left[\frac{1.071}{1.32} \times 0.472 + 0.42 \times 0.924 + 0.334\right]C_x \\
&= 1.105C_x = 0.0416_{\circ}
\end{aligned}$$

136）转子起动漏抗

$$\begin{aligned}
x_{\sigma2(st)}^* &= \frac{\lambda_{s2(st)}}{\lambda_{s2}}x_{\sigma s2}^* + K_Z(x_{\sigma d2}^* + x_{\sigma sk}^*) + x_{\sigma e2}^* \\
&= \left[\frac{1.60}{2.87} \times 1.32 + 0.42(1.32 + 0.090) + 0.153\right]C_x \\
&= 1.481C_x = 0.0557_{\circ}
\end{aligned}$$

137）总起动漏抗

$$x_{\sigma(st)}^* = x_{\sigma1(st)}^* + x_{\sigma2(st)}^* = 0.0416 + 0.0557 = 0.0973_{\circ}$$

138）转子起动电阻

$$r_{2(st)}^* = \frac{r_{\sim}}{r_0}r_B^* + r_R^* = 1.9 \times 0.0129 + 0.00381 = 0.02832_{\circ}$$

139）起动总电阻

$$r_{(st)}' = r_1' + r_{2(st)}' = 0.0359 + 0.02832 = 0.06422_{\circ}$$

140）起动总阻抗

$$Z_{(st)}^* = \sqrt{r_{(st)}^{*2} + r_{\sigma(st)}^{*2}} = \sqrt{0.06422^2 + 0.0973^2} = 0.1166_{\circ}$$

141）起动电流

$$I_{(st)} = \frac{I_{KW}}{Z_{(st)}^*} = \frac{4.82A}{0.1166} = 41.3A,$$

起动电流倍数 $i_{(st)}^* = \dfrac{I_{(st)}}{I_1} = \dfrac{41.3}{6.10} = 6.77_{\circ}$

142）起动转矩 $T_{(st)}^* = \dfrac{r_{2(st)}^*}{Z_{(st)}^{*2}}(1 - S_N) = \dfrac{0.02832}{0.1166^2} \times (1 - 0.0205) = 2.04_{\circ}$

附　　录

附表　各种槽形单位漏磁导计算

1. 定子槽的单位漏磁导

槽　　形	单位漏磁导
	$\lambda_{U1} = \dfrac{h_{01}}{b_{01}} + \dfrac{2h_{s11}}{b_{01} + b_{s1}}$ λ_{L1}　平底槽查图 4-28 　　　圆底槽查图 4-29 $\Delta\lambda_{U1} = \dfrac{h_{01} + 0.58h_{s11}}{b_{01}}\left(\dfrac{C_{s1}}{C_{s1} + 1.5b_{01}}\right)$
	$\lambda_{U1} = \dfrac{h_{01}}{b_{01}} + 0.785$ λ_{L1}　平底槽查图 4-28 　　　圆底槽查图 4-29 $\Delta\lambda_{U1} = \dfrac{h_{01} + 0.58h_{s11}}{b_{01}}\left(\dfrac{C_{s1}}{C_{s1} + 1.5b_{01}}\right)$
	$\lambda_{U1} = \dfrac{h_{01}}{b_{01}}$ $\lambda_{L1} = \dfrac{h_{s12}}{3b_{s1}}$ $\Delta\lambda_{U1} = \dfrac{h_{01}}{b_{01}}\left(\dfrac{C_{s1}}{C_{s1} + b_{01}}\right)$
	$\lambda_{U1} = \dfrac{h_{01}}{b_{01}} + \dfrac{2h_{s11}}{b_{01} + b_{s1}} + \dfrac{h_{s12}}{b_{s1}}$ $\lambda_{L1} = \dfrac{h_{s13}}{3b_{s1}}$ $\Delta\lambda_{U1} = C_{s1}\left[\dfrac{h_{01}}{b_{01}(C_{s1} + b_{01})} + \dfrac{h_{s11}}{(b_{01} + b_{s1})(C_{s1} + b_{01} + b_{s1})}\right]$

2. 转子槽的单位漏磁导

槽　形	单位漏磁导
	$\lambda_{U2} = \dfrac{h_{02}}{b_{02}}$ λ_{L2} 查图 4-30。 $\Delta\lambda_{U2} = \dfrac{h_{02}}{b_{02}}\left(\dfrac{C_{s2}}{C_{s2} + b_{02}}\right)$
	$\lambda_{U2} = \dfrac{h_{02}}{b_{02}}$ $\lambda_{L2} = \dfrac{2h_{s21}}{b_{02} + b_{s21}} + \lambda_L$ λ_L 查图 4-29。 $\Delta\lambda_{U2} = \dfrac{h_{02}}{b_{02}}\left(\dfrac{C_{s2}}{C_{s2} + b_{02}}\right)$
	$\lambda_{U2} = \dfrac{h_{02}}{b_{02}}$ $\lambda_{L2} = \dfrac{2h_{s21}}{b_{02} + b_{s21}} + \lambda_L$ λ_L 查图 4-28。 $\Delta\lambda_{U2} = \dfrac{h_{02}}{b_{02}}\left(\dfrac{C_{s2}}{C_{s2} + b_{02}}\right)$（铸铝转子、铸铜转子） $\Delta\lambda_{U2} = \dfrac{h_{02} + 0.58h_{s21}}{b_{02}}\left(\dfrac{C_{s2}}{C_{s2} + 1.5b_{02}}\right)$（铜条转子）
	$\lambda_{U2} = \dfrac{h_{02}}{b_{02}}$ $\lambda_{L2} = 0.623$ $\Delta\lambda_{U2} = \dfrac{h_{02}}{b_{02}}\left(\dfrac{C_{s2}}{C_{s2} + b_{02}}\right)$
	$\lambda_{U1} = \dfrac{h_{02}}{b_{02}}$ λ_{L1} 查图 4-28。 $\Delta\lambda_{U2} = \dfrac{h_{02}}{b_{02}}\left(\dfrac{C_{s2}}{C_{s2} + b_{02}}\right)$
	λ_{U2} 查图 4-32。 λ_{L2} 梨形槽时查图 4-30，对其他槽形按选用的槽形，查对应的公式和曲线。 $\lambda_{U2(st)}$ 按照 $I_{(st)}$ 的假定值查图 4-32。

（续）

2. 转子槽的单位漏磁导

槽　　形	单位漏磁导
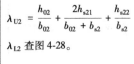	$$\lambda_{U2} = \frac{h_{02}}{b_{02}} + \frac{2h_{s21}}{b_{02}+b_{s2}} + \frac{h_{s22}}{b_{s2}}$$ λ_{L2} 查图 4-28。
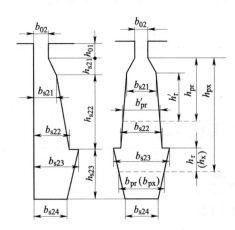	$$\lambda_{U2} = \frac{h_{02}}{b_{02}}$$ $$\Delta\lambda_{U2} = \frac{h_{02}}{b_{02}}\left(\frac{C_{s2}}{C_{s2}+b_{02}}\right)$$ $$\lambda_{L2} = \lambda_{hs21} + \lambda_{hs22} + \lambda_{hs23}$$ $$\lambda_{hs21} = \frac{1}{A_B^2}\left(b_{02}h_{s21}^3 K_{r1} + A_{B23}h_{s21}^2 K'_{r1} + A_{B32}^2\frac{h_{s21}}{b_{s21}}K''_{r1}\right)$$ （1）当 $A_{B1} \ll (A_{B2}+A_{B3})$ 时，可用近似计算： $$\lambda_{hs21} = \frac{2h_{s21}}{b_{02}+b_{s21}}$$ $$\lambda_{hs22} = \frac{1}{A_B^2}\left(b_{s21}h_{s22}^3 K_{r2} + A_{B3}h_{s22}^2 K'_{r2} + A_{B3}^2\frac{h_{s22}}{b_{s22}}K''_{r2}\right)$$ （2）当 $A_{B2} \ll (A_{B1}+A_{B3})$ 时，可用近似计算： $$\lambda_{hs22} = \frac{2h_{hs22}}{b_{s11}+b_{s22}}$$ $$\lambda_{hs23} = \frac{1}{A_B^2}b_{s23}h_{s23}^3 K_{r3}$$ 式中 $$A_{B1} = \frac{1}{2}(b_{02}+b_{s21})h_{s21}$$ $$A_{B2} = \frac{1}{2}(b_{s21}+b_{s22})h_{s22}$$ $$A_{B3} = \frac{1}{2}(b_{s23}+b_{s24})h_{s23}$$ $$A_{B23} = A_{B2}+A_{B3}$$ $$A_B = A_{B1}+A_{B2}+A_{B3}$$ K_r、K'_r、K''_r 查图 4-31。 （3）$\frac{r_-}{r_0}$ 和 $\lambda_{L2(st)}$ 的计算方法如下： 　　计算起动电阻时，等效槽高： $$h_{pr} = \frac{h_{s21}+h_{s22}+h_{s23}}{\phi(\xi)}K_a$$ 　　计算起动电抗时，等效槽高：$h_{px} = (h_{s21}+h_{s22}+h_{s23})\varphi(\xi)K_a$ 式中：$\phi(\xi)$、$\varphi(\xi)$ 分别是考虑到挤流效应的转子导条相对高度 ξ 值，按 $b_1/b_2 = 1$ 时的电阻和电抗挤流效应系数，具体查图 4-48 或图 4-49。

（续）

2. 转子槽的单位漏磁导

槽　　形	单位漏磁导
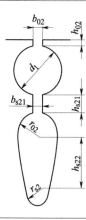	K_a 为截面宽度图表修正系数，查图 4-50。 （1）$\dfrac{r_{\sim}}{r_0}$ 的计算 当 $h_{pr} > (h_{s21} + h_{s22})$ 时 $$\frac{r_{\sim}}{r_0} = \frac{A_B}{A_{B1} + A_{B2} + \frac{1}{2}(b_{pr} + b_{s23})h_r}$$ 式中 $$b_{pr} = b_{s24} + \frac{1}{h_{s23}}(b_{s23} - b_{s24})(h_{s21} + h_{s22} + h_{s23} - h_{pr})$$ $$h_r = h_{pr} - (h_{s21} + h_{s22})$$ 当 $h_{pr} \leqslant (h_{s21} + h_{s22})$ 时 $$\frac{r_{\sim}}{r_0} = \frac{A_B}{A_{B1} + \frac{1}{2}(b_{s21} + b'_{pr})h'_r}$$ 式中 $$b'_{pr} = b_{s21} + \frac{(b_{s22} - b_{s21})h'_r}{h_{s22}}$$ $$h'_r = h_{pr} - h_{s21}$$ （2）$\lambda_{L2(st)}$ 的计算 当 $h_{px} > (h_{s21} + h_{s22})$ 时 $$b_{px} = b_{s24} + \frac{1}{h_{s23}}(b_{s23} - b_{s24})(h_{s21} + h_{s22} + h_{s23} - h_{px})$$ 用 b_{px} 代替 b_{s24}，用 $h_x = h_{px} - (h_{s21} + h_{s22})$ 代替 h_{s23}，按 λ_{L2} 的公式重新计算，即得 $\lambda_{L2(st)}$。 当 $h_{px} \leqslant (h_{s21} + h_{s22})$ 时 $$b'_{px} = b_{s21} + \frac{(b_{s22} - b_{s21})h'_x}{h_{s22}}$$ $$h'_x = h_{px} - h_{s21}$$ 用 b'_{px} 代替 b_{s22}，用 h'_x 代替 h_{s22}，按 λ_{L2} 的公式重新计算（注意：此时 $h_{s23} = 0$），即得 $\lambda_{L2(st)}$。
	$$\lambda_M = \frac{h_{02}}{b_{02}} + \frac{\pi}{4}$$ $$\lambda_{L2} = \frac{h_{s21}}{b_{s21}} + \frac{\pi}{4} + \lambda_L$$ 式中 λ_L 按单笼型之 λ_{L2} 查图 4-30。 $$\Delta\lambda_M = \frac{h_{02}}{b_{02}}\left(\frac{C_{s2}}{C_{s2} + b_{02}}\right)$$

（续）

2. 转子槽的单位漏磁导

槽　　形	单位漏磁导
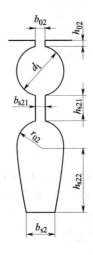	$\lambda_M = \dfrac{h_{02}}{b_{02}} + \dfrac{\pi}{4}$ $\lambda_{L2} = \dfrac{h_{s21}}{b_{s21}} + 1.405$ $\Delta\lambda_M = \dfrac{h_{02}}{b_{02}}\left(\dfrac{C_{s2}}{C_{s2}+b_{02}}\right)$
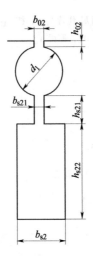	$\lambda_M = \dfrac{h_{02}}{b_{02}} + \dfrac{\pi}{4}$ $\lambda_{L2} = \dfrac{h_{s21}}{b_{s21}} + \dfrac{\pi}{4} + \dfrac{2h_{s22}}{3(2r_{02}+b_{s2})}$ $\Delta\lambda_M = \dfrac{h_{02}}{b_{02}}\left(\dfrac{C_{s2}}{C_{s2}+b_{02}}\right)$
	$\lambda_M = \dfrac{h_{02}}{b_{02}} + \dfrac{\pi}{4}$ $\lambda_{L2} = \dfrac{h_{s21}}{b_{s21}} + \dfrac{\pi}{4} + \dfrac{h_{s22}}{3b_{s2}}$ $\Delta\lambda_M = \dfrac{h_{02}}{b_{02}}\left(\dfrac{C_{s2}}{C_{s2}+b_{02}}\right)$

（续）

2. 转子槽的单位漏磁导

槽　形	单位漏磁导
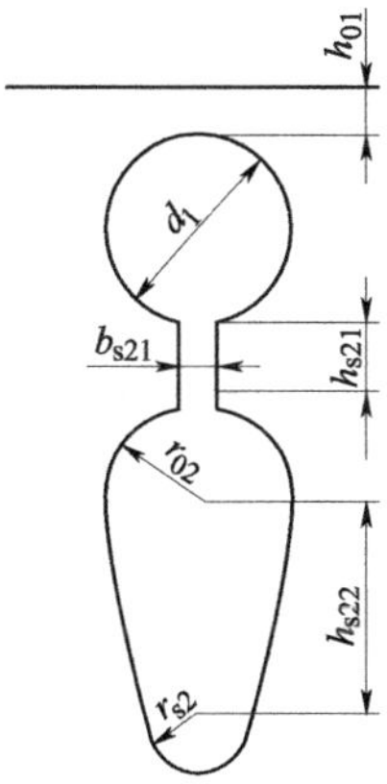	$$\lambda_M = \frac{h_{02}}{0.051} + \frac{\pi}{4}$$ $$\lambda_{L2} = \frac{h_{s21}}{b_{s21}} + \frac{h_{s22}}{3(r_{02} + r_{s2})} + 1.405$$ $$\Delta\lambda_M = \frac{h_{02}}{0.051}\left(\frac{C_{s2}}{C_{s2} + 0.051}\right)$$

第5章 电机的冷却方式与温升计算

5.1 概述

近代电机都采用较高的电磁负荷,以提高材料的利用率;电机的单机容量也日益增大,因此必须改进电机的冷却系统,以提高其散热能力。

除个别小型或特种电机外,绝大部分电机都是采用风扇,强迫空气流动来冷却电机的。早在1928年,用于改善电力网络功率因数的同步调相机采用氢气作为冷却介质获得成功。试验证明,由于减小了气体的机械摩擦损耗、提高了散热能力,同样尺寸的电机采用氢冷却后可提高容量20%~25%或更多,且效率提高。此后20余年,汽轮发电机采用氢冷技术被迅速推广。20世纪50年代以后,大容量电机,特别是汽轮发电机采用了内冷系统。所谓内冷就是使导体中产生的热量直接传递给冷却介质,而不通过绝缘。最初,在内冷系统中普遍采用氢气作为冷却介质,后来为了进一步提高冷却能力,又开始采用液体(水或油)作为冷却介质。1955年,英国茂伟电机公司首先完成一台容量为30MW定子水内冷、转子氢冷的汽轮发电机,效果良好,其线负荷比空气冷却时提高4~5倍但绕组温升却没超过允许值。对于定、转子绕组都用水内冷汽轮发电机的研究和制造,我国的广大电机工作者做出了显著的成绩。目前世界各国除对已有的冷却方式进一步深入研究外,还在研究和发展包括利用低温超导技术在内的各种新的冷却方式。

本章主要讲解根据冷却介质的不同来划分电机的冷却系统如空气冷却系统、循油冷却系统、喷油冷却系统等。

5.2 空气冷却系统

采用空气冷却的电机结构简单、成本较低;其缺点是空气的冷却效果较差,在高速电机中引起的摩擦损耗较大。采用空气冷却的通风系统的结构类型非常繁多,现就其基本特点从下面4方面说明。

5.2.1 开路冷却(自由循环)或闭路冷却(封闭循环)

开路冷却的电机,其冷却空气由电机周围环境中抽取,空气通过电机后,再回到周围环境中去,如图5-1所示。

开启式电机的结构特点是其带电和转动部分无专门的保护装置。这种结构常用于卧式、低速的中大型直流电机和凸极同步电机,以及低电压大电流直流电机中,一般要求环境比较洁净。

闭路冷却的电机如图5-2所示,其冷却介质(这里为空气)通过电机,沿着闭合线路进行循环;冷却介质中的热量经结构件或冷却器给第二冷却介质(这里为水)。

5.2.2 径向、轴向和混合式通风系统

按照电机内冷却空气流动的方向，空气冷却系统可以分为径向、轴向和混合（径、轴向）式三种。

由于径向通风系统（见图 5-3）便于利用转子上能够产生风压的零部件（如风道片、磁极等）的鼓风作用，因而得到广泛的应用。图 5-3 中机座带底脚，有两个端盖轴承、单轴伸，采用两侧对称的径向通风系统（一般为自通风，根据需要也可制成管道通风），铁心中有通风道。为了防止空气形成局部循环，在端盖内侧装有挡风板。借助与转子端环铸在一起的风叶和转子铁心径向风道片产生的风压作

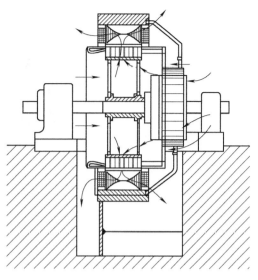

图 5-1 开启式直流电机空气冷却路径图

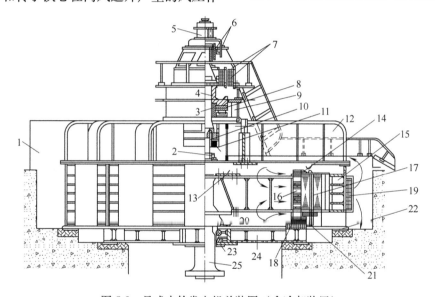

图 5-2 悬式水轮发电机总装图（含冷却装置）

1—外壳 2—集电环 3—镜板 4—推力头 5—永磁发电机 6—副励磁机 7—励磁机
8—推力瓦 9—推力轴承油槽 10—上导轴承 11—上导轴承油槽 12—上机架 13—转子支架
14—风扇叶片 15—机座 16—转子 17—定子 18—制动块 19—空气冷却器 20—下导轴承
21—制动器 22—底板 23—轴承润滑油冷却器 24—下机架 25—转轴

用，冷却空气自两侧端盖下方的进风孔进入电机后，一部分空气吹过定子绕组端部而进入铁心背部，另一部分则经转子和定子铁心中的径向通风道后进入背部，汇集后由机座下部的出风孔逸出。

轴向通风系统便于安装直径较大的风扇，以加大通风量。主要缺点是沿轴的方向冷却不均匀，且不便于利用转子上部件的鼓风作用。轴向通风系统在国内一般仅用于小型直流电机中，如图 5-4 所示。

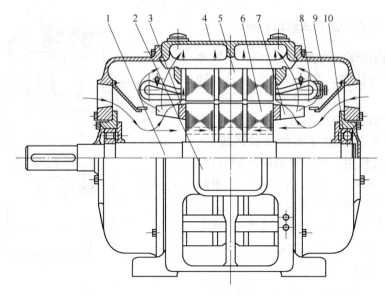

图 5-3 中型自扇冷防护式笼型转子感应电机

1—转轴 2—出线盒 3—转子绕组 4—机座 5—定子铁心 6—转子铁心

7—风叶 8—定子绕组 9—端盖 10—轴承

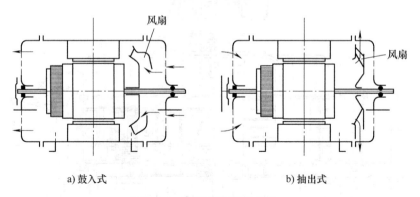

a) 鼓入式 b) 抽出式

图 5-4 轴向通风冷却系统

实际上，所谓径向或轴向通风系统只是就冷却介质在电机内所起冷却作用的主要方面而言，纯粹的径向或轴向的通风系统是较为少见的。

图 5-5 中转子每端装有一只轴流式风扇 1，将空气鼓入扩散器 2，圆环形的喇叭口 3 使空气进入风扇时较为平静，冲击损耗也较小。气流由扩散器出来，其中一股吹拂过定子绕组端部后，进入电机的空气隙，然后经过铁心端头一部分径向通风道，进入热空气的出风口 4；另一股经沟道 5 和定子铁心的径向通风道后，分左右两股进入空气隙，又回经铁心径向风道，进入出风口 4。这种通风系统的特点是将气流分为多股，使冷空气尽可能地与电机的所有发热部分接触，因此电机各部分都能均匀地得到冷却；这种冷却系统对轴向长度较长的汽轮发电机来说特别适宜。混合式通风系统兼有轴向和径向两种通道，但往往偏重一种，如图 5-6 所示的大型直流电机即是以轴向为主的混合系统，而图 5-5 则是汽轮发电机中广泛应用的以径向为主的混合系统。

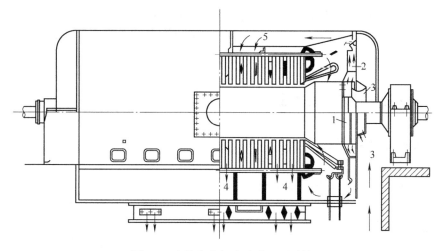

图 5-5　汽轮发电机多流式通风系统

1—轴流式风扇　2—扩散器　3—喇叭口　4—出风口　5—沟道

5.2.3　抽出式和鼓入式

根据冷却空气是先通过电机的发热部分，再通过风扇；或是相反，采用空气冷却的系统可以分为抽出式和鼓入式两种（见图5-4）。由于抽出式的冷空气首先和电机的发热部分接触，且能采用直径较大的风扇；而鼓入式的冷却空气先经过风扇，被风扇的损耗加热后，再和电机的发热部分接触（在高速电机中，风扇损耗引起的空气温升可达 5K 左右），因此抽出式的冷却能力较强。

直流电机中，风扇多装在非换向器端，如采用鼓入式冷却系统可避免电刷磨损的炭粉进入电机，但这时大部分风量经由定子极间空间吹过，而吹拂转子的风量较少，致使损耗较多的转子散热困难，故要采取适当措施，如图5-6中即充分依靠电枢铁心的风道片和绕组端部的鼓风作用来散热。

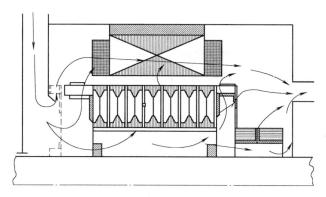

图 5-6　混合式通风系统

5.2.4　外冷与内冷

采用空气冷却的系统一般都采用外冷或所谓表面冷却方式，但为了提高冷却能力，也有采用内冷方式的。例如水轮发电机的励磁绕组，可采用空气内冷；国外在容量小于 200MW 的汽轮发电机转子绕组上也用空气内冷。内冷系统结构复杂，对冷却气体要求十分干净，因此目前还很少在其他采用空气作为冷却介质的电机中使用。

5.3 迎面气流强迫吹风冷却

冷却系统是否选择、设计得合理，对电机的性能影响很大。这里以航空上用得比较多的迎面气流强迫吹风冷却系统对电机在结构上提出的要求和特点来进行讨论。图 5-7 就是迎面气流强迫吹风冷却的结构示意图。

当采用这种冷却方式时，在结构上必须考虑：

（1）使冷却空气能进入并离开电机，以及使冷却空气尽可能地与热源直接接触或接近，以便能有效地带走热量。而电机中的热源主要在绕组、导磁体及轴承、滑

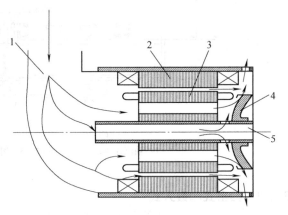

图 5-7　迎面气流强迫吹风冷却的结构示意图
1—通风管　2—磁极　3—电枢　4—风扇　5—空心轴

动接触部分，尤其是电枢损耗一般占电机总损耗中的大部分，因此对电枢的散热更应引起注意。

在电机中，除极间、气隙这些现成的通风道之外，还必须有进气的通风管、出气的气孔。在通风要求较高的情况下，还要考虑在电枢铁心内部开出通风沟及利用空心轴内孔作为通风道（给轴内整流器吹风）。

（2）从减少冷却气流温度梯度使电机的发热尽可能均匀些的这个角度出发，不应选择细长的结构，即其细长比（l/D）不宜过大。

（3）在航空用电机中，迎面气流强迫通风的冷却效率与电机转速等有关，其风道设计应保障在最恶劣的散热条件下（最高高度、最大飞行速度）有足够的风量以满足其散热要求，同时还考虑到在地面条件下，对于迎面气流强迫吹风的冷却系统来说，已无迎面气流可利用，此情况必须安装风扇以确保地面条件下的散热要求。

（4）应尽量使风道圆滑、变化小、以减小其风阻，使冷却功率降低。

5.4 循油冷却

循油冷却是靠传导将热量带走，因此在考虑结构时应尽量增大散热面积、提高冷却油的散热效果、减小油阻、降低冷却功率，图 5-8 就是循油冷却结构示意图。

在考虑结构时，有些要求往往是矛盾的，此时必须抓住主要矛盾来解决，对循油冷却的结构必须考虑：

（1）油路尺寸必须根据其液流为紊流的条件来设计以保证解决"散热"这个主要矛盾，它带来不利的一面是油阻增大、冷却功率增加，但在这里它是次要矛盾。

（2）一般定子机壳上都制成螺旋式油槽来增加定子散热面积，同时这种油路的油阻也较小，可使油压损失小、冷却功率小。

（3）为了对转子进行油冷，而转子又是处在转动状态之中，这样就存在一个如何防止油进入电机内部的动密封问题，因此在循油冷却的电机内应有相应的动密封装置。

（4）由于一般都是使油通过空心轴来冷却转子的，但其散热面积太小，

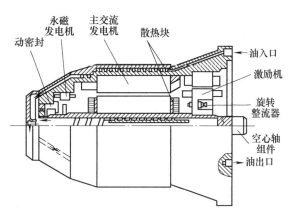

图 5-8 循油冷却结构示意图

因此可采用空心轴内再套以螺旋小轴来增加其散热面积，螺旋方向应与旋转方向一致，使此螺旋油在旋转时起到泵的作用，其油阻最小。

（5）循油冷却情况下绕组端部的散热条件最为恶劣。为改善端部的散热条件，可在定子机壳与定子端接部分之间、转轴与绕组端接部分之间嵌装导热好的传热块（如用铝合金等）。

（6）循油冷却电机宜采用较大的 l/D，即细而长为佳，以增大其散热面积。

（7）循油冷却的滑油可利用拖动装置中的滑油，这样滑油就由拖动端输入及排出，因此在拖动端就应有相应滑油入口及出口。另外，拖动端的轴承可与拖动装置共用而装在拖动装置上，这样电机就可以用单轴承，同时考虑到轴承的润滑与冷却也可利用滑油，因此所选用的轴承不应是封闭式的。

（8）为改善旋转整流器的散热条件，安装整流器的支架采用导热性能好的材料（如铝合金），另外，如有必要可在与整流器相接触的支架表面镀层银，以提高其传热能力。

5.5 喷油冷却

喷油冷却是利用冷却油直接喷到发热体上，使其和热源接触来达到散热的目的，其结构示意图如图 5-9 所示。

喷油冷却电机的结构具有如下的特点及要求：

（1）结构上应保证所有喷出的油为雾状，并直接喷到电机的绕组上，以保证喷油冷却的效果，一般都采用喷嘴的结构。

（2）设计喷嘴的结构时，必须考虑滑油中可能混入的污物将喷嘴喷口堵死，因此要从喷嘴的结构上来保证其堵死的可能最小。

图 5-10 为喷嘴结构的一种方案，滑油从 4 个孔径小于喷嘴喷口孔径的小孔进入喷嘴，这样如果滑油中混有污物将先堵死喷嘴的入口，由于其具有 4 孔入口，所以使整个喷嘴都被堵死的可能

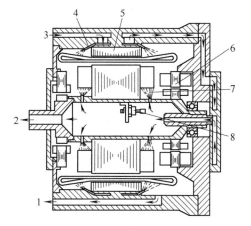

图 5-9 喷油冷却示意图

1—油到吸油泵 2—油到恒速装置 3—油入口
4—定子线圈冷却喷口 5—主交流发电机
6—励磁机 7—转子冷却喷口 8—旋转整流器

性就大为降低了。

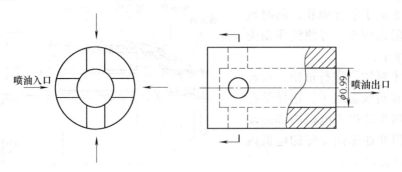

图 5-10　喷嘴结构图

（3）喷嘴的安装形式大致有两种：①在空心轴上打孔安装喷嘴；②在定子两端装两个环，环上打孔安装喷嘴。

（4）在喷油冷却电机中，有时在定子上往往还辅以循油冷却，但一般来说，喷油冷却已足以达到所需的冷却效果，甚至只需转子轴上喷油也够了。

（5）由于喷油冷却的电机铁心、绕组几乎全浸泡在冷却油雾中，所以也就无需考虑动密封问题及轴承的润滑和冷却问题；但另一方面必须考虑由此而引起的绝缘耐电压问题。

（6）由于只能在电机铁心的两端喷油，所以铁心中部的绕组的散热条件最差，为使电机的发热尽量均匀，因此喷油冷却电机的 l/D 宜取得较小，即以短而粗为佳。

5.6　温升计算

5.6.1　电机的发热情况

电机在运行时产生的损耗绝大部分转变为热能而使电机发热。电机开始运行时本身温度与周围空气温度相同，内部产生的热量散到空气中去的很少，主要是使电机本身温度提高，所以这时电机温度升高很快。随着电机温度的提高，与周围空气温差增大，向空气散出的热量逐渐增多，相对来说使本身温度升高的热量则愈来愈少，电机温度上升速度就减慢。最后当电机达到一定温度时，电机与周围空气间的温差足以使电机发出的热量全部散到空气中去，此时电机温度不再提高而是达到了稳定状态。把电机与周围空气的温度差称为温升，稳定状态时的温升称为稳态温升。从理论上分析，电机真正达到稳定温升的时间是无限长的，但按 GB 755—2008 中的规定，当电机各部分温度在 1h 内变化不超过 1℃ 时，即可认为已达到稳定温升。一般电机在额定负载时运行 3~4h，即可达到稳态温升。

当电机在额定负载下长期运行时，电机就处于稳态温升状态。所以对一般电机来说，稳态温升具有重要意义，以后主要讨论电机的稳态温升。

电机温升过高主要影响绝缘材料的寿命，所以电机温升主要受绝缘材料的限制。对于一般绝缘材料而言，如果温度超过其允许的最高温度时，每超过 8℃，则寿命将减半。

GB 755—2008 规定了各种电机各级绝缘的允许温升，周围冷却空气温度规定不超过 40℃。

电机温度的测量方法有：①温度计法，可测得表面温度；②电阻法，利用导线温度升高时的电阻变化可测得绕组的平均温升；③埋置检温计法，可测得检温计所在处的局部温度。

在一般电机中温升最高的往往是绕组，而绕组温升对绝缘的影响又最直接，所以温升计算主要是计算绕组的平均温升。

5.6.2　电机的散热方式

一般发热体的散热方式有传导、对流和辐射 3 种，在电机中热量由绕组内部通过绝缘层传到表面是传导散热，由表面散到冷却空气则为对流与辐射散热。下面分别说明这两部分散热的计算方法。

1. 绝缘层中的传导散热

绕组绝缘的内表面紧贴导线，其温度与导线基本上相同。绝缘层的外表面与冷却空气接触，其温度与冷却空气基本上相同。所以在绝缘层的内、外两面形成了温差，通常叫做温度降。实验指出，这个温度降 θ_u 与每秒通过绝缘层的热量 Q（或称热流）、绝缘层厚度 δ_u、绝缘层的面积 A 及绝缘材料的性质有关，其关系式为

$$\theta_u = Q \frac{\delta_u}{\lambda A} \tag{5-1}$$

式中　Q——每秒由传导散出的热量；

　　　δ_u——绝缘层的厚度；

　　　A——绝缘层的面积；

　　　λ——导热系数 $[W/(m \cdot ℃)]$。

各种绝缘材料的导热系数值见表 5-1。

表 5-1　导热系数值

材料名称	$\lambda/[10^2 W/(m \cdot ℃)]$	材料名称	$\lambda/[10^2 W/(m \cdot ℃)]$
紫铜	3.06	丝	0.0044
铝	2.05	浸渍漆的槽绝缘或线圈绝缘	0.001
铸铁	0.45	很薄的静止空气层	0.00025
钢片沿着分层方向	0.63	很薄的氢气层	0.00075
硅钢片沿着分层方向	0.35	油	0.0012~0.0017
具有10%纸片的钢片（和分层方向垂直）	0.012	珐琅，瓷	0.0197
具有8%纸片的钢片（和分层方向垂直）	0.015	软橡皮	0.00186
在空气中涂漆的钢片（和分层方向垂直）	0.012	油浸电工纸板	0.0025
在氢气中涂漆的钢片（和分层方向垂直）	0.026	浸漆电工纸板	0.0014
纯净的云母	0.0036	聚脂薄膜	0.0015
压缩云母筒壳	0.0012~0.0015	1140-E 型环氧无溶剂浸渍树脂	0.00185
隔有纸层的云母片	0.001	木材（沿着木纹）	0.0019
漆片	0.0021	木材（和木纹垂直）	0.0011
石棉	0.0015	远红外纤维	0.0047

式（5-1）与电路中的欧姆定律相似，热量 Q 相当于电流，温度降 θ_u 相当于电压降，故可引入热阻 R_u 的概念，热阻相当于电路中的电阻。这样式（5-1）可写成

$$\theta_\mathrm{u} = QR_\mathrm{u} \tag{5-2}$$

热阻 R_u 按式（5-1）可得

$$R_\mathrm{u} = \frac{\delta_\mathrm{u}}{\lambda A} \tag{5-3}$$

式中，导热系数 λ 相当于电阻计算中的电导系数。如果 θ 以℃计，Q 以 W 计，则热阻的单位为℃/W。

如果绝缘层由几层不同的材料组成，则其总温度降为各层温度降之和。又因通过各层绝缘的热量 Q 和截面 A 相同，所以

$$
\begin{aligned}
\theta &= \theta_1 + \theta_2 + \theta_3 + \cdots \\
&= \frac{Q}{A}\left(\frac{\delta_1}{\lambda_1} + \frac{\delta_2}{\lambda_2} + \frac{\delta_3}{\lambda_3} + \cdots\right) \\
&= \frac{Q}{A}\frac{\delta_\mathrm{u}}{\lambda}
\end{aligned} \tag{5-4}
$$

式中　θ_1、θ_2、θ_3、$\cdots$——各层绝缘的温度降；

　　　δ_1、δ_2、δ_3、$\cdots$——各层绝缘的厚度；

　　　λ_1、λ_2、λ_3、$\cdots$——各层绝缘的导热系数 $[\mathrm{W/(m \cdot ℃)}]$；

　　　　　　δ_u——绝缘层总厚度；

　　　　　λ——多层绝缘的合成导热系数 $[\mathrm{W/(m \cdot ℃)}]$。

由式（5-4）可以求出合成导热系数为

$$\lambda = \frac{\delta_\mathrm{u}}{\dfrac{\delta_1}{\lambda_1} + \dfrac{\delta_2}{\lambda_2} + \dfrac{\delta_3}{\lambda_3} + \cdots} \tag{5-5}$$

如表 5-1 所示，静止的薄空气层的导热系数非常小，所以在绝缘层中如有空气层，将使合成导热系数急剧减小，绝缘层温度降激增。为了防止这种情况，电机要用浸漆、浸胶甚至真空压力浸漆或胶的方法来除去绝缘层中的空气层，以改善其导热性能。

在实际计算时，绝缘层的合成导热系数根据实验结果选用下列数据：

130（B）级绝缘 $\lambda = 0.16\mathrm{W/(m \cdot ℃)}$；

155（F）级绝缘 $\lambda = 0.18\mathrm{W/(m \cdot ℃)}$；

180（H）级绝缘 $\lambda = 0.19\mathrm{W/(m \cdot ℃)}$。

式（5-1）还可写成

$$\theta_\mathrm{u} = \frac{Q}{A}\frac{\delta_\mathrm{u}}{\lambda} = qr_\mathrm{u} \tag{5-6}$$

式中　q——热流密度（$\mathrm{W/m^2}$），$q = \dfrac{Q}{A}$；

　　　r_u——比热阻（$\mathrm{m^2 \cdot ℃/W}$），$r_\mathrm{u} = \dfrac{\delta_\mathrm{u}}{\lambda}$。

2. 表面的对流及辐射散热

辐射散出的热量与表面光滑程度及颜色有关，并与绝对温度的 4 次方成正比。对流散出的热量则主要与表面空气的流动速度有关。对于电机来说，表面温升 θ_α 可用下式计算：

$$\theta_\alpha = \frac{Q}{\alpha A} \tag{5-7}$$

式中　Q——每秒由表面散出的热量（W）；

　　　A——散热面积（m^2）；

　　　α——散热系数 $[W/(m^2 \cdot ℃)]$。

α 值与散热表面质量、表面温升及气流速度有关。当空气静止时，表面散热系数 α 值见表 5-2。

表 5-2　空气静止时的表面散热系数 α

表面特点	散热系数 $\alpha/[W/(m^2 \cdot ℃)]$
仅喷漆的铸铁或钢的表面	16.7
涂油灰和漆的铁或钢的表面	14.2
铜的涂漆表面	13.3

如发热表面有气流吹过，则散热系数 $\alpha[W/(m^2 \cdot ℃)]$ 将增加，当风速在 $5 \sim 25m/s$ 范围内时，散热系数约为

$$\alpha_\nu = \alpha_0(1 + K_0\nu) \tag{5-8}$$

式中　α_0——空气静止时的表面散热系数 $[W/(m \cdot ℃)]$；

　　　ν——气流速度；

　　　K_0——系数，对转子外表面 $K_0 = 0.1$，对定子绕组前部 $K_0 = 0.05 \sim 0.07$。

与传导散热相似，表面散热也可以认为存在一热阻 $R_a(℃/W)$

$$R = \frac{\theta_0}{Q} = \frac{1}{\alpha_\nu A} \tag{5-9}$$

一般绕组对空气的散热计算就分成上面两步，按式（5-1）及式（5-7）分别求得绕组内部对表面的温升 θ_u 和表面对空气的温升 θ_α 后，即可求得绕组内部对周围空气的温升。

$$\theta = \theta_u + \theta_\alpha \tag{5-10}$$

5.6.3　封闭式异步电动机的温升计算方法

1. 等效热流图

在绘制封闭式异步电动机的等值热流图时，根据理论分析和验证做如下假定：

（1）杂散损耗全部集中于转子齿上，由于硅钢片的横向热阻很大，所以假定杂散损耗产生的热量全部通过气隙、定子铁心再由机壳传出。

（2）定子绕组非风扇侧的端部损耗传向槽部，风扇侧的端部损耗传给端盖和机壳而不传向定子，这是因为通过定子绕组温度分布的实测（见图 5-11）可知：

1）最热点在轴伸侧的端部。

2）A、B 两点间有较大的温差，D、C 间温差很小，所以轴伸侧的定子绕组端部热流大部分流向槽部，而风扇侧定子绕组端部热流很少流向槽部，即轴伸侧定子绕组端部损耗的热

量少量散给空间 E，风扇侧定子绕组端部损耗大量散给空间 F。从实测 E、F 空间的温度来看，E 高于 F 很多，也说明 A、B 端部向空间 E 散热较难，而 C、D 端部向空间 F 散热较易。由此在热路图中，假定端部损耗的一半流向槽部，另一半通过空气传给端盖和机壳是足够近似的。

（3）因为相对而言气隙呈现较大的热阻，所以假定转子铜耗全部通过端环和内风叶的表面散给两边的空气，再传给端盖和机壳。

（4）机械损耗假定全部传给端盖和机壳，外风扇的打风损耗实际上用来预热空气。

（5）轴不散热，全部损耗都通过机壳和端盖散出。

在上述假定中，第（4）、（5）两项实际给计算留有少量裕度。根据以上假定可得封闭式小型异步电机的等效热流图，如图 5-12 所示。

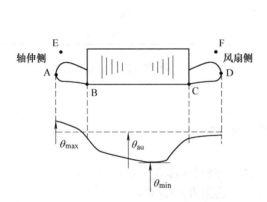

图 5-11 封闭式小型异步电机定子绕组温度分布

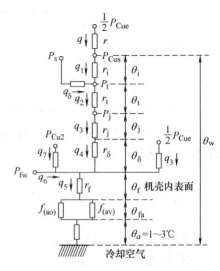

图 5-12 封闭式小型异步电机的等效热流图

2. 温升计算公式

（1）定子槽部导体对齿的温度降 θ_i

$$\theta_i = q_1 r_i \tag{5-11}$$

式中　q_1——通过槽绝缘的热流密度（W/m²），且

$$q_1 = \frac{\frac{1}{2}P_{Cue} + P_{Cus}}{Z_1 l_1 (2h_{sl2} + \pi r_{sl})} \tag{5-12}$$

其中　$\frac{1}{2}P_{Cue}$——定子绕组端部损耗之半；

　　　　P_{Cus}——定子绕组槽部损耗；

　　　　Z_1——定子槽数；

　　　　l_1——定子铁心长度；

　　　　$2h_{sl2} + \pi r_{sl}$——槽的导热周边长；

　　　　r_i——槽绝缘的比热阻（m²·℃/W），且

$$r_i = \frac{\delta_i}{\lambda_i} + \frac{1}{4}\left[\frac{b(1 - \sqrt{K_{cm}})K_l}{\lambda_1} + \frac{b(1 - \sqrt{K_{cm}})}{\lambda_a}(1 - K_l) + \frac{(d - d_0)b\sqrt{K_{cm}}}{\lambda}\frac{\sqrt{K_{cm}}}{d}\right] \quad (5\text{-}13)$$

式中 δ_i——槽绝缘厚度；

λ_i——槽绝缘的导热系数 $[W/(m^2 \cdot ℃)]$，聚酯薄膜为 $0.15W/(m^2 \cdot ℃)$；

λ_1——漆的导热系数，常用浸渍漆（如聚酯酰亚胺型漆）$0.185m^2 \cdot ℃$；

λ_a——空气的导热系数，且 $\lambda_a = 0.025W/(m^2 \cdot ℃)$；

λ——导线绝缘的导热系数，聚酯漆包线为 $0.15W/(m^2 \cdot ℃)$；

K_{cm}——槽满率；

b——槽重心处的宽度，对圆底槽 $b \approx 2r_{sl} - \frac{1}{3}(2r_{sl} - b_{sl})$；

K_l——漆的填充系数，对常用浸渍漆（如聚酯酰亚胺型漆），$K_l = 0.5 \sim 0.8$，一般取 0.6；对无溶剂漆，$K_l = 0.9 \sim 1.0$。

（2）齿部温度降 θ_t

$$\theta_t = q_2 r_t \quad (5\text{-}14)$$

式中 q_2——齿部的计算热流密度（W/m^2）；

r_t——齿部的比热阻（$m^2 \cdot ℃/W$）。

考虑到齿铁耗和槽传向齿的热流在齿高方向上形成的温差呈抛物线分布，而转子齿传来的杂耗在定子齿高方向形成的温差呈三角形分布（见图5-13），且以一半齿高作叠加点，所以齿部的计算热流密度为

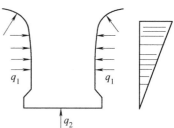

图 5-13 齿高方向的温差分布

$$q_2 = \frac{0.34\left(\frac{1}{2}P_{Cue} + P_{Cus} + P_t\right) + 0.5P_s}{Z_1 l_1 b_{t1}} \quad (5\text{-}15)$$

$$r_t = \frac{h'_{t1}}{K_{Fe}\lambda_{Fe}} \quad (5\text{-}16)$$

式中 P_s——杂散损耗；

P_t——齿铁耗；

b_{t1}——齿宽；

h'_{t1}——计算齿高；

K_{Fe}——铁心压装系数，一般取 0.95（不涂漆）或 0.92（涂漆）；

λ_{Fe}——硅钢片纵向导热系数，DW315 硅钢片取 $35W/(m \cdot ℃)$，含硅量愈高则 λ_{Fe} 值愈小。

（3）轭部温度降 θ_j

$$\theta_j = q_3 r_j \quad (5\text{-}17)$$

式中 q_3——轭部计算热流密度（W/m^2），且

$$q_3 = \frac{\frac{1}{2}P_{Cue} + P_{Cus} + P_s + P_t + 0.5P_j}{\pi(D_1 - h'_{j1})l_1} \quad (5\text{-}18)$$

r_j——轭部比热阻（$m^2 \cdot ℃/W$），且

$$r_j = \frac{h'_{j1}}{\lambda_{Fe} K_{Fe}} \tag{5-19}$$

其中　h'_{j1}——计算轭高；

　　　P_j——轭部铁耗；

　　　D_1——定子铁心外径。

（4）定子铁心外圆对机壳内圆的温度降 θ_δ

$$\theta_\delta = q_4 r_\delta \tag{5-20}$$

其中

$$q_4 = \frac{\frac{1}{2}P_{Cue} + P_{Cus} + P_s + P_{Fe}}{\pi D_1 l_1} \tag{5-21}$$

$$r_\delta = \frac{\delta_j}{\lambda_\alpha} \tag{5-22}$$

其中，δ_j 为定子铁心外圆和机壳内圆间的等效间隙，根据公差带、光洁度和形位公差（椭圆度，锥度等）等实际情况，可取 $\delta_j = 0.002 \sim 0.004cm$。

（5）机壳中的温度降 θ_f

$$\theta_f = q_5 r_f \tag{5-23}$$

式中　q_5——机壳中的热流密度（W/m^2），且

$$q_5 = \frac{\sum P}{\pi D_1 l_f} \tag{5-24}$$

　　　r_f——机壳的比热阻（$m^2 \cdot ℃/W$），且

$$r_f = \frac{\frac{D_f - D_1}{2} + \frac{1}{3}h_k}{\lambda_f} \tag{5-25}$$

其中　$\sum P$——总损耗；

　　　l_f——机壳长度；

　　　D_f——机壳外径；

　　　h_k——散热片高度；

　　　λ_f——机壳材料的导热系数，铸铁机壳取 $45W/(m \cdot ℃)$。

（6）机壳、端盖外表面对周围空气的温度降 θ_{fa}

$$\theta_{fa} = \frac{\sum P}{A_1 \alpha_v + A_2 \alpha_0} \tag{5-26}$$

式中　A_1——有效吹拂表面积；

　　　A_2——未吹拂表面积，且

$$A_2 = (\pi D_f - n_k b_k)l_f + 2 \times 0.75 n_k h_k l_k \tag{5-27}$$

其中　n_k——散热片数；

　　　b_k——散热片底宽；

　　　h_k——散热片高度，见图5-14；

　　　l_k——散热片轴向长度。

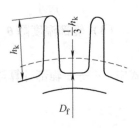

图5-14　散热片高度

A_1 也可按表 5-3 推荐的 K_f 值计算：

$$A_1 = \pi D_f l_f K_f \tag{5-28}$$

$$A_2 = \frac{\pi}{2} D_f^2 \tag{5-29}$$

表 5-3　异步电机机壳的 K_f 值

机座号（中心高/mm）	112	132	160	180	225	250	280
K_f	1.6	1.7	1.85	2.0	2.15	2.3	2.4

在一个大气压下（海拔为 0m 时），仅喷漆的铸铁表面的散热系数 $[\text{W}/(\text{m}^2 \cdot \text{℃})]$ 为

$$\begin{cases} \alpha_0 = 16.7 \\ \alpha_v = 7.5 v^{\frac{3}{4}} \end{cases} \tag{5-30}$$

式中　v—计算风速，且

$$v = v_v \frac{b_v}{h_k} \tag{5-31}$$

式中　v_v——风扇外径的周速（m/s），且

$$v_v = \frac{\pi D_v n_N}{60}$$

其中　n_N——额定转速；

　　　D_v——风扇的计算外径，见图 5-15；

　　　b_v——风扇的计算宽度，见图 5-15。

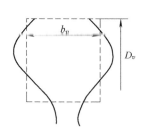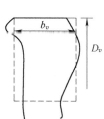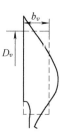

图 5-15　风扇的计算外径 D_v 和计算宽度 b_v

（7）周围空气对冷却空气的温度降 θ_a

可粗略地取 θ_a

$$\begin{cases} \theta_a = 1\text{K} & 2p = 2 \\ \theta_a = 2\text{K} & 2p = 4 \\ \theta_a = 3\text{K} & 2p \geqslant 6 \end{cases}$$

（8）定子绕组的平均温升

$$\theta_1 = \theta_i + \theta_t + \theta_j + \theta_\delta + \theta_f + \theta_{fa} + \theta_a + \Delta\theta \tag{5-32}$$

5.6.4 温升计算算例

使用 4.3 节中设计的电机结果为例，介绍电机的温升计算。

1. 已知数据

（1）定子铁心

外径 $D_1 = 0.21\text{m}$；长度 $l_1 = 0.134\text{m}$；槽数 $Z_1 = 36$；计算齿高 $h'_{t1} = 0.0139\text{m}$，齿宽 $b_{t1} = 0.0061\text{m}$；计算轭高 $h'_{f1} = 0.02123\text{m}$；压装系数 $K_{Fe} = 0.95$；槽形尺寸 $h_{s12} = 0.0118\text{m}$，$r_{s1} = 0.004\text{m}$，$b_{s1} = 0.006\text{m}$。

（2）定子绕组

平均半匝长 $l_c = 0.288\text{m}$；槽绝缘厚 $\delta_i = 0.32\text{mm}$；线规 $d_0/d = \phi1.18/\phi1.26$；槽满率 $K_{cm} = 0.78$。

（3）损耗

铁耗 $P_{Fe} = P_t + P_j = (21.4 + 48)\text{W} = 69.4\text{W}$；定子铜耗 $P_{Cu1} = 316\text{W}$；杂耗 $P_s = 27.5\text{W}$；总损耗 $\sum P = 575\text{W}$。

2. 温升计算

（1）定子槽部导体对齿的温度降 θ_i

$$\frac{1}{2}P_{Cue} + P_{Cus} = \frac{l_c + l}{2l_c}P_{Cu1} = \frac{0.288 + 0.134}{2 \times 0.288} \times 316\text{W} = 231.5\text{W}$$

热流密度

$$q_1 = \frac{\frac{1}{2}P_{Cue} + P_{Cus}}{Z_1 l_1(2h_{s12} + \pi r_{s1})} = \frac{231\text{W}}{36 \times 0.134\text{m} \times (2 \times 0.0118 + 0.004\pi)\text{m}}$$
$$= 1327\text{W/m}^2$$

槽重心处宽度

$$b = 2r_{s1} - \frac{1}{3}(2r_{s1} - b_{s1}) = 2 \times 0.004\text{m} - \frac{1}{3} \times (2 \times 0.004 - 0.006)\text{m} = 0.0073\text{m}$$

导热系数

$$\begin{cases} \lambda_i = 0.15 \\ \lambda_1 = 0.185 \\ \lambda_a = 0.025 \end{cases}$$

漆的填充系数

$$\begin{cases} K_1 = 0.6 \\ \lambda = 0.15 \end{cases}$$

比热阻

$$r_i = \frac{\delta_i}{\lambda_i} + \frac{1}{4} \left[\frac{b(1 - \sqrt{K_{cm}})K_1}{\lambda_1} + \frac{b(1 - \sqrt{K_{cm}})}{\lambda_a}(1 - K_1) + \frac{(d - d_0)}{\lambda} \frac{b\sqrt{K_{cm}}}{d} \right]$$

$$= \frac{0.00032}{0.15}\text{m}^2 \cdot \text{℃/W} + \frac{1}{4}\left[\frac{0.0073 \times (1 - \sqrt{0.777}) \times 0.6}{0.185} + \frac{0.0073(1 - \sqrt{0.777})}{0.025} \right.$$

$$\left. \times (1 - 0.6) + \frac{0.00008}{0.15} \times \frac{0.0073 \times \sqrt{0.777}}{0.00126} \right]\text{m}^2 \cdot \text{℃/W}$$

$$= 0.007\text{m}^2 \cdot \text{℃/W}$$

故 $\theta_i = q_1 r_i = 1327 \times 0.007\text{℃} = 9.3\text{℃}$

（2）定子齿部温度降 θ_t

热流密度

$$q_2 = \frac{0.34\left(\dfrac{P_{Cue}}{2} + P_{Cus} + P_t\right) + 0.5P_s}{Z_1 l_1 b_{t1}} = \frac{[0.34 \times (231.5 + 21.4) + 13.75]\text{W/m}^2}{36 \times 0.134 \times 0.0061} = 3389\ \text{W/m}^2$$

比热阻

$$r_t = \frac{h'_{t1}}{K_{Fe}\lambda_{Fe}} = \frac{0.0139\text{m}^2 \cdot \text{℃/W}}{0.95 \times 35} = 0.00042\text{m}^2 \cdot \text{℃/W}$$

式中，导热系数 $\lambda_{Fe} = 35\text{W/(m} \cdot \text{℃)}$

故 $\theta_t = q_2 r_t = 3389 \times 0.00042\text{℃} = 1.42\text{℃}$

（3）定子轭部温度降 θ_j

热流密度

$$q_3 = \frac{\dfrac{P_{Cue}}{2} + P_{Cus} + P_s + P_t + \dfrac{P_j}{2}}{\pi(D_1 - h'_{j1})l_1} = \frac{(231.5 + 27.5 + 21.4 + 24)\text{W/m}^2}{\pi(0.21 - 0.02123) \times 0.134} = 3830.5\text{W/m}^2$$

比热阻

$$r_j = \frac{h'_{j1}}{K_{Fe}\lambda_{Fe}} = \frac{0.02123\text{m}^2 \cdot \text{℃/W}}{0.95 \times 35} = 0.00064\text{m}^2 \cdot \text{℃/W}$$

故 $\theta_j = q_3 r_j = 3830.5 \times 0.00064\text{℃} = 2.45\text{℃}$

（4）定子铁心对机壳温度降 θ_δ

热流密度

$$q_4 = \frac{\dfrac{P_{Cue}}{2} + P_{Cus} + P_s + P_{Fe}}{\pi D_1 l_1} = \frac{231.5 + 27.5 + 69.4}{\pi \times 0.21 \times 0.134}\text{W/m}^2 = 3714.7\ \text{W/m}^2$$

取电机等效间隙 $\delta_j = 0.03\text{mm}$，则

比热阻

$$r_\delta = \frac{\delta_j}{\lambda_\delta} = \frac{0.03 \times 10^{-3}\text{m}^2 \cdot \text{℃/W}}{0.025} = 0.0012\text{m}^2 \cdot \text{℃/W}$$

故 $\theta_\delta = q_4 r_\delta = 3714.7 \times 0.0012\text{℃} = 4.5\text{℃}$

（5）机壳中的温度降 θ_f

按结构图样，机壳长度 $l_f = 0.282m$，机壳外径 $D_f = 0.225m$，则

热流密度

$$q_s = \frac{\sum P}{\pi D_1 l_f} = \frac{575W}{\pi \times 0.21 \times 0.282m^2} = 3090.7\ W/m^2$$

按结构图样，中心高为132mm，散热片高度 $h_k = 17mm$，则

$$r_f = \frac{\frac{D_f - D_1}{2} + \frac{h_k}{3}}{\lambda_f} = \frac{\left(\frac{0.225 - 0.21}{2} + \frac{0.017}{3}\right)m^2 \cdot ℃/W}{45} = 0.000293m^2 \cdot ℃/W$$

故 $\theta_f = q_s r_f = 3090.7 \times 0.000293℃ = 0.9℃$

（6）机壳和端盖对空气的温度降 θ_{fa}

有效吹拂面积 $A_1 = \pi D_f l_f K_f = \pi \times 0.225 \times 0.282 \times 1.7m^2 = 0.339m^2$

未吹拂面积 $A_2 = \frac{\pi}{2}D_f^2 = \frac{\pi}{2} \times 0.225^2 m^2 = 0.08m^2$

风扇获得的风速（已知 $n_N = 1469r/min$）

$$v = \frac{\pi D_v n_N}{60}\frac{b_v}{h_k} = \frac{\pi \times 0.23 \times 1469}{60} \times \frac{0.04}{0.017}m/s = 41.6m/s$$

式中，风扇计算直径取 $D_v = 0.23m$，宽度 $b_v = 0.04m$。

对喷漆的铸铁表面，散热系数为

$$a_0 = 16.7W/(m^2 \cdot ℃)$$

$$a_v = 7.5v^{\frac{3}{4}} = 7.5 \times (41.6)^{\frac{3}{4}}W/(m^2 \cdot ℃) = 123W/(m^2 \cdot ℃)$$

故 $\theta_{fa} = \frac{\sum P}{A_1 a_v + A_2 a_0} = \frac{575℃}{0.339 \times 123 + 0.08 \times 16.7} = 13.4℃$

（7）周围空气对冷却空气温度降 θ_a

取 $\theta_a = 2℃$

（8）定子绕组平均温升

海拔对定子温升影响，由 GB 755—2008 知，以每1000m为2℃的比率而增长，即修正温度极限为2℃/1000m，如对于1000m处则依下式修正：

$$\theta_1 = \theta_i + \theta_t + \theta_j + \theta_\delta + \theta_f + \theta_{fa} + \theta_a + 2℃$$
$$= (9.3 + 1.42 + 2.45 + 4.5 + 0.9 + 13.4 + 2 + 2)℃$$
$$= 35.9℃$$

定子绕组的平均温升低于标准规定的温升极限［采用155（F）级绝缘，温升为80℃］。

第6章 永磁同步电机的仿真计算

Ansoft 是较早引入我国的一款商用电磁计算软件，集成了 RMxprt 模块（路算）和 Maxwell 模块（场算）。其中 RMxprt 模块几乎包括了所有常见的旋转电机，该模块提供相应的电机设计模板，用户只需调整相应的参数，即可快速获得电机的设计结果。Maxwell 模块基于麦克斯韦微分方程，采用有限元离散形式，将工程中的电磁场计算转变为庞大的矩阵求解，该模块可以完成二维、三维电磁场计算，为用户提供更高的建模自由度和计算精度。此外，RMxprt 模块与 Maxwell 模块之间还可以实现无缝链接，即可将 RMxprt 计算模型直接转化为 Maxwell 有限元模型。本部分以永磁同步电机为例，讨论基于 Ansoft 软件的电磁仿真计算。

6.1 基于 RMxprt 的磁路仿真计算

RMxprt 是高版本的 Ansoft Maxwell 中集成的旋转电机分析模块。该模块基于等效电路和磁路的计算方法。如图 6-1 所示，RMxprt 中包括了永磁同步电机、感应电机、电励磁同步电机、直流电机、爪极电机以及开关磁阻电机等工业上常用的电机。

图 6-1 RMxprt 电机模块支持的电机类型

由于 RMxprt 模块中融合了比较成熟的电机模块，设计者只要选中所设计的电机类型，输入对应参数，即可通过软件计算得出电机的相关性能。

设计输入：

选择可调速同步电机设计模型，进入 Adjust-Speed Synchronous Machine 设计窗口。

6.1.1 基本参数设置

进入项目设计界面，如图 6-2 所示，然后保存项目（见图 6-3）。

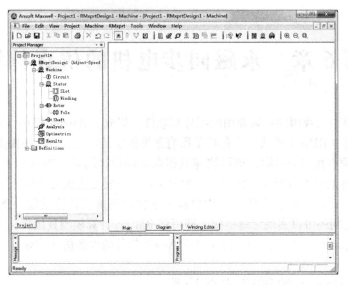

图 6-2　项目设计界面

图 6-3　项目保存界面

双击图 6-2 中左侧项目栏 Machine，在图 6-4 中输入基本参数数据。

（1）极数　　　　　　　　　　Number of Poles：8
（2）转子位置　　　　　　　　Rotor Position：Inner（内外转子电机类型设置）
（3）风摩损耗　　　　　　　　Frictional Loss（W）：0
（4）风阻损耗　　　　　　　　Windage Loss（W）：0
（5）额定转速　　　　　　　　Reference Speed（rpm）：1500

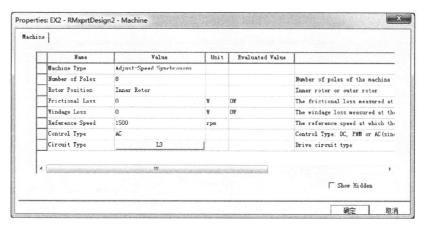

图 6-4　基本参数数据界面

（6）控制类型　　　　　　　　Control Type：AC（此处有 DC、AC、PWM 等类型供选择）

（7）绕组联结和电路类型　　　Circuit Type：L3（此处有星形、三角形等类型供选择）

6.1.2　定子铁心设计

双击左边栏目中 Stator，出现图 6-5 所示的对话框。

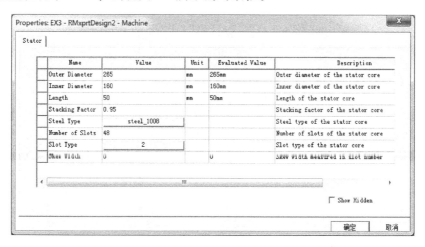

图 6-5　定子铁心设计界面

参数如下：

（1）定子铁心外径　　　　　　Outer Diameter（mm）：265

（2）定子铁心内径　　　　　　Inner Diameter（mm）：160

（3）定子铁心长度　　　　　　Length（mm）：50

（4）叠压系数　　　　　　　　Stacking Factor：0.95

（5）硅钢片牌号　　　　　　　Steel Type：steel_1008

单击"Steel Type"后，出现如图 6-6 所示的材料选择窗口，选择希望使用的材料。如果当前窗口中，没有想要使用的材料，用户也可以通过 Add Materials 自建材料模型。

（6）槽数　　　　　　　　　　Number of Slots：48

（7）槽型　　　　　　　　　　　　　　　　Slot Type：2

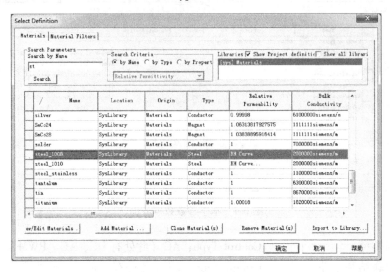

图 6-6　硅钢片材料库界面

单击 Slot Type，出现如图 6-7 所示的槽型窗口，当前有 4 种槽型可供选择（另外两种槽型

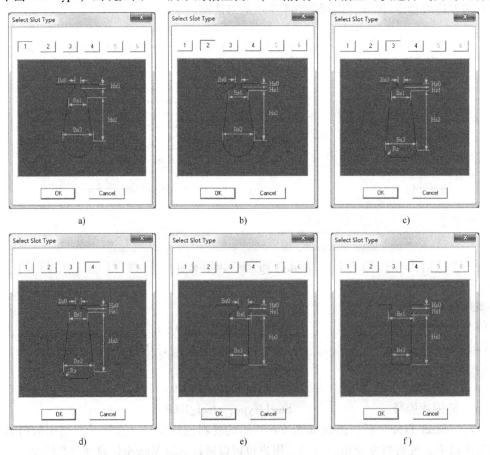

图 6-7　定子槽形

选项为灰色，不可选）。当鼠标选择框上移动时，下方的图形框中自动出现对应的槽型图。

（8）斜槽　　　　　　　　　　　　Skew Width：0

双击 Stator 下 Slot 项目，出现图 6-8 所示的定子槽尺寸参数设置窗口，输入槽的参数。

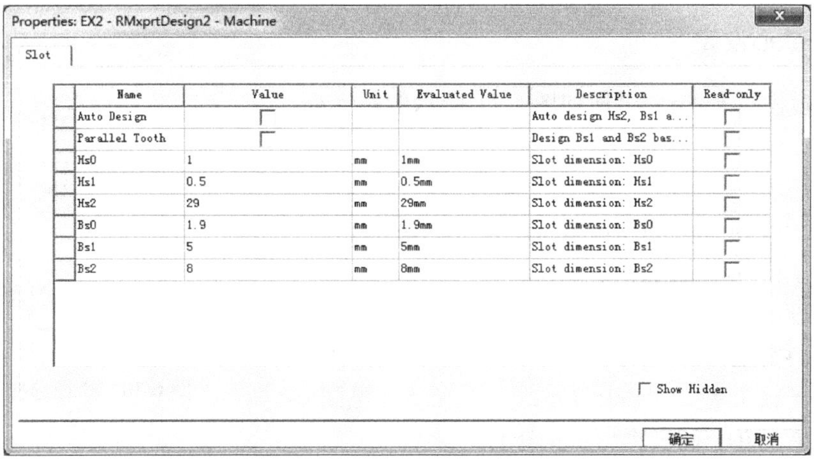

图 6-8　输入槽参数界面

双击 Stator 下的 Winding 项，出现如图 6-9 所示的绕组参数设计窗口，输入绕组参数。

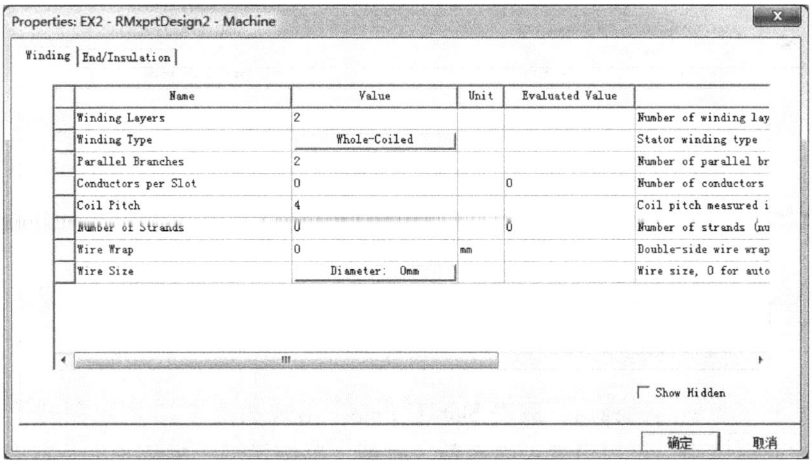

图 6-9　输入绕组参数界面

（1）绕组层数　　　　Winding Layers　　　　2

（2）绕组类型　　　　Winding Type　　　　　Whole-Coiled

（3）并联支路数　　　Parallel Branches　　　2

（4）每槽导体数　　　Conductor per Slot　　　0（自动设置）

（5）节距　　　　　　Coil Pitch　　　　　　4

（6）线径　　　　　　Wire Size　　　　　　　0（自动设置，也可以自己选择）

图 6-10 所示是绕组线径参数的设置窗口，用户可以在"Wire Diameter"中选择所需要

的线径尺寸。在电机的初步设计阶段，如果不确定线径参数，可以在 Wire Size 中置为 0，软件根据相关约束条件自动设置一个线径尺寸。类似地，如果在 Conductor per Slot 中置为 0，则软件会自动设置一个每槽导体数。

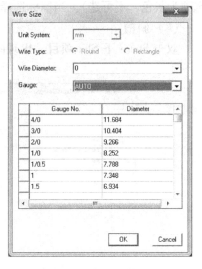

图 6-10　线径选择界面

6.1.3　转子铁心设计

双击左边栏目 Rotor，出现如图 6-11 所示的对话框，进入转子设计界面。

参数如下：

(1) 转子外径　　　Outer Diameter　　159mm
(2) 转子内径　　　Inner Diameter　　110mm
(3) 长度　　　　　Length　　　　　　50mm
(4) 材料类型　　　Steel Type　　　　steel_1008
(5) 转子极类型　　Pole Type　　　　 5（见图 6-12 中有多种常见转子磁极类型供选择）

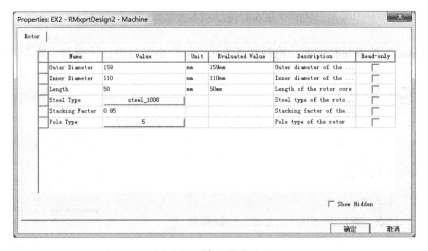

图 6-11　转子设计界面

完成转子磁极类型的选择后，双击 Slot 下 Pole，出现如图 6-13 所示的转子磁极设计参数对话框。在此窗口中，可以设置极弧系数、磁桥、磁钢类型、磁钢长度及宽度等参数。

(1) 极弧系数　Embrace　　　　　　0.7
(2) 磁钢类型　Magnet Type　　　　N35H（钕铁硼）
(3) 磁钢宽度　Magnet Width　　　　40mm
(4) 磁钢厚度　Magnet Thickness　　4mm

6.1.4　添加解析步骤

右击左边栏 Analysis 选择 Add Solution Setup，如图 6-14 和图 6-15 所示。

(1) 额定功率　　Rated Output Power（W）　　　　5000

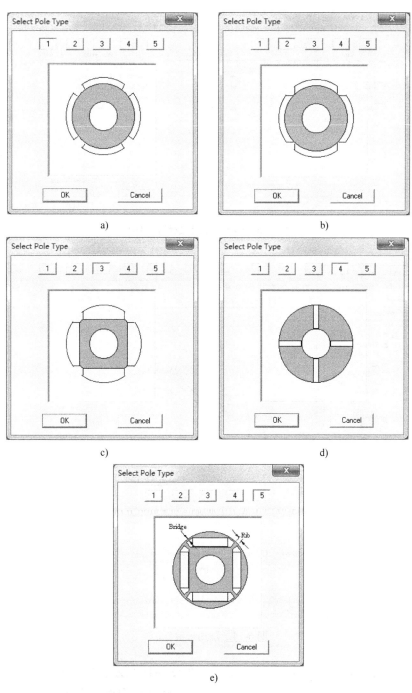

图 6-12 磁极类型

（2）额定电压　　Rated Voltage（V）　　　　　　　380

（3）额定转速　　Rated Speed（r/min）　　　　　　1500

（4）工作温度　　Operating Temperature（℃）　　75

点击 RMxprt 下 Validation Check 检查模型，如图 6-16 和图 6-17 所示。

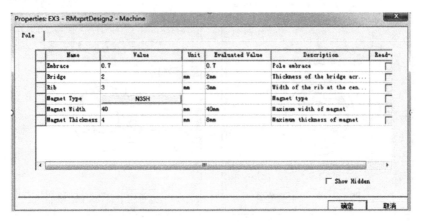

图 6-13　转子磁极参数设计界面

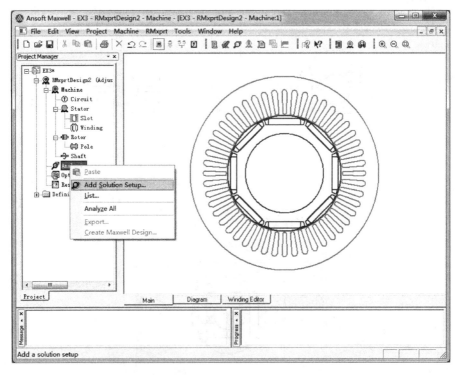

图 6-14　添加求解界面

若检查没有出现错误，则对电机进行分析。如图 6-18 所示，右击 Setup 选择 Analyze。

如图 6-19 所示，分析完成后，右击 Result 点击 Solution Data，出现电机性能数据以及性能曲线，如图 6-20 和图 6-21 所示。

以下是对电机进行的路算（见程序），若要对电机进行场算，可以将当前路算模型转化为 Maxwell2D 或 3D 模型进行计算。在 Maxwell12.0 以上的版本中，从 Rmxprt 转换得到的 2D 模型能够进行自适应网格剖分与处理，转换后只需要对模型进行简单的 analysis 设置即可。

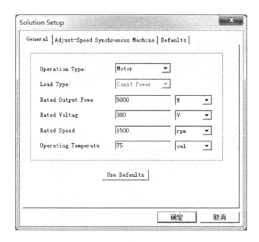

图 6-15　求解参数设计界面　　　　　　　　　　图 6-16　检查模型界面

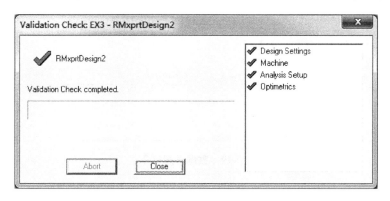

图 6-17　检查完成界面

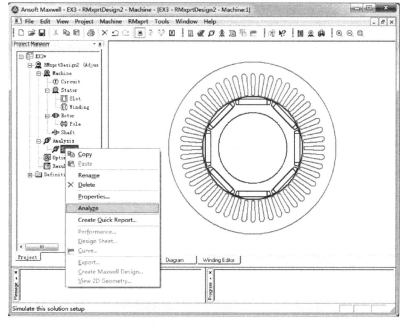

图 6-18　求解分析模型界面

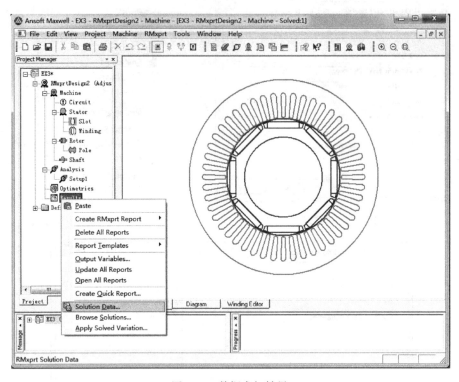

图 6-19　数据求解结果

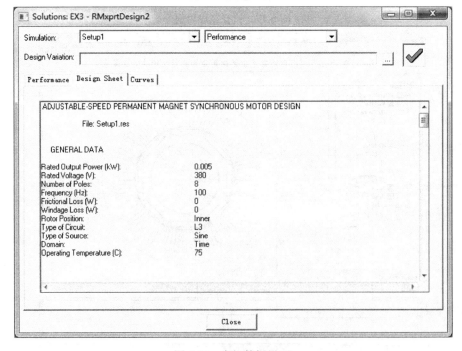

图 6-20　求解数据界面

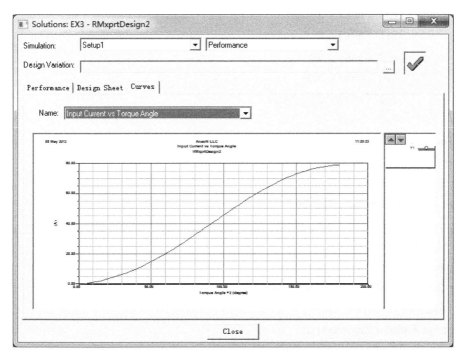

图 6-21 性能曲线界面

ADJUSTABLE-SPEED PERMANENT MAGNET SYNCHRONOUS MOTOR DESIGN

File：Setup1. res

GENERAL DATA

Rated Output Power （kW）：5

Rated Voltage （V）：380

Number of Poles．8

Frequency （Hz）：100

Frictional Loss （W）：0

Windage Loss （W）：0

Rotor Position：Inner

Type of Circuit：L3

Type of Source：Sine

Domain：Time

Operating Temperature （℃）：75

STATOR DATA

Number of Stator Slots：48

Outer Diameter of Stator （mm）：265

Inner Diameter of Stator （mm）：160

Type of Stator Slot：2

Dimension of Stator Slot

hs0 （mm）：1

hs1 （mm）：0.5

hs2 （mm）：29

bs0 （mm）：1.9

bs1 （mm）：5

bs2 （mm）：8

Top Tooth Width （mm）：5.67068

Bottom Tooth Width （mm）：6.47048

Skew Width （Number of Slots）：0

Length of Stator Core （mm）：50

Stacking Factor of Stator Core：0.95

Type of Steel：steel_1008

Slot Insulation Thickness （mm）：0

Layer Insulation Thickness （mm）：0

End Length Adjustment （mm）：0

Number of Parallel Branches：2

Number of Conductors per Slot：126

Type of Coils：21

Average Coil Pitch：4

Number of Wires per Conductor：2

Wire Diameter （mm）：0.767

Wire Wrap Thickness （mm）：0

Net Slot Area （mm^2）：213.633

Limited Slot Fill Factor （%）：75

Stator Slot Fill Factor （%）：69.3942

Coil Half-Turn Length （mm）：135.458

ROTOR DATA

Minimum Air Gap （mm）：0.5

Inner Diameter （mm）：110

Length of Rotor （mm）：50

Stacking Factor of Iron Core：0.95

Type of Steel：steel_1008

Bridge （mm）：2

Rib （mm）：3

Mechanical Pole Embrace：0.7

Electrical Pole Embrace：0.709236

Max. Thickness of Magnet （mm）：8

Width of Magnet （mm）：40

Type of Magnet：NdFe35

Type of Rotor: 5

Magnetic Shaft: Yes

PERMANENT MAGNET DATA

Residual Flux Density (Tesla): 1.23

Coercive Force (kA/m): 890

Maximum Energy Density (kJ/m^3): 273.675

Relative Recoil Permeability: 1.09981

Demagnetized Flux Density (Tesla): 0

Recoil Residual Flux Density (Tesla): 1.23

Recoil Coercive Force (kA/m): 890

MATERIAL CONSUMPTION

Armature Wire Density (kg/m^3): 8900

Permanent Magnet Density (kg/m^3): 7400

Armature Core Steel Density (kg/m^3): 7872

Rotor Core Steel Density (kg/m^3): 7872

Armature Copper Weight (kg): 6.73779

Permanent Magnet Weight (kg): 0.9472

Armature Core Steel Weight (kg): 9.20592

Rotor Core Steel Weight (kg): 2.67626

Total Net Weight (kg): 19.5672

Armature Core Steel Consumption (kg): 19.3383

Rotor Core Steel Consumption (kg): 7.51811

STEADY STATE PARAMETERS

Stator Winding Factor: 0.836516

D-Axis Reactive Reactance Xad (ohm): 11.5551

Q-Axis Reactive Reactance Xaq (ohm): 63.0578

D-Axis Reactance X1+Xad (ohm): 19.3667

Q-Axis Reactance X1+Xaq (ohm): 70.8694

Armature Leakage Reactance X1 (ohm): 7.81158

Zero-Sequence Reactance X0 (ohm): 3.30072

Armature Phase Resistance R1 (ohm): 1.60319

NO-LOAD MAGNETIC DATA

Stator-Teeth Flux Density (Tesla): 1.71262

Stator-Yoke Flux Density (Tesla): 1.03366

Rotor-Yoke Flux Density (Tesla): 0.815676

Air-Gap Flux Density (Tesla): 0.865623

Magnet Flux Density (Tesla): 1.13165

Stator-Teeth By-Pass Factor: 0.00464884

Stator-Yoke By-Pass Factor: 2. 77581e-005

Rotor-Yoke By-Pass Factor: 2. 43257e-005

Stator-Teeth Ampere Turns (A. T): 165. 543

Stator-Yoke Ampere Turns (A. T): 14. 8754

Rotor-Yoke Ampere Turns (A. T): 6. 11527

Air-Gap Ampere Turns (A. T): 383. 838

Magnet Ampere Turns (A. T): -569. 287

Leakage-Flux Factor: 1. 19261

Correction Factor for Magnetic

   Circuit Length of Stator Yoke: 0. 721323

Correction Factor for Magnetic

   Circuit Length of Rotor Yoke: 0. 771857

No-Load Line Current (A): 0. 322654

No-Load Input Power (W): -2. 27208

Cogging Torque (N. m): 1. 77256

   FULL-LOAD DATA

Maximum Line Induced Voltage (V): 556. 453

Root-Mean-Square Line Current (A): 8. 25944

Root-Mean-Square Phase Current (A): 4. 76855

Armature Thermal Load (A^2/mm^3): 74. 0192

Specific Electric Loading (A/mm): 28. 6879

Armature Current Density (A/mm^2): 2. 58016

Frictional and Windage Loss (W): 0

Iron-Core Loss (W): 0. 00219656

Armature Copper Loss (W): 109. 365

Total Loss (W): 109. 367

Output Power (W): 4997. 83

Input Power (W): 5107. 2

Efficiency (%): 97. 8586

Synchronous Speed (rpm): 1500

Rated Torque (N. m): 31. 8172

Torque Angle (degree): 21. 3886

Maximum Output Power (W): 21964. 8

Torque Constant KT (Nm/A): 3. 85222

   WINDING ARRANGEMENT

The 3-phase, 2-layer winding can be arranged in 12 slots as below:

AAZZBBXXCCYY

Angle per slot (elec. degrees): 30

Phase-A axis （elec. degrees）：75

First slot center （elec. degrees）：0

  TRANSIENT FEA INPUT DATA

For Armature Winding：

 Number of Turns：1008

 Parallel Branches：2

 Terminal Resistance （ohm）：1. 60319

 End Leakage Inductance （H）：0. 00301996

2D Equivalent Value：

 Equivalent Model Depth （mm）：50

 Equivalent Stator Stacking Factor：0. 95

 Equivalent Rotor Stacking Factor：0. 95

 Equivalent Br （Tesla）：1. 23

 Equivalent Hc （kA/m）：890

Estimated Rotor Inertial Moment （kg m^2）：0. 0244711

右击 Anlysis，选择 Create Maxwell Design 选项，如图 6-22 所示。

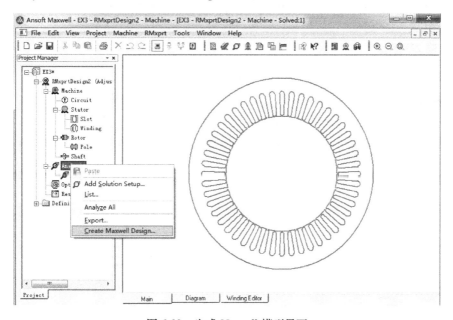

图 6-22　生成 Maxwell 模型界面

  如图 6-23 所示，在 Type 中选择 Maxwell 2D Design 则输出 2D 模型，模型进行自动设置。

  生成的 2D 模型，如图 6-24 所示。

  模型转换成功后要对其进行 Analyze，然后即可在 Result 中查看计算结果。

图 6-23　生成 Maxwell 2D 模型界面

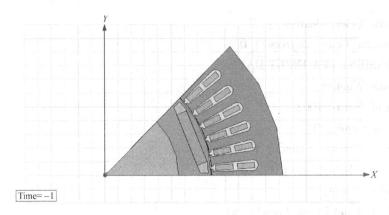

图 6-24　生成 1/4 Maxwell 2D 模型界面

6.2　Maxwell 2D 计算分析

启动 Maxwell 12 软件，创建一个新工程：

在 Maxwell 窗口中，左键单击工具栏图标，或选中菜单栏 File>New.

选中菜单栏 Project>Insert Maxwell 2D Design 或者点击按钮 📋 。

6.2.1　创建 2D 模型

电机所有主要部件均可由 Maxwell 中的 User Defined Primitives 来生成。

1. 创建定子

使用一个用户预先定义的模型（UDP）来创建定子；

选择菜单 Draw>User Defined Primitive>Syslib>Rmxprt >SlotCore 进入定子设计界面，如图 6-25 所示。采用下表所列数据来创建电机的定子；完成参数设置后，出现界面，如图 6-26 所示。

Properties: Project2 - Maxwell2DDesign1 - Modeler

Command

Name	Value	Unit	Evalu.	Description
Command	CreateUserDefinedPart			
Coordinate System	Global			
DLL Name	RMxprt/SlotCore			
DLL Location	syslib			
DLL Version	12.1			
DiaGap	160	mm	160mm	Core diameter on gap side, DiaGap>DiaYork for outer cores
DiaYork	265	mm	265mm	Core diameter on yoke side, DiaYork<DiaGap for inner cores
Length	0	mm	0mm	Core length
Skew	0	deg	0deg	Skew angle in core length range
Slots	48		48	Number of slots
SlotType	2		2	Slot type: 1 to 6
Hs0	1	mm	1mm	Slot opening height
Hs01	0	mm	0mm	Slot closed bridge height
Hs1	0	mm	0mm	Slot wedge height
Hs2	29	mm	29mm	Slot body height
Bs0	1.9	mm	1.9mm	Slot opening width
Bs1	5	mm	5mm	Slot wedge maximum width
Bs2	8	mm	8mm	Slot body bottom width, 0 for parallel teeth
Rs	5	mm	5mm	Slot body bottom fillet
FilletType	0		0	0: a quarter circle; 1: tangent connection; 2&3: arc bottom.
HalfSlot	0		0	0 for symmetric slot, 1 for half slot
SegAngle	15	deg	15deg	Deviation angle for slot arches (10~30, <10 for true surface).
LenRegion	200	mm	200mm	Region length
InfoCore	0		0	0: core, 100: region.

Show Hidden

确定　　取消

图 6-25　定子设计界面

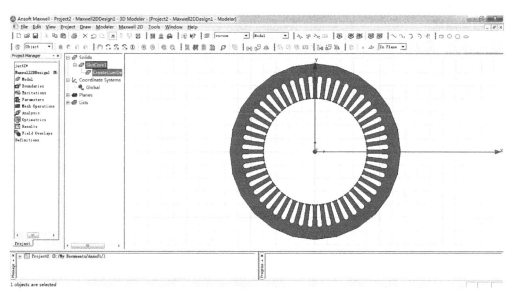

图 6-26　生成定子界面

将 Slotcore1 命名为 Stator。

注：稍后再指定材料属性。

2. 创建转子

使用一个用户预先定义的模型来创建转子；

选择菜单 Draw>User Defined Primitive>Syslib>Rmxprt >PMCore，采用所给定的数据来创建转子，如图 6-27 所示。

Name	Value	Unit	Evalu...	Description
Command	CreateUserDefinedPart			
Coordinate System	Global			
DLL Name	RMxprt/PMCore			
DLL Location	syslib			
DLL Version	12.0			
DiaGap	159	mm	159mm	Core diameter on gap side, DiaGap<DiaYoke for outer cores
DiaYoke	110	mm	110mm	Core diameter on yoke side, DiaYoke<diaGap for inner cores
Length	0	mm	0mm	Core length
Poles	8		8	Number of poles
PoleType	5		5	Pole type: 1 to 5
Embrace	0.7		0.7	Pole embrace (not for type 4)
ThickMag	8	mm	8mm	Max thickness of magnets
WidthMag	45	mm	45mm	Magnet width (for types 4 & 5)
Offset	0	mm	0mm	Pole arc offset (for types 1, 2 & 3)
Bridge	2	mm	2mm	Bridge thickness (for type 5 only)
Rib	3	mm	3mm	Rib width (for type 5 only), Rib=0 for rectangle ducts
LenRegion	200	mm	200mm	Region length
InfoCore	0		0	0: core; 1: magnets; 2: magnet; 100: region.

☐ Show Hidden

确定　　取消

图 6-27　转子设计界面

将 IPMcore1 命名为 Rotor。

3. 创建磁钢

选择转子，复制并粘贴，出现 Rotor1；

如图 6-28 所示，在 Rotor1 的参数设置窗口中，双击 CreateUserDefinedPart；将 InfoCore 从 0 改为 1。生成的相应磁钢如图 6-29 所示。

将 Rotor1 重命名为 Magnets，修改磁钢颜色为红色。

Name	Value	Unit	Evalu..	Description
PoleType	5		5	Pole type: 1 to 5
Embrace	0.7		0.7	Pole embrace (not for type 4)
ThickMag	8	mm	8mm	Max thickness of magnets
WidthMag	45	mm	45mm	Magnet width (for types 4 & 5)
Offset	0	mm	0mm	Pole arc offset (for types 1, 2 & 3)
Bridge	2	mm	2mm	Bridge thickness (for type 5 only)
Rib	3	mm	3mm	Rib width (for type 5 only), Rib=0 for rectan
LenRegion	200	mm	200mm	Region length
InfoCore	1		0	0: core; 1: magnets; 2: magnet; 100: region.

图 6-28　创建磁钢

4. 创建定子绕组

同样，可使用预定义的模型来创建定子绕组。

选中菜单栏 Draw＞User Defined Primitive＞Syslib＞Rmxprt＞LapCoil；

如图 6-30 所示，使用所给出数据来创建定子绕组；

修改绕组颜色为黄色，如图 6-31 所示；

选中 LapCoil1 右击，将材料改为 Copper；

选中 LapCoil1 右击 Edit＞Arrange＞Rotate 绕 Z 轴旋转 7.5°；

选中部件 LapCoil1，这个线圈为 A 相的第

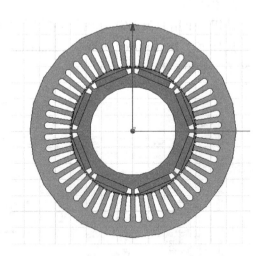

图 6-29　生成转子磁钢界面

一个线圈。现在复制这个绕组来生成 B 相和 C 相的第一个线圈。选中 LapCoil1，右击 Edit＞Duplicate＞Around Axis，如图 6-33 所示。

重命名 LapCoil1_1 为 PhaseC，并更改其颜色为深绿色；重命名 LapCoil1_2 为 PhaseB，并更改其颜色为淡蓝色；重命名 LapCoil1 为 PhaseA，选中物体 PhaseA，PhaseB 及 PhaseC，右键单击并选中菜单栏 Edit＞Duplicate＞ Around Axis，如图 6-34 所示。在 Angle 栏中输入 45，单位为 degrees，在 total number 栏中输入 8，这就生成了所需的所有线圈。

电机模型如图 6-35 所示。

Properties: Project2 - Maxwell2DDesign1 - Modeler

Command

Name	Value	Unit	Evalu.	Description
Command	CreateUserDefinedPart			
Coordinate System	Global			
DLL Name	RMxprt/LapCoil			
DLL Location	syslib			
DLL Version	12.0			
DiaGap	160	mm	160mm	Core diameter on gap side, DiaGap<DiaYork for outer cores
DiaYoke	265	mm	265mm	Core diameter on yoke side, DiaYork<diaGap for inner cores
Length	0	mm	0mm	Core length
Skew	0	deg	0deg	Skew angle in core length range
Slots	48		48	Number of slots
SlotType	2		2	Slot type: 1 to 7
Hs0	1.28	mm	1.28mm	Slot opening height
Hs1	0.1	mm	0.1mm	Slot wedge height
Hs2	29	mm	29mm	Slot body height
Bs0	2.1	mm	2.1mm	Slot opening width
Bs1	3.14	mm	3.14mm	Slot wedge maximum width
Bs2	5.65	mm	5.65mm	Slot body bottom width, 0 for parallel teeth
Rs	2.5	mm	2.5mm	Slot body bottom fillet
FilletType	0		0	0: a quarter circle; 1: tangent connection.
Layers	1		1	Number of winding layers
CoilPitch	5		5	Coil pitch measured in slots
EndExt	5	mm	5mm	One-side end extended length
SpanExt	18	mm	18mm	Axial length of end span: 0 for no span.
SegAngle	10	deg	10deg	Deviation angle for end span (5~15, <5 for true surface).
LenRegion	200	mm	200mm	Region length
InfoCoil	1		1	0: winding; 1: coil; 2: terminal1; 3: terminal2; 100: region.

Show Hidden

确定 取消

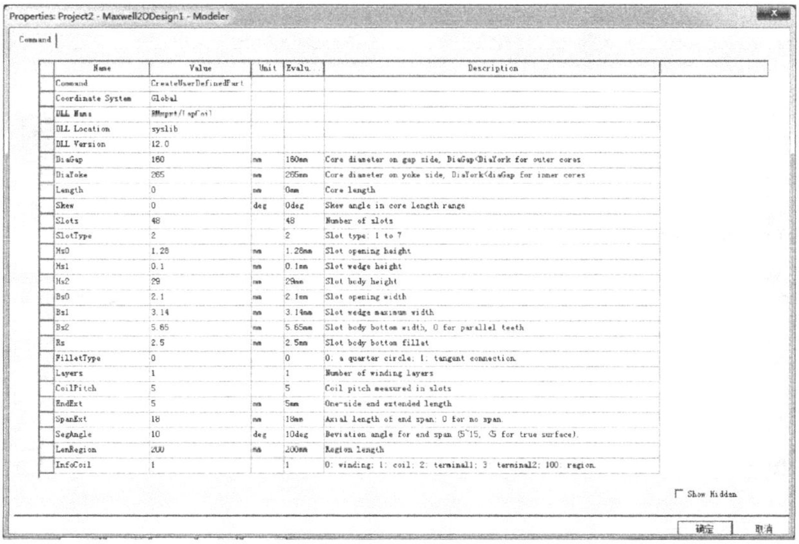

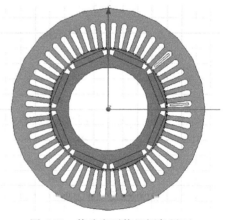

图 6-30 定子绕组设计界面

5. 创建计算模型

利用电机拓扑结构的对称性，来减小所仿真电机的尺寸，例如电机的极数为 8，可以只计算 1/4 模型。选择模型树下所有的几何部分，右键单击并选中菜单栏 Edit>Boolean>Split 或使用工具栏图标 选择 XZ plane 并选定 Positive side，如图 6-36 所示。

重复上述步骤，再次分割，最后获得一个 1/4 模型。

再创建一个包围电机的区域，用于指定仿真的计算区域。由于磁力线分布集中在电机内部，所以创建的区域不需太大，包围电机模型即可；

图 6-31 修改定子绕组颜色界面

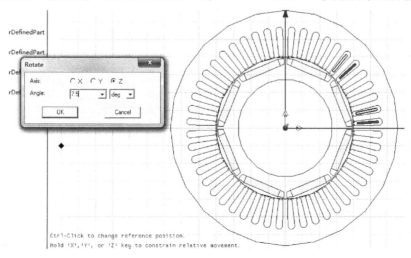

图 6-32 旋转定子绕组界面

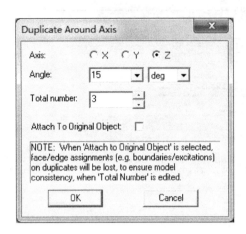

图 6-33 旋转复制绕组界面

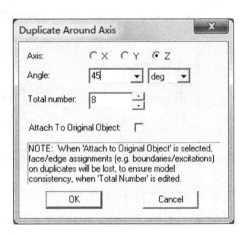

图 6-34 生成三相绕组界面

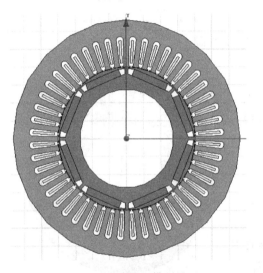

图 6-35 生成电机模型界面

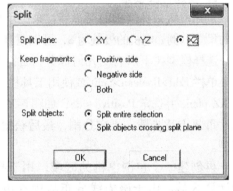

图 6-36 选择模型界面

选中菜单栏 Draw>Line；

起点 X：0.0，Y：0.0，Z：0.0 终点 X：200.0，Y：0.0，Z：0.0 回车；

选择 Polyline1 右击 Edit>Sweep>Around Axis（见图 6-37）；

重命名 Polyline1 为 Region，并设置空气作为该几何部分的材料。

6.2.2　设置电机材料属性

1. 永磁材料特性

由于永磁体是不断旋转的，不可使用绝对坐标系（CS）对其进行定向，此处使用面坐标系（相对坐标系）为每一块永磁体，单独定义永磁体的磁化方向。

图 6-37 创建区域界面

选择 Magnets. 右击 Edit>Boolean>Separate Bodies 并将 Magnets 命名为 PM1 将 Magnets_Separate1 命名为 PM1。

切换从物体到表面模式可使用工具栏图标（见图 6-38）。

选中 PM1，建立与该表面相关联的面坐标系（见图 6-39）。

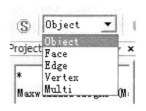

选择菜单 Modeler>Coordinate System>Create>Face CS，这时模型处于激活状态，用鼠标捕捉面的任一对角点，可使用 "snap to vertex symbol"，这样就确定了面坐标系的中心。然后鼠标捕捉面的另一顶点，确定 X 轴的方向，从而建立了面坐标系，默认名为 FaceCS1，然后重命名 FaceCS1 为 PM1_CS。

图 6-38 切换到物体
表面界面

重复同样的操作，建立与 PM2 关联的面坐标系 PM2_CS。如图 6-40 所示，如果需要回到全局坐标系，可通过单击 Global 切换工作坐标系为全局坐标系。

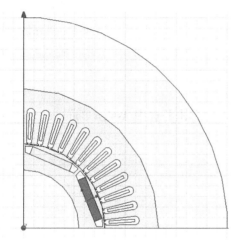

图 6-39 建立 PM1 面坐标系界面

图 6-40 重置为全球坐标系界面

接下来编辑物体 PM1 的属性。

如图 6-41 所示，选中 PM1_CS 坐标系，设置为永磁体磁化方向的基准方向。

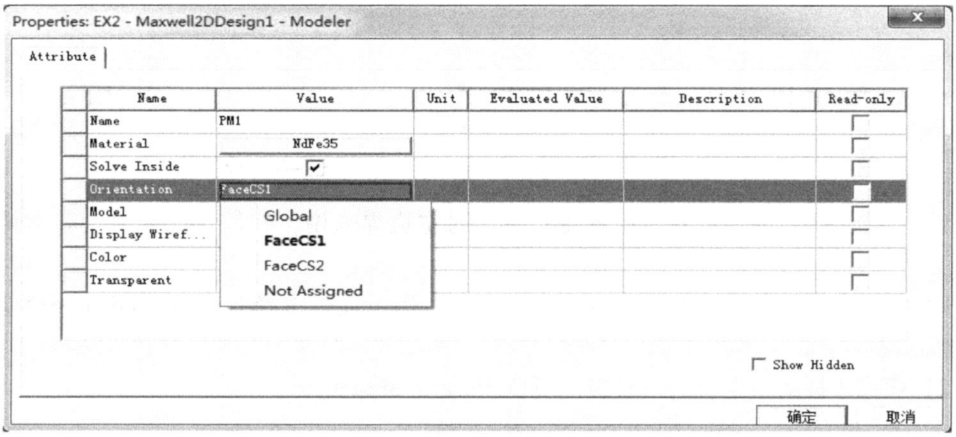

图 6-41 设置永磁体磁化方向

左键单击"material"项，进入材料数据库，设置磁钢材料（默认材料为 Vacuum）；按照上述方法，依次修改其他永磁磁钢模型。

2. 硅钢片材料定义

电机的定转子使用同样的材料。选择 Stator 和 Rotor，编辑属性，更改默认的材料。

6.2.3 主/从边界属性设置

为利用电机的周期性，需要为创建的四分之一模型设置主/从边界。

下面将定义两种边界：主边界和从边界。其中从边界上任一点的磁场强度与主边界上的磁场强度相对应（大小相等，同向或反向）。

在当前视窗中选择物体 Region。右键单击并选中 View> Show In Active View

在 as shown below 中选择模式为 Edge，如图 6-42 所示。

图 6-42 选择物体边线界面

创建主边界：选择 Region 的一条边界线，右键单击并选中 Assign Boundary>Master，作为主边界，如图 6-43 所示。

注意向量 *u* 的方向，设置生效。

创建从边界：选择 Region 的另一条边界右键单击并选中 Assign Boundary>Slave，如图 6-44 所示。

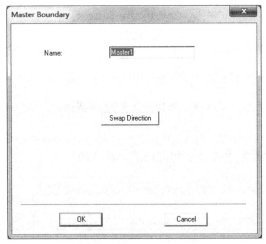

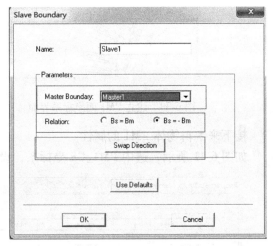

图 6-43 创建主边界界面　　　　　　图 6-44 设置从边界界面

（1）首先选择当前从边界对应的主边界。对主边界来说，我们没必要改变其默认名称 Master1。

（2）如果向量 *u* 的方向与主边界方向不一致，则可通过选择 Swap direction 来改变向量 *u* 的方向。

（3）模型表征的是电机的一对极，所以 Slave = Master。

6.2.4　零向量边界条件设置

选择 Region 最外边的圆弧，右键单击并选中 Assign Boundary>Vector Potential，在图 6-45

中，将 Value 赋值为零，将该边界条件命名为 Zero_Flux。保存项目。

6.2.5　静磁场分析

1. 空载情况

首先对由永磁体单独产生的磁场进行分析。在这个模型中，绕组中没有电流，所以定子绕组暂不需要设置。选中 6 个绕组，在模型的属性窗口中勾去 Model 按钮，然后进一步使用工具栏图标来隐藏绕组（或使用菜单栏 View>Hide Selection>Active view）。

（1）网格剖分设置。

自适应网格剖分是非常强大的剖分方法，此外并不需要作额外的剖分操作。根据电机的特点，设置一个合理的剖分单元数，

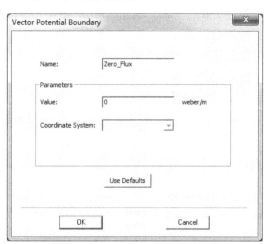

图 6-45　设置零向量边界

提高求解效率和准确度，例如，对于硅钢片区域，减少剖分单元数；对于气隙区域，适当增加剖分网格数。

选中 Rotor，右击 Assign Mesh Operation>InsideSelection>Length Based Restrict，如图 6-46 所示。

限制剖分单元的长度为 5mm。

重命名剖分操作为 Rotor。

选择物体 Stator。右键单击并选中 Assign Mesh Operation>Surface Approximation。在图 6-47 中完成剖分设置。

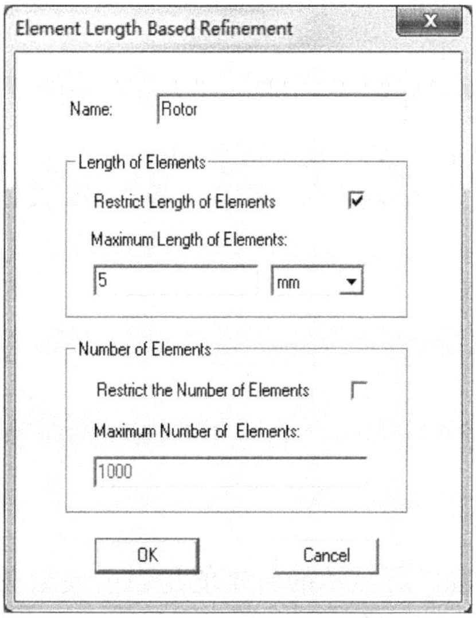

图 6-46　转子剖分界面 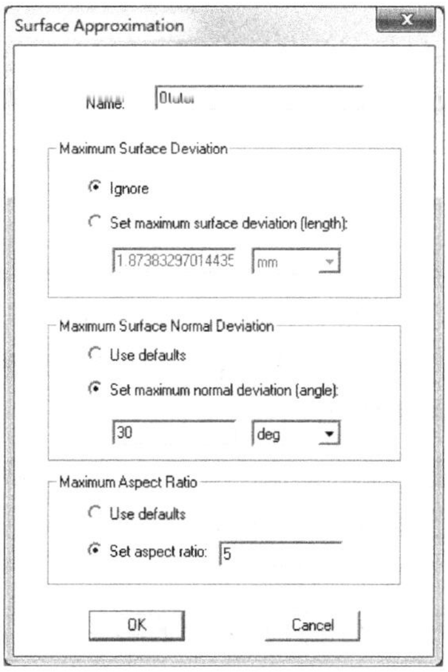　　　　图 6-47　定子剖分界面

Maximum surface deviation 一栏中输入 30deg。

Maximum aspect Ratio 一栏中输入 5。

重命名该剖分操作为 SA_Stator。

选中 PM1、PM2. 右击 Assign Mesh Operation >Inside Selection>Length Based。在图 6-48 中完成剖分设置。

限制单元长度最大为 1mm。

重命名剖分操作为 Magnets。

（2）进行电机转矩求解。

选择 PM1，PM2 和 Rotor 右击 Assign Parameters>Torque，如图 6-49 所示。

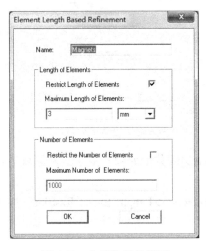

<table>
<tr><td>图 6-48 永磁体剖分界面</td><td>图 6-49 设置转矩求解界面</td></tr>
</table>

添加一个新的分析设置：

在工程管理器中，右键单击并选中 Analysis and select Add Solution Setup，在图 6-50 中完成设置。

1）在 maximum number of passes 这一栏中输入 10。

2）在 percent error 这一栏中输入 0.1。

3）在 convergence 对话框中，在 refinement per pass 这一栏中输入 15。

4）在 solver 对话框中，确认 Non Residual 这一栏中输入 0.0001%。单击 OK 按钮保存这个分析设置。

（3）分析。

右击 setup 选择 analyze 求解，如图 6-51 所示。

（4）后处理。

一般情况下，稳态计算会较快达到收敛。右键单击 Setup1 再选中 Convergence 面板或选中菜单栏 Convergence 可看到结果。

1）转矩值求解。

如图 6-52 所示，选择求解栏，默认情况下，窗口所显示的转矩值是当前模型在铁心长为 1 米时的转矩值。因此，实际电机的转矩要乘以相应的系数，也就是在此基础上乘以 4（周期系数），再乘以 0.082（电机实际长度为 82mm），得出转矩值。旋转转子模型后，采用同样的方法，可计算转子不同位置下的转矩值。

2）绘制磁通密度分布图。

a)

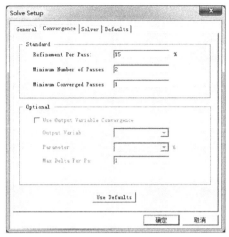
b)

c)

图 6-50　求解设置界面

选中 Rotor，Stator，PM1，PM2，右键单击并选中 All Object Faces。鼠标再次右击并选择 Fields>B>Mag_B。获得磁通密度 B 在整个物体上的分布。

3）观察气隙的磁场强度 H 分布。

为了观察某些位置上的气隙磁通密度，则需要首先绘制经过此位置的曲线，然后观察此曲线上的磁场分布：

① 绘制一条圆弧，选中菜单栏 Draw>Arc>Center Point 或使用相应的工具栏图标 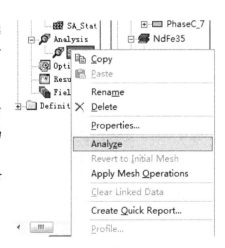。

② 接受并绘制一个非模型的物体。

③ 输入弧线的圆心 0，0，0mm 点击 enter 输入。

④ 输入弧线的第一点，输入其坐标后并点击 enter 键输入。

图 6-51　求解分析界面

225

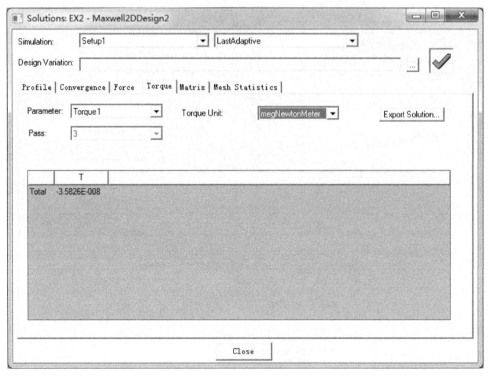

图 6-52 转矩值求解结果

⑤ 输入弧线的最后一点。

⑥ 要完成弧线的绘制，鼠标移动到绘图区，右键单击并选中弹出的快捷菜单栏选项 done。

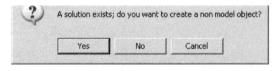

图 6-53 接受绘制非模型物体命令界面

⑦ 将弧线命名为 airgap_arc。

⑧ 一个新的文件夹'Lines'出现在目标树中，包含上述定义的圆弧。

⑨ 选中圆弧 airgap_arc，移动鼠标到绘图区，右键单击并选中菜单栏 Fields>H> H_vector。

⑩ 接受场绘图器的默认设置（见图 6-53）。

4）绘制磁感线分布图，右击 Field>A>Flux_Lines（见图 6-54），磁力线求解结果如图 6-55 所示。

2. 负载情况

保存项目。复制上述项目，粘贴为一个新项目，在新项目中进行操作。

在此设计中，需要在线圈中通入电流：需要把线圈加入到计算区域。在模型结构树中选中 6 个线圈，在属性窗口，选中单选按钮 Model。

通过选择菜单项 View> Show Selections> All views，取消之前对线圈设置的隐藏状态。

（1）添加激励。

计算模型不是整个电机，只有部分线圈。电机是由三相对称电源供电，需要设置每个线圈导体的电流方向，例如在当前模型例子中，设置如下：

1500 A 到 PhaseA

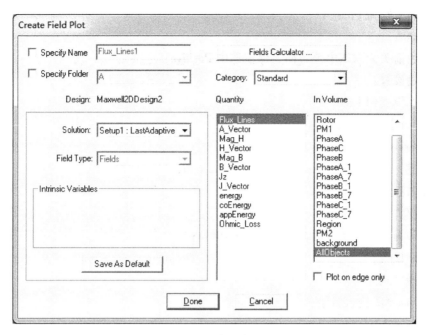

图 6-54 磁力线的求解设置

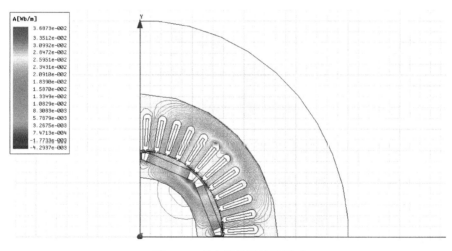

图 6-55 磁力线结果显示界面

-750 A 到 PhaseB

-750 A 到 PhaseC

在进行静磁计算时,激励源是以电流形式设定的。不需要绘制出线圈的"匝数",只需要设置线圈总的电流安匝。但在进行电感计算时,应考虑绕组的匝数。

转换选择模式到 Face。

1)给 PhaseA2 输入激励:

选中 PhaseA2;

点击右键,选择菜单项 Apply Excitation>Current;

重新命名激励为 PhaseA2;

输入 1500A;

如图红色箭头为默认电流方向,保留选中 Positive;

确认激励设置;

转换选择模式到 Face。

2) 给 PhaseA1 输入激励:

选中 PhaseA1;

点击右键,选择菜单项 Apply Excitation>Current;

重新命名激励为 PhaseA1;

输入 1500A;

红色箭头为默认电流方向,保留选中 Positive;

确认激励设置;

转换选择模式到 face。

3) 给 PhaseC2 输入激励:

选中 PhaseC2;

点击右键,选择菜单项 Apply Excitation>Current;

重新命名激励为 PhaseC2;

输入 -750A;

由于红色箭头所示电流方向反向,选中 Negative;

确认激励设置。

转换选择模式到 face。

4) 给 PhaseC1 输入激励:

选中 PhaseC1;

点击右键,选择菜单项 Apply Excitation>Current;

重新命名激励为 PhaseC1;

输入 -750A;

由于红色箭头所示电流方向反向,选中 Negative;

确认激励设置。

转换选择模式到 face

5) 给 PhaseB2 输入激励:

选中 PhaseB2;

点击右键,选择菜单项 Apply Excitation>Current;

重新命名激励为 PhaseB2;

输入 -750A;

由于红色箭头所示电流方向正确,保留选中 Positive;

确认激励设置。

转换选择模式到 face。

6）给 PhaseB1 输入激励：

选中 PhaseB1；

点击右键，选择菜单项 Apply Excitation>Current；

重新命名激励为 PhaseB1；

输入−750A；

红色箭头所示电流方向正确，保留选中 Positive；

确认激励设置。

（2）电感计算。

在设置激励源时，设置的是总的安匝数。但在考虑电感时，则需要输入线圈的匝数以及线圈的电气连接情况。

选中项目结构树中的 Parameters，右键点击并选择 Assign>Matrix（见图 6-56）。

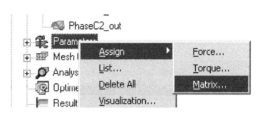

图 6-56　计算电感界面

选中 PhaseA1_in 和 PhaseA2_in，然后点击 group 按钮，命名线圈组名为 PhaseA。

对全部三相重复上述操作。

1）分析。

右键点击 setup 选择 Analyze。

2）后期处理。

经过计算，并实现收敛。鼠标右键点击 Setup1，选择菜单按钮中的收敛即可看见收敛信息面板。

电感参数：

选择"Solutions"图标，选上单选按钮"Post Processed"，即可查看每个线圈的电感值。

此外，选择"Solutions"按钮，从下拉菜单选择 Torque1，即可看到当前电机模型相应的转矩值。对于整个电机来说，转矩还需乘 4（周期系数），然后乘 0.083（电机长度）。

6.2.6　瞬态场分析

将原项目复制粘贴，创建一个新项目，并修改求解类型为 Transient（见图 6-57）。

在静磁计算中，设置的电流激励是总值，但在瞬态计算中，则需要明确每个绕组的导体数，需要创建相应的线圈和绕组。

1. 创建线圈

选中所有线圈。

用右键点击并选择菜单按钮 Assign Excitation>Coil，在图 6-58 中完成匝数设置：

1）保留默认名称。

2）导体数输入为 9。

定义好的线圈如图 6-59 所示。

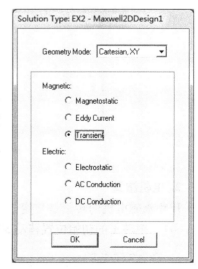

图 6-57　求解改变为瞬态场界面

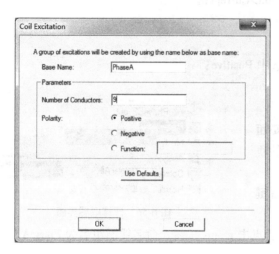

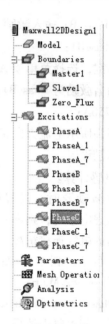

图 6-58　创建线圈界面　　　　　　　　　图 6-59　定义完成线圈界面

下一步，需要修改线圈的方向，用于表征同相绕组内不同线圈之间的连接。以 C 相绕组为例，选中 PhaseC，右击选择属性，在 Polarity 中将 Positive 改为 Negative（见图 6-60）。对 PhaseC_1、PhaseC_7 做同样修改。

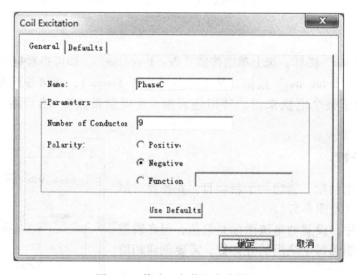

图 6-60　修改 C 相绕组方向界面

2. 电机激励

IPM 永磁电机的转子是与定子磁场是同步的。通入激励是三相对称电流，相序为 A+，C-，B+。把转子的初始位置移动 30°，以使转子磁极 d 轴与 A 相绕组-中心线对齐。

3. 设置激励参数

需要定义将被用于定义激励的参数；

选择菜单按钮 Maxwell 2D> Design Properties；

参数窗口弹出 Poles 是 8（见图 6-61）；

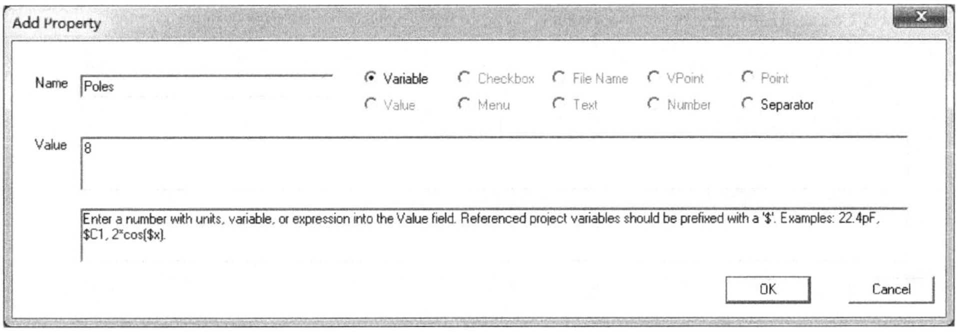

图 6-61 设置极数界面

PolePair 数值是 Poles/2＝4（见图 6-62）；

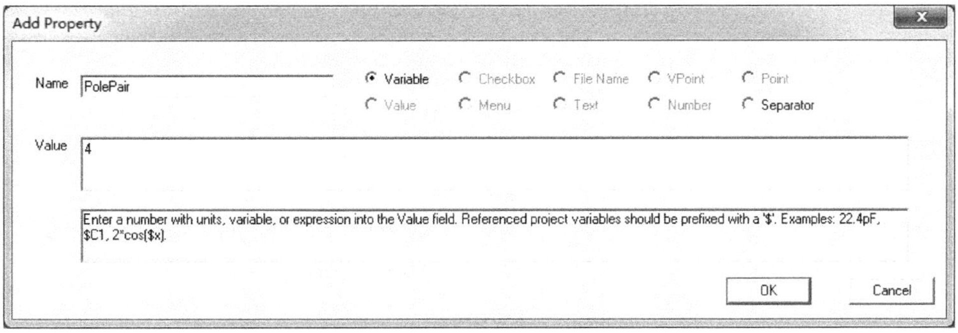

图 6-62 设置极对数界面

Speed_rpm 是 3000，

Omega 是 360 * Speed_rpm * Polepair/60；

Omega_rad 是 Omega * pi/180；

Thet 是 20 * pi /180；

Imax 是 250A。

建好表格如图 6-63 激励参数设置完成界面。

4. 创建绕组

电机的绕组是三相对称连接的，电流激励为正弦函数。在每个时间点，各相之间相差 120°。在左边项目栏，选中 Excitations 右击选择选项 Add Winding（见图 6-64）：

名称为输入 PhaseA；

选上 Stranded，并设置匝数为 9 匝（见图 6-65）；

输入绕组电流：Imax * sin（Omega_rad * Time+Thet）。Time 是系统变量，表示时间；

点击 OK。

在项目树中，鼠标点击绕组 PhaseA，选择菜单项 Add Coils，为 A 相绕组分配线圈，如图 6-66 所示。

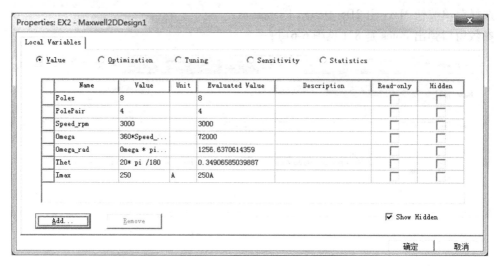

图 6-63　激励参数设置完成界面

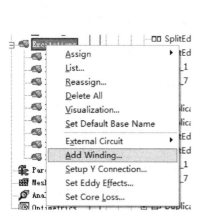

图 6-64　添加绕组界面

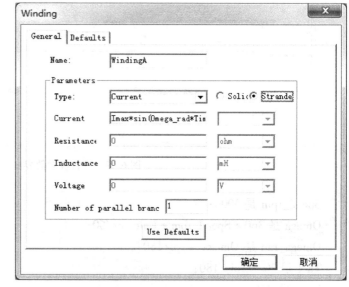

图 6-65　添加 A 相绕组界面

同时选中 PhaseA、PhaseA_1、PhaseA_7（用 Ctrl 键）添加到 A 相中，如图 6-67 所示。

（1）B 相绕组。

从项目结构树中用鼠标右键点击 Excitations，然后选择菜单项 Add Winding。重复操作如下：

给 PhaseB 命名；

绕组电流为 Imax * sin（Omega_rad * Time-2 * pi/3+Thet）。它比 A 相电流偏移-120 degrees；

选上 PhaseB 的 2 个线圈；

（2）C 相绕组。

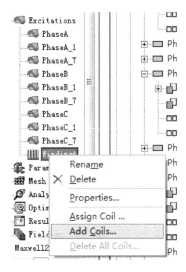

图 6-66　添加线圈界面

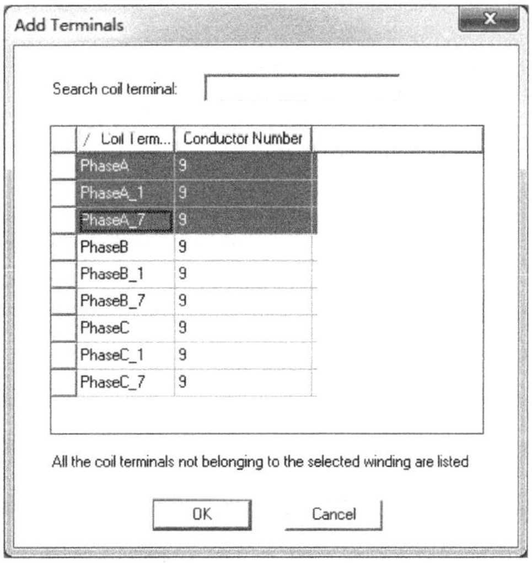

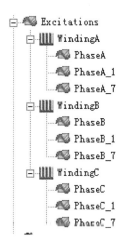

图 6-67　绕组分组界面

从项目树中用鼠标右键点击 Excitations，然后选择菜单按钮 Add Winding。重复操作如下：

给 PhaseC 命名；

绕组电流为 Imax * sin（Omega_rad * Time+2 * pi/3+Thet）。它比 A 相电流偏移+120 degrees；

选上 PhaseC 的 2 个线圈；

项目结构树中，可以看到每相绕组所包含的线圈，如图 6-68 所示。

5. 添加 Band

仿真计算时，需要创建一个部件 Band，用于包围电机中的运动部件（例如转子铁心和永磁体），这样可以把电机模型的运动部件和固定部件隔离开。在设置电机 Band 部件时要遵守如下的规则：

（1）Band 必须包括所有的转动部件。

（2）Band 应该是一个具有圆弧边界的扇形。

为了创建 Band，需要复制该对象并对参数做相应调整：

（1）选择 object Region，点击鼠标右键，然后选择 Edit> Copy 选中物体 Region。

（2）使用 Ctrl+V，粘贴 Region。

（3）将名字由 Region1 改为 Band。

（4）展开部件的结构树。

（5）双击 CreateLine 命令（见图 6-69）。

（6）双击 Createline 命令，出现对话框，将 Point2 修改为 159.5，0，0（见图 6-70）。

（7）然后双击 SweepAroundAxis 命令将 Number of Segments

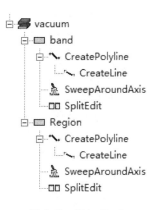

图 6-68　三相激励添加完成界面

图 6-69　添加 Band

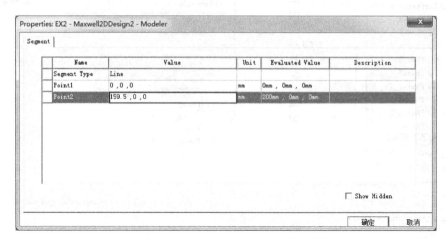

图 6-70　修改线命令界面

改为 45（见图 6-71）。

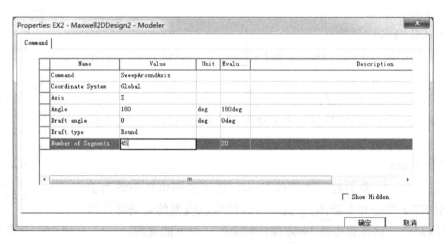

图 6-71　修改线包含部分总数界面

现在已经创建了一个可以包围所有运动部件的 Band 部件，选中该部件，右键选择 Assign Band，将其设置为 Band 属性。

6. 网格剖分

瞬态计算没有使用自适应网格剖分是因为这样就会要求在每步计算时都重新剖分网格，导致计算时间过长。靠近气隙以及永磁体附近的转子铁心部分磁饱和程度高，因此该区域的网格密度要求高些。为满足这个要求，在转子内创建一些部件，然后针对这些部件进行剖分。

选中所有的线圈，右击 Assign Mesh Operations>Inside Selection >Length Based，输入 4，如图 6-72 所示。

选择所有磁钢，右击 Assign Mesh Operations>Inside Selection>Length Based 输入 3 并重命名为 PM（见图 6-73）。

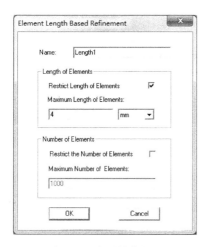

图 6-72 线圈剖分界面

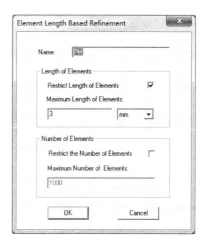

图 6-73 磁钢剖分界面

选中转子，右击 Assign Mesh Operations>InsideSelection>Length Based 输入 4（见图 6-74）。
选中定子，右击 Assign Mesh Operations>InsideSelection>Length Based 输入 4（见图 6-75）。

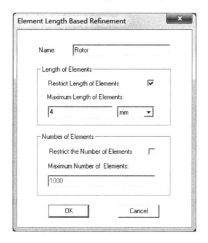

图 6-74 转子剖分界面

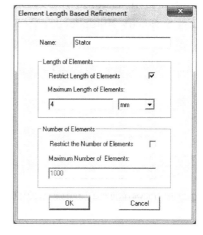

图 6-75 定子剖分界面

7. 运动属性设置

选中 Band，点击右键并选择菜单中的 Assign Band，然后按照图 6-76～图 6-78 所示完成运动属性设置。

（1）在 Type 栏：

选中 Rotate 选项；

确保 Global：Z 轴线已选中；

选中 Positive，表示正转。

（2）在 Data 栏：

输入 30 deg 作为转子运动的初始位置，此时同步电机在初始位置时 A 相轴线对应 d 轴。

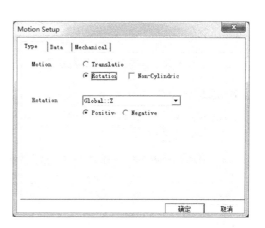

图 6-76 绕 Z 轴旋转

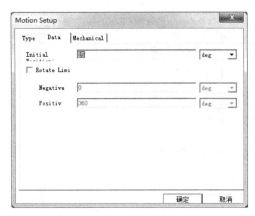

图 6-77　初始位置

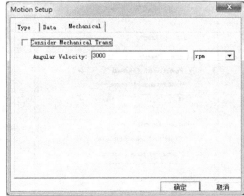

图 6-78　运动速度设置界面

（3）在 Mechanical 栏：

输入 3000rpm（r/min）为速度值；

点击 OK 确定 Band 部件的设置。

鼠标右键点击项目结构树中的 Model，然后选择菜单项 Set Symmetry Multiplier，如图 6-79～图 6-81 所示。

由于计算模型是电机的四分之一模型，所以输入 4。

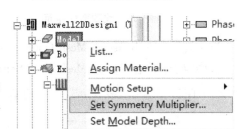

图 6-79　设置模型的周期系数

图 6-80　设置模型的周期系数

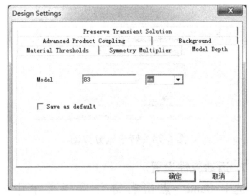

图 6-81　设置模型轴向长度

8. 添加一个求解设置

用鼠标右键点击项目结构树中的 Analysis，并选择 Add Solution Setup，如图 6-82 和图 6-83 完成仿真时间设置：

（1）在 General tab 中输入计算时间和步长。在转速为 3000rpm 时，一转用时 20ms，设置步长为 62.5us（μs），即每转动 4.5°计算一步。

（2）总仿真时间设为 15ms

（3）在 Save Fields 栏，选中 Linear Step，开始时间设为 10ms，停止时间设为 15ms，步长设为 62.5us（μs），点击 Replace List。

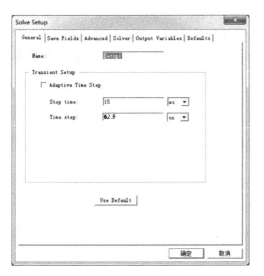

图 6-82　求解时间步长设置　　　　　　图 6-83　保存每步长的结果

（4）在 Solver 栏，设置 Non linear residual 为 1e-6。

9. 问题求解

选择 Maxwell2D＞Validation Check Maxwell，对几何图形，激励定义，网格剖分等等做检查。模型得到确认后，会有相应的警告出现在消息栏，如图 6-84 和图 6-85 所示。

模型检查没有错误，右击 Setup＞Analyze，即可进行求解，如图 6-86 所示。

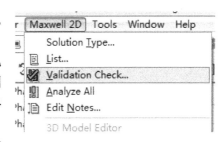

图 6-84　分析检查界面

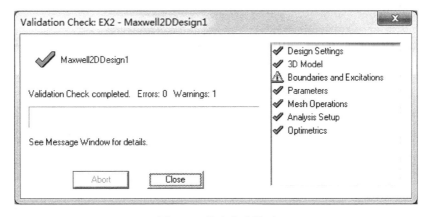

图 6-85　检查完成界面

10. 后处理

仿真用时与剖分网格密集程度密切相关，一般情况下，2D 模型计算时间不会太久。仿真计算结束后，可以在仿真的 Profile 图中显示网格剖分信息。选择 Analysis Setup，点击鼠标右键并选择 Mesh Statistics 即可查看剖分状态，在相关栏中有网格的统计数据。

在仿真过程中，可以实时显示特性曲线，例如 Torque versus Time。选中项目结构树中的菜单项 Results，点击鼠标右键选择菜单项 Create Quick Report，选择 Torque，即可显示转矩曲线。可以用鼠标右键点击 Torque Quick Report，并选择 Update Report 来更新曲线。

等待模型计算完成，右击 Result > Create Transient Report > Rectangular Plot，如图 6-87所示。

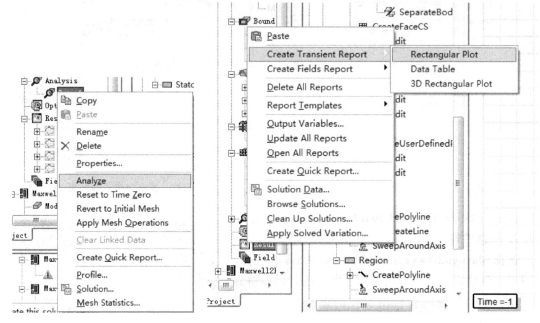

图 6-86　求解分析界面　　　　　　　　　　图 6-87　生成求解结果

在计算结果中，可以根据需要查看电机的转矩、磁链、反电动势、输入电流等结果（见图 6-88），如图 6-89 所示是三相电流波形。

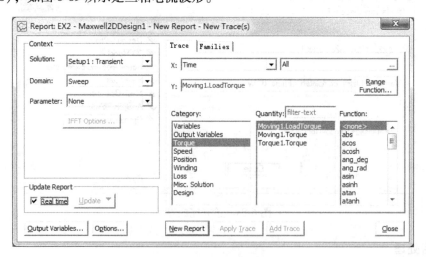

图 6-88　查看求解转矩

按照如下设置，即可观察每相绕组的磁链：

（1）在 Category 栏中选择绕组；

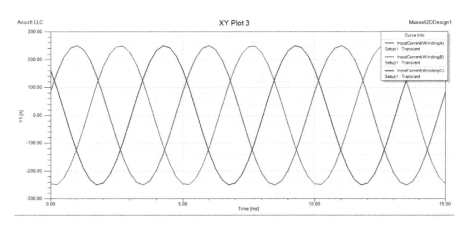

图 6-89　输入三相电流显示界面

（2）在 Quantity 栏中选中 FluxLinkage（PhaseA），FluxLinkage（PhaseB），FluxLinkage（PhaseC）（见图 6-90）；

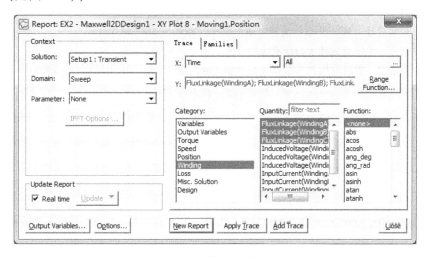

图 6-90　查看三相磁链界面

（3）点击 New Report；

（4）点击 Close。

如果步长选的太大，则曲线并不平滑。由于感应电动势是一个导出量，Maxwell 软件根据磁链进行后期处理，因此步长太大就会影响感应电动势的精度。

参 考 文 献

[1] 郭马尔. 汽轮发电机设计问题 [M]. 陈中基, 译. 北京: 机械工业出版社, 1957.

[2] 刘迪吉. 航空电机学 [M]. 北京: 国防工业出版社, 1986.

[3] 陈俊峰. 永磁电机 [M]. 北京: 机械工业出版社, 1982.

[4] 宋后定, 陈培林. 永磁材料及应用 [M]. 北京: 机械工业出版社, 1984.

[5] 沈阳机电学院. 高速高效太阳能发电机的研制论文集 [G]. 沈阳: 沈阳机电学院, 1980.

[6] 张文祥. 变速恒频系统稀土钴永磁电机设计 (第 1048 号) [R]. 南京: 南京航空学院, 1981.

[7] 庄心复, 张文祥. 用网络拓扑法计算稀土永磁电机的磁场 (第 928 号) [R]. 南京: 南京航空学院, 1981.

[8] 陈海镇. 稀土钴永磁同步发电机电枢反应折合系数的计算 (第 1360 号) [R]. 南京: 南京航空学院, 1982.

[9] 陈海镇. 稀土钴永磁同步发电机的性能特点 (第 NHJB84-1848 号) [R]. 南京: 南京航空学院, 1984.

[10] 陈海镇. 稀土钴永磁交流发电机电磁设计中的几个问题 (第 NHJB85-2653 号) [R]. 南京: 南京航空学院, 1985.

[11] 陈世坤. 电机设计 [M]. 北京: 机械工业出版社, 2000.

[12] 熊端峰, 代颖. 电机测试技术与标准应用 [M]. 北京: 机械工业出版社, 2018.

[13] 孙克军, 杨春稳. 电机常用技术数据速查手册 [M]. 北京: 中国电力出版社, 2009.

[14] 旋转电机国家标准汇编 [M]. 北京: 中国标准出版社, 2017.